Thomas Fritscher
Wolf-Udo Zammert

FEM-Praxis mit ANSYS®

Grundkurs

Thomas Fritscher
Wolf-Udo Zammert

FEM-Praxis mit ANSYS®

Grundkurs

Mit 64 Bildern und 6 Tabellen

vieweg

Die Deutsche Bibliothek – CIP-Einheitsaufnahme

Fritscher, Thomas:
FEM-Praxis mit ANSYS®: Grundkurs; mit 6 Tabellen /
Thomas Fritscher; Wolf-Udo Zammert. – Braunschweig;
Wiesbaden: Vieweg, 1993
(Studium Technik)

NE: Zammert, Wolf-Udo:

Das in diesem Buch enthaltene Programm-Material ist mit keiner Verpflichtung oder Garantie irgendeiner Art verbunden. Die Autoren übernehmen infolgedessen keine Verantwortung und werden keine daraus folgende oder sonstige Haftung übernehmen, die auf irgendeine Art aus der Benutzung dieses Programm-Materials oder Teilen davon entsteht.

Eine Trainingsversion von ANSYS Rev. 4.4 für PC mit Intel 80386/80486-Prozessor, 640 kB Real Memory min. 2 MB Extended Memory, 3,5" oder 5,25"-Diskettenlaufwerk, Microsoft-Mouse oder 100 % kompatibel, Maustreiber Vers. 6.11 oder höher und EGA bzw. VGA-Grafikkarte kann von

Fa. CAD-FEM GmbH
Marktplatz 2
D-85567 Grafing/München

gegen eine Schutzgebühr (nur Disketten, keine Dokumentation) bezogen werden. Bitte richten Sie ihre Anfrage direkt an Fa. CAD-FEM GmbH.

Der Verlag Vieweg ist ein Unternehmen der Verlagsgruppe Bertelsmann International.

Umschlaggestaltung: Klaus Birk, Wiesbaden

Gedruckt auf säurefreiem Papier

ISBN-13:978-3-528-03374-3 e-ISBN-13:978-3-322-85605-0
DOI: 10.1007/978-3-322-85605-0

Vorwort

Diese vorliegende Beschreibung des Programmpaketes ANSYS in den Versionen 4.4, 4.4A und ANSYS-ED entstand aus der Erfahrung, daß beschriebene Befehle keineswegs automatisch eine richtige Anwendung zur Folge haben. Viele Befehle bleiben unbekannt, wenn man sich nicht die Zeit zum Ausprobieren und Stöbern in den Unterlagen nimmt, andere wiederum werden meist nur mit einem kleinen Teil ihrer Möglichkeiten ausgenutzt.

Diese Beschreibung soll Ihnen wichtige Befehle des riesigen Befehlssatzes näherbringen und ein Verständnis für deren Umgang vermitteln. Es kann und soll dabei das Handbuch nicht ersetzen. Auch die eigene Erfahrung kann dieses Handbuch nicht ersetzen.

Mein Dank gilt Prof. Dr. W.-U. Zammert, der mir die Anregung gab, aus dem täglichen Umgang mit ANSYS diesen Grundkurs zusammenzustellen und mit mir zusammen an diesem Manuskript gearbeitet hat. Herrn Prof. Dr. R. Mastel sind wir zu Dank verpflichtet, der das gesamte erste Kapitel beigesteuert hat. Gedankt sei natürlich auch all denjenigen, die uns auf vielfältige Weise unterstützt haben.

Göppingen, im Mai 1993

Inhaltsverzeichnis

Vorwort V

Inhaltsverzeichnis VI

1 Einführung 1

2 Die Theorie der finiten Elemente 3
2.1 Einführung in die Theorie 3

3 Einstieg in das Arbeiten mit ANSYS 15
3.1 Starten und Beenden von ANSYS 15
3.2 USER Interface 16
3.3 Hilfe-Modul 17
3.3.1 Die Befehle *HELP*, *GOTO* und *FIND* 17
3.4 Beenden von ANSYS 18
3.4.1 Der Befehl/*EOF* 18
3.5 ANSYS-Dateien 19
3.6 Einheitenlose Eingabe 19
3.7 Übungen zu einheitenloser Eingabe 20
3.7.1 Aufgabe 20

4 Lineare Statische Berechnung 21
4.1 Darstellung eines Beispielfiles 21

5 Preprocessing 23
5.1 Aufruf des Preprozessors 23
5.1.1 Der Befehl/*PREP7* 23
5.2 Berechnungsarten 24
5.2.1 Der Befehl *KAN* 24
5.3 Erzeugen eines Titels 24
5.3.1 Der Befehl/*TITLE* 24

5.4 Elementbibliothek ... 25
5.4.1 Elementbibliothek ... 26
5.5 Elementauswahl ... 28
5.5.1 Der Befehl *ET* ... 28
5.6 Elementoptionen ... 28
5.6.1 Der Befehl *KEYOPT* ... 28
5.7 Real-Konstanten ... 29
5.7.1 Die Befehle *R, RMORE* ... 29
5.8 Materialkonstanten ... 30
5.8.1 Der Befehl *MP* ... 30
5.9 Übungen zur Konstantendefinition ... 31
5.9.1 Aufgabe ... 31

6 Einstieg in das Arbeiten mit ANSYS ... 32
6.1 Modell und Wirklichkeit ... 32

7 Knoten ... 33
7.1 Einzelknoten generieren ... 33
7.1.1 Der Befehl *N* ... 33
7.2 Knoten anzeigen ... 34
7.2.1 Der Befehl *NPLOT* ... 34
7.3 Knotennummern einschalten ... 35
7.3.1 Der Befehl*/PNUM* ... 35
7.4 Knotennummern auflisten ... 35
7.4.1 Der Befehl *NLIST* ... 35
7.5 Knoten auffüllen ... 37
7.5.1 Der Befehl *FILL* ... 37
7.6 Knoten generieren ... 39
7.6.1 Der Befehl *NGEN* ... 39
7.7 Knotenmuster spiegeln ... 41
7.7.1 Der Befehl *SYMM* ... 41
7.8 Knotenmuster verzerren ... 42
7.8.1 Der Befehl *NSCALE* ... 42
7.9 Knoten löschen ... 43
7.9.1 Der Befehl *NDELE* ... 43
7.10 Übungen zur Knotengenerierung ... 44
7.10.1 Aufgabe ... 44
7.10.2 Aufgabe ... 44
7.10.3 Aufgabe ... 44
7.10.4 Aufgabe ... 45

8 Elemente ... 46
8.1 Elemente erzeugen ... 46
8.1.1 Der Befehl *E* ... 46
8.2 Elemente darstellen ... 48
8.2.1 Der Befehl *EPLOT* ... 48
8.3 Elementnummern einschalten ... 48
8.3.1 Der Befehl/*PNUM* ... 48
8.4 Elemente generieren ... 49
8.4.1 Der Befehl *EGEN* ... 49
8.5 Elemente duplizieren ... 50
8.5.1 Der Befehl *ESYM* ... 50
8.6 Elemente löschen ... 51
8.6.1 Der Befehl *EDELE* ... 51
8.7 Elemente auflisten ... 51
8.7.1 Der Befehl *ELIST* ... 51
8.8 Elemente mit expliziter Numerierung ... 52
8.8.1 Die Befehle *EN, ENGEN, ENSYM* ... 52
8.9 Übungen zur Elementgenerierung ... 53
8.9.1 Aufgabe ... 53
8.9.2 Aufgabe ... 53

9 Koordinatensysteme ... 54
9.1 Globale und lokale Koordinatensysteme ... 54
9.2 Lokales System aus globalem System definieren ... 55
9.2.1 Der Befehl *LOCAL* ... 55
9.3 Lokales System aus lokalem System definieren ... 56
9.3.1 Der Befehl *CLOKAL* ... 56
9.4 Lokales System mit drei Knoten definieren ... 57
9.4.1 Der Befehl *CS* ... 57
9.5 Koordinatensystem aktivieren ... 57
9.5.1 Der Befehl *CSYS* ... 57
9.6 Koordinatensysteme auflisten ... 58
9.6.1 Der Befehl *CSLIST* ... 58
9.7 Koordinatensysteme löschen ... 58
9.7.1 Der Befehl *CSDELE* ... 58
9.8 Koordinatensystem anzeigen ... 59
9.8.1 Der Befehl/*PSYMB* ... 59
9.9 Schnittknoten berechnen ... 60
9.9.1 Der Befehl *MOVE* ... 60
9.10 Knotenkoordinatensysteme ... 63
9.10.1 Der Befehl *NROTAT* ... 64
9.10.2 Der Befehl *NMODIF* ... 65
9.11 Elementkoordinatensysteme ... 65

9.12 Übungen zum Umgang mit Koordinatensystemen ... 66
9.12.1 Aufgabe ... 66
9.12.2 Aufgabe ... 66

10 Gruppenbildungen/Selecting Capabilities ... 67
10.1 Knotenselektion ... 67
10.2 Knoten selektieren. ... 68
10.2.1 Der Befehl *NSEL* ... 68
10.3 Knoten aus selektierter Menge wählen ... 69
10.3.1 Der Befehl *NRSEL* ... 69
10.4 Selektierte Menge erweitern ... 69
10.4.1 Der Befehl *NASEL* ... 69
10.5 Selektierte Menge verkleinern ... 70
10.5.1 Der Befehl *NUSEL* ... 70
10.6 Selektierte und passive Menge vertauschen ... 70
10.6.1 Der Befehl *NINV* ... 70
10.7 Alle Knoten aktivieren ... 70
10.7.1 Der Befehl *NALL* ... 70
10.8 Elementselektion ... 70
10.9 Elemente selektieren ... 71
10.9.1 Der Befehl *ESEL* ... 71
10.10 Elemente auswählen zu selektierten Knoten ... 71
10.10.1 Der Befehl *ENODE* ... 71
10.11 Übungen zur Gruppenbildung/Selektion ... 73
10.11.1 Aufgabe ... 73

11 Last- und Lagerbedingungen ... 74
11.1 Lagerbedingungen ... 74
11.2 Lagerbedingungen definieren ... 74
11.2.1 Der Befehl *D* ... 74
11.3 Lagerungsbedingungen anzeigen ... 75
11.3.1 Der Befehl/*PBC* ... 75
11.4 Auflisten der Lagerbedingungen ... 75
11.4.1 Der Befehl *DLIST* ... 75
11.5 Lagerbedingungen löschen ... 76
11.5.1 Der Befehl *DDELE* ... 76
11.6 Angreifende Kräfte und Momente ... 76
11.6.1 Der Befehl *F* ... 76
11.7 Kräfte anzeigen, auflisten und löschen ... 77
11.7.1 Die Befehle/*PBC, FLIST* und *FDELE* ... 77
11.8 Drücke, Pressungen auf Elemente ... 77
11.8.1 Die Befehle *EP, PSF* ... 77
11.9 Beschleunigungen ... 80
11.9.1 Der Befehl *ACEL* ... 80

11.10 Symmetriebedingungen ... 80
11.10.1 Der Befehl *SYMBC* ... 80
11.11 Übungen zu Lager- und Lastbedingungen ... 82
11.11.1 Aufgabe ... 82

12 Abschluß des Preprocessing ... 83
12.1 Speichern der Geometrie und Randbedingungen ... 83
12.1.1 Die Befehle *AFWRITE, SAVE* und *CHECK* ... 83
12.2 Übung zum Abschluß des Preprocessing ... 84
12.2.1 Aufgabe ... 84

13 Solid Modeling ... 86
13.1 Allgemeines ... 86
13.2 Vergleich: Direktes Generieren - Solid Modeling ... 86
13.3 Selektieren im Solid Modeling ... 89
13.4 Punkte/Keypoints ... 90
13.4.1 Der Befehl *K* ... 90
13.5 Punkte auffüllen ... 91
13.5.1 Der Befehl KFILL ... 91
13.6 Punktmuster erzeugen ... 93
13.6.1 Der Befehl *KGEN* ... 93
13.7 Punktmuster spiegeln ... 94
13.7.1 Der Befehl *KSYMM* ... 94
13.8 Punkte in anderes Koordinatensystem transformieren ... 96
13.8.1 Der Befehl *KTRAN* ... 96
13.9 Verzerren von Punktmustern ... 97
13.9.1 Der Befehl *KSCALE* ... 97
13.10 Existierende Punkte verändern ... 98
13.10.1 Der Befehl *KMODIF* ... 98
13.11 Punkte löschen ... 99
13.11.1 Der Befehl *KDELE* ... 99
13.12 Punkte darstellen und auflisten ... 99
13.12.1 Die Befehle *KPLOT* und *KLIST* ... 99
13.13 Punktnumerierung einschalten ... 100
13.13.1 Der Befehl/*PNUM* ... 100

14 Linien ... 101
14.1 Linien erzeugen ... 101
14.1.1 Der Befehl *L* ... 101
14.2 Verschiedene Linienbefehle ... 102
14.2.1 Die Befehle *LGEN, LSYMM, LTRAN, LMODIF* ... 102
14.3 Linien unterteilen ... 102
14.3.1 Der Befehl *LDIV* ... 102
14.4 Linien verbinden ... 103
14.4.1 Der Befehl *LCOMB* ... 103

14.5 Kreuzende Linien auftrennen ... 104
14.5.1 Der Befehl *LINTER* ... 104
14.6 Linien unter definiertem Winkel anfügen ... 105
14.6.1 Die Befehle *LANG* und *L2ANG* ... 105
14.7 Linien verlängern ... 107
14.7.1 Die Befehle *LTAN* und *L2TAN* ... 107
14.8 Kreisbögen generieren ... 109
14.8.1 Der Befehl *LARC* ... 109
14.9 Kreis erzeugen ... 110
14.9.1 Der Befehl *CIRCLE* ... 110
14.10 Beliebige Kurve erzeugen ... 111
14.10.1 Der Befehl *SPLINE* ... 111
14.11 Übergang ausbilden ... 112
14.11.1 Der Befehl *LFILLT* ... 112
14.12 Schnittkante erzeugen ... 113
14.12.1 Der Befehl *LAINT* ... 113
14.13 Flächenparallele erzeugen ... 114
14.13.1 Der Befehl LAREA ... 114
14.14 Linien darstellen und löschen ... 115
14.14.1 Die Befehle *LPLOT, LLIST* und *LDELE* ... 115
14.15 Übungen mit Linien ... 115
14.15.1 Aufgabe ... 115
14.15.2 Aufgabe ... 116
14.15.3 Aufgabe ... 116

15 Flächen/Areas ... 117
15.1 Regelmäßige Flächen erzeugen ... 117
15.1.1 Der Befehl *A* ... 117
15.2 Unregelmäßige Flächen erzeugen ... 117
15.2.1 Der Befehl *AL* ... 117
15.3 Verschiedene Flächenbefehle ... 118
15.3.1 Die Befehle *AGEN, ARSYM, ATRAN, AFILLT* ... 118
15.4 Fläche durch Rotieren erzeugen ... 119
15.4.1 Der Befehl *AROTAT* ... 119
15.5 Fläche durch Verschieben erzeugen ... 120
15.5.1 Der Befehl *ADRAG* ... 120
15.6 Fläche unterteilen ... 121
15.6.1 Der Befehl *ASUB* ... 121
15.7 Parallelfläche erzeugen ... 122
15.7.1 der Befehl *AOFFST* ... 122
15.8 Flächen anzeigen, löschen und auflisten ... 123
15.8.1 Die Befehle *APLOT, ADELE, ALIST* ... 123
15.9 Übungen mit Flächen ... 123
15.9.1 Aufgabe ... 123

16 Volumina/Volumes ... 124
16.1 Körper erzeugen ... 124
16.1.1 Der Befehl *V* ... 124
16.2 Unregelmäßige Volumina ... 124
16.2.1 Der Befehl *VA* ... 124
16.3 Volumen generieren und verändern ... 125
16.3.1 Die Befehle *VGEN, VSYMM, VTRAN, VROTAT, VDRAG, VPLOT, VLIST* ... 125

17 Geometrieerzeugung extern/Transfer ... 126
17.1 Datenaustausch PROREN-ANSYS ... 126
17.2 Datenaustausch AutoCAD-ANSYS ... 127

18 Vernetzen der Geometrie ... 128
18.1 Kontrolle der Elementgröße ... 128
18.1.1 Der Befehl *ELSIZE* ... 128
18.2 Linien für die Vernetzung unterteilen ... 129
18.2.1 Der Befehl *LDVS* ... 129
18.3 Elementgröße in Punktumgebung ... 130
18.3.1 Der Befehl *KSCON* ... 130
18.4 Elementgröße an vorgegebenen Punkt ... 131
18.4.1 Der Befehl *KDVS* ... 131
18.5 Elementanzahl bei Linien anpassen ... 131
18.5.1 Der Befehl *LDVA* ... 131
18.6 Starten der Vernetzung ... 132
18.6.1 Der Befehl *MESH* ... 132
18.7 Löschen eines Netzes ... 133
18.7.1 Der Befehl *CLEAR* ... 133
18.8 Beispiele zur Venetzungssteuerung ... 133
18.9 Knoten und Elemente vom Solid Model lösen ... 136
18.9.1 Der Befehl *MODMESH* ... 136
18.10 Übungen zur Netzgenerierung ... 137
18.10.1 Aufgabe ... 137

19 Last-/Lagerbedingungen am Solid Model ... 138
19.1 Kräfte am Solid Model ... 138
19.1.1 Der Befehl *KF* ... 138
19.2 Drücke/Pressungen am Solid Model ... 138
19.2.1 Die Befehle *LPSF* und *APSF* ... 138
19.3 Lagerbedingungen am Solid Model ... 139
19.3.1 Der Befehl *KD* ... 139
19.4 Symmetriebedingungen am Solid Model ... 140
19.4.1 Die Befehle *LSBC* und *ASBC* ... 140

19.5 Bedingungen auf Knoten und Elemente transferieren ... 140
19.5.1 Der Befehl *SBCTRA* ... 140
19.6 Bedingungen am Solid Model auflisten ... 141
19.6.1 Der Befehl *SBCLIST* ... 141
19.7 Last-/Lagerbedingungen am Solid Model löschen ... 141
19.7.1 Der Befehl *SBCDELE* ... 141
19.8 Übungen zu Last-/Lagerbedingungen am Solid Model ... 141
19.8.1 Aufgabe ... 141

20 Zusätzliche Befehle ... 142
20.1 Doppelte Objekte verschmelzen ... 142
20.1.1 Der Befehl *NUMMRG* ... 142

21 Die Lösungsphase ... 143
21.1 Starten des Gleichungslösers ... 143
21.1.1 Der Befehl*/INPUT,27* ... 143
21.2 Beenden des Gleichungslösers ... 143
21.2.1 Der Befehl *FINISH* ... 143
21.3 Steuerung des Ergebnisausdrucks ... 144
21.3.1 Der Befehl *ITER* ... 144

22 Postprocessing ... 145
22.1 Allgemeines ... 145
22.2 Allgemeiner Postprocessor *POST1* ... 145
22.2.1 Der Befehl*/POST1* ... 145
22.3 Einlesen von Ergebnissen ... 146
22.3.1 Der Befehl *SET* ... 146
22.4 Zusätzliche Auswertungen einschreiben ... 147
22.4.1 Die Befehle *POSTR, PONF, PORF* ... 147
22.5 Zusätzliche Ergebnisse einlesen ... 148
22.5.1 Der Befehl *STRESS* ... 148
22.6 Darstellung der Geometrieverlagerung ... 149
22.6.1 Der Befehl *PLDISP* ... 149
22.7 Verschiebungen auflisten ... 150
22.7.1 Der Befehl *PRDISP* ... 150
22.8 Darstellung der verschiedenen Spannungen ... 151
22.8.1 Die Befehle *PLNSTR* und *PRNSTR* ... 151
22.9 Lage der Spannungen bei Schalenelementen ... 154
22.9.1 Der Befehl *SHELL* ... 154
22.10 Vektordarstellungen ... 154
22.10.1 Die Befehle *PLVECT* und *PRVECT* ... 154
22.11 Koordinatensystem bei der Auswertung ... 155
22.12 Verlassen des Postprozessors ... 156
22.13 Übungen zum Postprocessing ... 156
22.13.1 Aufgabe ... 156

23 Auswertung von Stab- und Balkenelementen 157
23.2 Reaktionskräfte auflisten 157
23.2.1 Der Befehl *PRRFOR* 157
23.3 Auflisten der elementbezogenen Knotenkräfte 158
23.3.1 Der Befehl *PREFOR* 158
23.4 Schnittreaktionen an Knoten 159
23.4.1 Die Befehle *SPOINT* und *NFORCE* 159
23.5 Darstellen des Kraft- und Momentenverlaufs 159
23.5.1 Der Befehl *PLLS* 159
23.6 Übungen zur Auswertung von Stäben und Balken 160
23.6.1 Aufgabe 160

24 Pfaddarstellungen 161
24.1 Definieren eines Pfades 161
24.1.1 Die Befehle *PLPATH* und *PRPATH* 161
24.2 Übungen zu Pfadbefehlen 162
24.2.1 Aufgabe 162

25 Fehlerenergie/Genauigkeit der Berechnung 163
25.2 Übungen zur Fehlerenergie 164
25.2.1 Aufgabe 164

26 Überlagerte Lastfälle
26.2 Mehrere Lastfälle im Preprozessor 165
26.2.1 Der Befehl *LWRITE* 165
26.3 Auswertung im Postprozessor 166
26.3.1 Der Befehl *LCLIM* 166
26.4 Lastschritt zuordnen 167
26.4.1 Der Befehl *LCASE* 167
26.5 Lastfalladdition 167
26.5.1 Der Befehl *LADD* 167
26.6 Übungen zu überlagerten Lastfällen 168
26.6.1 Aufgabe 168

27 Modell mit mehreren Konstanten/Complex Models 169
27.1 Referenznummern umschalten 169
27.1.1 Die Befehle *MAT, TYPE* und *REAL* 169
27.2 Übungen zu Complex Models 172
27.2.1 Aufgabe 172

Anhang I: Lösungen 173

Anhang II: Zusätzliche Übungsaufgaben 198

Anhang III: Referenzliste 232

1 Einführung

In diesem Kapitel werden Befehle des Betriebssystems DOS erläutert, soweit sie für das Arbeiten mit ANSYS notwendig sind. Weiterhin erfolgen Definitionen über die verschiedenen Schreibweisen in diesem Buch.

Die Befehle in diesem Buch orientieren sich am Leistungsumfang der ANSYS Versionen 4.4 und 4.4A. Sollten Befehle für die ANSYS-ED Version nicht verfügbar sein, so wird gesondert darauf hingewiesen. Alle Übungen in diesem Buch sind mit der ANSYS-ED Version zu bearbeiten.

Eingerückt und mit Großbuchstaben in normaler Schrift werden die Meldungen des Betriebssystems (DOS) angegeben:

```
C:\BEISPIEL>
```

Im Buch wird davon ausgegangen, daß sich alle ANSYS- und die jeweiligen Arbeitsdateien auf dem Laufwerk C: befinden. Eventuell andere Verzeichnisse oder Laufwerksnamen möge der Leser bitte selbständig ersetzen.

Im Anschluß an den System-Prompt werden die Eingaben des Benutzers mit fetter Schrift angegeben:

```
C:\BEISPIEL1> cd..
```

Die Eingabe erfolgt gemischt mit Groß- und Kleinbuchstaben. DOS akzeptiert beide Schreibweisen, dies muß für andere Systeme (UNIX) nicht gelten. Im Zweifelsfall ist das dazugehörige Systemhandbuch zu Rate zu ziehen. Im Anschluß an den Befehl wird die zur Weiterverarbeitung notwendige Taste in spitzen Klammern angegeben:

```
C:\BEISPIEL1> cd.. <RETURN>
```

Ebenfalls in fetter Schrift sind die Eingaben in die Kommandozeile des ANSYS-Menüs geschrieben:

/Show,Bild,Dat,0,1,8

Die Erläuterung der Befehle erfolgt in kursiver Schrift:

/Show, Filename, Ext, Vect, NCPL

Im Folgenden wird davon ausgegangen, daß ANSYS auf Ihrem Rechner vollständig installiert ist. Für die Übungen werden verschiedene Unterverzeichnisse benötigt. Im vorliegenden Buch werden die Verzeichnisse direkt unter dem Verzeichnis C: angelegt.

Zum Erzeugen eines Unterverzeichnisses wird der Befehl **md** am Systemprompt eingegeben:

```
C:\>md [Namen] <Return>
```

Der Verzeichnisnamen kann unter DOS bis zu 8 Zeichen lang sein. Sonderzeichen wie Umlaute oder Bindestriche dürfen im Verzeichnisnamen nicht enthalten sein. Der Befehl wird mit der Return- bzw. Enter-Taste dem Rechner zur Bearbeitung übergeben.

In das erstellte Unterverzeichnis wird mit dem Befehl **cd** gewechselt:

```
C:\>cd [Namen]
```

Ein falsch geschriebener oder nicht vorhandener Verzeichnisnamen wird als Fehlermeldung angezeigt:

```
C:\>cd ANSBUCH <Return>
ungültiges Verzeichnis

C:\>
```

Ein Sprung um eine Verzeichnishierarchie nach oben erfolgt mit dem Befehl **cd..**:

```
C:\BEISPIEL1>cd.. <RETURN>

C:\>
```

Zum Auflisten des Inhalts eines Verzeichnisses dient der **DIR** Befehl:

```
C:\BEISPIEL1>dir <RETURN>

FILE18   DAT     1234   22.10.92  19:50
FILE19   DAT      345   22.10.92  19:50
       2 Datei(en)      1579 bytes
                    22345456 bytes frei
```

Die im Verzeichnis enthaltenen Dateien werden mit ihrer Größe, dem Datum und Uhrzeit ihrer letzten Veränderung aufgelistet. Eine Statistik über den verbrauchten und noch freien Speicherplatz beendet die Auflistung.

Weitere DOS-Befehle werden für das Buch nicht benötigt. Ein beliebiger Editor oder Textverarbeitung sollte auf dem Rechner zur Veränderung von Dateien zur Verfügung stehen. Der Umgang mit diesen Programmen ist der beigelegten Programmbeschreibung zu entnehmen. Bei Textverarbeitungen sollte der Programmiermodus gewählt werden, um zusätzliche Steuerzeichen der Textverarbeitung in der Datei auszuschalten.

2 Die Theorie der finiten Elemente

2.1 Einführung in die Theorie

Die FEM (Finite Elemente Methode) ist ein Zweig der allgemeinen Festigkeitslehre. Sie dient der Feststellung von Spannungen und Dehnungen an Bauteilen. Die Grundlagen für die FEM wurden schon ab 1940 entwickelt, durch die benötigten hohen Rechenleistungen war die Anwendung auf Großrechner beschränkt. Erst durch die stürmische Entwicklung in der Rechnertechnik konnte sich die FEM auf breiter Basis durchsetzen.

Zum besseren Verständnis der diversen Rechenvorgänge im Programm soll am Beispiel eines Stabes unter einer Längskraft der prinzipielle Rechenweg aufgezeigt werden. Gleichzeitig soll mit den Bezeichnungen in der Finite-Elemente-Welt vertraut gemacht werden.

Bild 2-1 Stab mit Zugkraft

Wie aus der Festigkeitslehre bekannt ist, läßt sich die Verlängerung des Stabes, Bild 2-1, über die Federgleichung berechnen:

$$F = c * \Delta u \quad \text{mit } \Delta u = u_1 - u_2$$

$$u_2 - u_1 = c^{-1} * F_2 = -c^{-1} * F_1 \qquad (1)$$

$$\text{mit der Längssteifigkeit: } c = \frac{E * A}{l} \quad .$$

Aus Gleichung (1) ergibt sich der Zusammenhang zwischen äußeren Kräften und den Verschiebungen, der in geordneter (Matrix-) Schreibweise lautet:

$$\begin{aligned} F_1 &= cu_1 - cu_2, \\ F_2 &= -cu_1 + cu_2, \end{aligned} \qquad \begin{bmatrix} F_1 \\ F_2 \end{bmatrix} = c \begin{bmatrix} 1 & -1 \\ -1 & 1 \end{bmatrix} \begin{bmatrix} u_1 \\ u_2 \end{bmatrix} . \tag{2}$$

Da der Stab fest eingespannt ist, wird u_1 zu 0 gesetzt. Die entsprechende Zeile und Spalte der Matrix läßt sich damit streichen:

$$\begin{bmatrix} \cdots F_1 \cdots \\ F_2 \end{bmatrix} = \begin{bmatrix} \cdots \vdots\, c \cdots\cdots -c \cdots \\ - \vdots\, c \quad c \end{bmatrix} \begin{bmatrix} \cdots u_1 \cdots \\ u_2 \end{bmatrix} . \tag{3}$$

Somit reduziert sich die Formel auf:

$$F_2 = c * u_2$$

oder für die Verlängerung: (4)

$$u_2 = \frac{F_2}{c} .$$

Dieses Ergebnis wurde mit der bekannten elementaren Stabstatik hergeleitet.

Das Wesen der FEM ist die Einteilung eines Bauteils in eine endliche (finite) Anzahl einzelner Elemente, im Falle stabähnlicher Strukturen in einzelne Stabelemente ***i***. Für ein solches Einzelstabelement wird im folgenden nochmals obige Beziehung abgeleitet, wobei neben den festigkeitstheoretischen Zusammenhängen auch die Formalisierung betrachtet wird. Ein erster Schritt ist die Darstellung der Kräfte und Verschiebungen an den Knoten (am Anfang und Ende des Elementes *i*).

$$\vec{f}^i = \begin{bmatrix} F_1^i \\ F_2^i \end{bmatrix} = \begin{bmatrix} F_1 \\ F_2 \end{bmatrix}^i , \quad \vec{d}^i = \begin{bmatrix} u_1^i \\ u_2^i \end{bmatrix} = \begin{bmatrix} u_1 \\ u_2 \end{bmatrix}^i \tag{5}$$

Die Bezeichnungen bei den Vektoren beziehen sich auf die durchnumerierten Teilabschnitte des Bauteils.

Es wird angenommen, daß die Verschiebung von einem Ende (Knoten) des Stabes zum anderen linear verläuft. Dabei berücksichtigt der Verschiebungsansatz eine eventuell vorhandene Verschiebung am Knoten 1 und die Abhängigkeit der Verschiebung von der betrachteten Stelle x, Bild 2-2 :

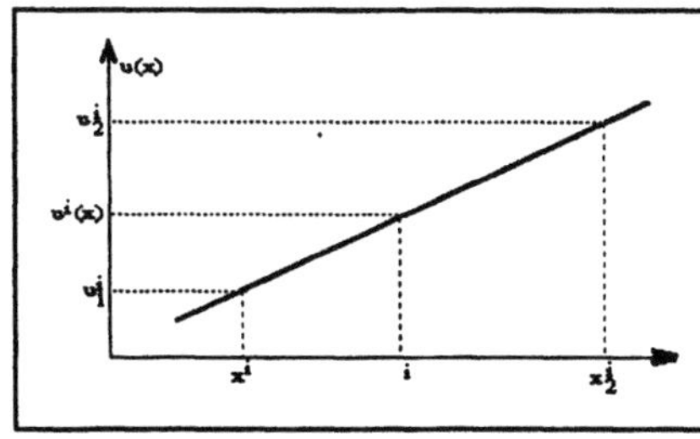

Bild 2-2 linearer Verschiebungsansatz

Daraus folgt für die Verschiebungen innerhalb eines Teilstabes (Elementes):

$$u^i(x) = K_1^i + K_2^i * x \qquad \text{vgl.:} \qquad y(x) = c + m * x \tag{6}$$

K_1 und K_2 sind dabei Konstanten der Geradengleichung.

An den Elementrändern müssen die vorher definierten Randbedingungen eingehalten werden:

$$\begin{aligned} u^i(x=x_1) &= u_1^i = K_1^i + K_2^i * x_1 \\ u^i(x=x_2) &= u_2^i = K_1^i + K_2^i * x_2 \end{aligned} \tag{7}$$

Aus diesen beiden Gleichungen lassen sich die Konstanten K_1^i und K_2^i in Abhängigkeit von den Knotenverschiebungen und der Elementlänge $l^i = x_2^i - x_1^i$) darstellen:

$$\begin{aligned} K_1^i &= \frac{1}{l^i}\left(x_2^i * u_1^i + (-x_1^i) * u_2^i\right) \\ K_2^i &= \frac{1}{l^i}\left(u_2^i + (-1) * u_1^i\right) \end{aligned} \tag{8}$$

Die Konstanten werden nun in Gleichung (6) eingesetzt:

$$u^i(x) = \frac{1}{l^i}\left(x_2^i * u_1^i + (-x_1^i) * u_2^i\right) + \frac{1}{l^i}\left(u_2^i + (-1) * u_1^i\right) * x \tag{9}$$

und die Verschiebung innerhalb des *i*-ten Elementes in Abhängigkeit von den Verschiebungen an dessen Knoten 1 und Knoten 2 ausgedrückt:

$$u^i(x) = \frac{1}{l^i}(x_2^i - x)*u_1^i + \frac{1}{l^i}(-x_1^i + x)*u_2^i \quad . \tag{10}$$

Im nächsten Schritt werden die Vorfaktoren substituiert. Dadurch ergibt sich für die Abhängigkeit der Verschiebungen innerhalb eines Elementes von den Knotenpunktsverschiebungen:

$$u^i(x) = N_1^i(x)*u_1^i + N_2^i(x)*u_2^i \, , \tag{11}$$

wobei folgende Faktoren substituiert wurden:

$$\begin{aligned} N_1^i(x) &= \frac{1}{l^i}\left(x_2^i - x\right) \\ N_2^i(x) &= \frac{1}{l^i}\left(-x_1^i + x\right) \quad . \end{aligned} \tag{12}$$

Diese Formel läßt sich auch in der Matrixschreibweise

$$u^i(x) = \left[N_1^i(x), N_2^i(x)\right] \begin{bmatrix} u_1^i \\ u_2^i \end{bmatrix} \tag{13}$$

oder in ihrer Kurzform:

$$u^i(x) = N^i(x)\, \vec{d}^i \tag{14}$$

darstellen. Die Matrix N(x) des Verschiebungsansatzes wird als **Formfunktionsmatrix** bezeichnet. Die Formfunktionen beschreiben die Verschiebungen im Inneren eines Elementes in Abhängigkeit der Verschiebungen an dessen Elementrand (Knotenverschiebungen).

Für das behandelte Beispiel des eingespannten Zugstabs mit nur einem Element ($i=1$) lassen sich mit den Elementkoordinaten x_j^i die Formfunktionen $N_j^i(x)$ aufstellen:

$$
\begin{aligned}
x_1^1 &= 0 \\
x_2^1 &= l \\
N_1^1(x) &= 1 - \frac{x}{l} \\
N_2^1(x) &= \frac{x}{l} \, .
\end{aligned}
\tag{15}
$$

Da die Dehnung als Verschiebung (Verlängerung) pro Länge definiert ist, und als Verschiebung die bereits ermittelte allgemeine Verschiebungsfunktion eingesetzt werden kann, ergibt sich:

$$\varepsilon^i(x) = \frac{d}{dx} u^i(x) = \frac{d\left(N_1^i(x) * u_1^i + N_2^i(x) * u_2^i\right)}{dx} \, , \tag{16}$$

bzw. mit den Formfunktionen gemäß Gleichung (12) nach deren Differentiation

$$\varepsilon^i(x) = -\frac{1}{l^i} u_1^i + \frac{1}{l^i} u_2^i \tag{17}$$

oder in Matrixschreibweise:

$$\varepsilon^i(x) = \begin{bmatrix} -\frac{1}{l^i} , \frac{1}{l^i} \end{bmatrix} \begin{bmatrix} u_1^i \\ u_2^i \end{bmatrix} . \tag{18}$$

Die Dehnung ist innerhalb des Elements konstant, so daß in Kurzschreibweise

$$\varepsilon^i(x) = \varepsilon^i = \boldsymbol{B} \, \vec{d}^i \tag{19}$$

geschrieben werden kann. **B** wird als **Verzerrungsmatrix** bezeichnet, deren Elemente im Falle eines linearen Verschiebungsansatzes ebenfalls konstant sind (wie hier im Beispiel geschehen).

Mit dem **Werkstoffgesetz** nach Hooke folgt ganz allgemein und danach im speziellen für einzelne Elemente:

$$\begin{aligned} \sigma &= E * \varepsilon \\ \sigma^i &= E * \varepsilon^i \,. \end{aligned} \qquad \textbf{(20)}$$

Mit der Dehnung nach Gleichung (19) ergibt sich die Spannungsgleichung für ein Element:

$$\sigma^i = E * B * \vec{d}^i \qquad \textbf{(21)}$$

bestehend aus dem E-Modul, der Verzerrungsmatrix und der einspaltigen Vektormatrix der Knotenverschiebungen.

Um mit dem **Prinzip der virtuellen Arbeit** weiterarbeiten zu können, soll die Formänderungsarbeit eines Stabes kurz hergeleitet werden.

Die Formänderungsarbeit z.B. einer Feder errechnet sich zu:

$$W_F = \frac{1}{2} * F * \Delta l \quad . \qquad \textbf{(22)}$$

Für einen einfachen Zugstab gilt:

$$\begin{aligned} F &= \sigma * A \\ \Delta l &= \varepsilon * l \quad , \; V = A * l \\ W_F &= \frac{1}{2} * F * \Delta l = \frac{1}{2} * \sigma * \varepsilon * V \,. \end{aligned} \qquad \textbf{(23)}$$

Das **Prinzip der virtuellen Arbeit** besagt, daß die virtuellen Arbeiten, die sich aus 1. den äußeren Kräften und 2. aus den inneren Spannungen bei einer virtuellen Verschiebung ergeben, in der Summe null sind. Dies entspricht dem Arbeitssatz der Mechanik, daß die Arbeit der äußeren Kräfte als Formänderungsenergie gespeichert wird. Dieser in Prosa geschriebene Text läßt sich auch als mathematische Formel ausdrücken:

$$\begin{aligned} \delta W &= \delta W^i_{innen} - \delta W^i_{außen} = 0 \\ \delta W &= \delta\left(\vec{f}^i * \vec{d}^i - \int_{V^i} \frac{1}{2} \sigma^i \varepsilon^i dV^i\right) = 0 \end{aligned} \qquad \textbf{(24)}$$

mit:

$$\vec{f}^i * \vec{d}^i = \text{Arbeit der äußeren Kräfte}$$
$$\int_{V^i} \frac{1}{2} \sigma^i e^i dV^i = \text{Verzerrungsarbeit} . \tag{25}$$

Hieraus folgt nach längerer Rechnung

$$\vec{f}^i = k^i * \vec{u}^i \tag{26}$$

mit der **Elementsteifigkeitsmatrix**

$$k^i = \int_{V^i} B^T \; E \; B \; dV^i \quad . \tag{27}$$

$\mathbf{B}^T$ ist die transformierte Verzerrungsmatrix (um eine skalare Größe zu erhalten), **B** die ursprüngliche Matrix aus Gleichung (19). Da für den Stab **B** konstant ist, lassen sich die konstanten Faktoren vor das Integral setzen.

Das nach der Integration entstehende Gesamtvolumen läßt sich als Querschnitt * Länge aufspalten. Rechnerisch bildet sich die Elementsteifigkeitsmatrix auf diese Weise ab:

$$k^i = \left(\int_{V^i} dV^i\right) B^T \; E \; B = (A^i \; l^i) \begin{bmatrix} -\frac{1}{l^i} \\ \frac{1}{l^i} \end{bmatrix} E \begin{bmatrix} -\frac{1}{l^i} \; , \; \frac{1}{l^i} \end{bmatrix} \quad . \tag{28}$$

Die beiden Matrizen lassen sich ausmultiplizieren, so daß die vereinfachte Steifigkeitsmatrix eines Stabelementes sich wie folgt darstellt:

$$k^i = \frac{E * A^i}{l^i} \begin{bmatrix} 1 & -1 \\ -1 & 1 \end{bmatrix} \quad . \tag{29}$$

Allgemein gilt, daß die Elementsteifigkeitsmatrix immer symmetrisch und singulär ist, wenn keine Randbedingungen eingegeben worden sind.

Eingesetzt in Formel 25 ergibt sich der Zusammenhang zwischen Knotenkräften und -verschiebungen für ein Stabelement:

$$\vec{f}^i = k^i \, \vec{d}^i$$

mit:

$$\vec{f}^i = \begin{bmatrix} F_1^i \\ F_2^i \end{bmatrix} ; \; \vec{d}^i = \begin{bmatrix} u_1^i \\ u_2^i \end{bmatrix} ; \; k^i = \frac{E\,A^i}{l^i} \begin{bmatrix} 1 & -1 \\ -1 & 1 \end{bmatrix}$$

ergibt: **(30)**

$$\begin{bmatrix} F_1^i \\ F_2^i \end{bmatrix} = \frac{E\,A^i}{l^i} \begin{bmatrix} 1 & -1 \\ -1 & 1 \end{bmatrix} \begin{bmatrix} u_1^i \\ u_2^i \end{bmatrix}$$

$$\begin{bmatrix} F_1^i \\ F_2^i \end{bmatrix} = c^i \begin{bmatrix} 1 & -1 \\ -1 & 1 \end{bmatrix} \begin{bmatrix} u_1^i \\ u_2^i \end{bmatrix} .$$

Im Vergleich mit Formel 2 sieht der Leser vollständige Übereinstimmung. Wieso also diese mühsame Herleitung, wenn sich mit der elementaren Statik das Ergebnis schneller und einfacher herleiten läßt? Die Antwort der Frage liegt in der Allgemeinheit der Herleitung. Für mehrachsige Probleme oder Elemente, die nicht dem einfachen Federgesetz genügen, lassen sich mit obigem Ansatz die Steifigkeitsmatrizen berechnen.

Da die FEM im wesentlichen immer von mehreren Elementen ausgeht, wird als neues Modell ein Stab mit zwei Einzelkräften eingeführt, der an einem Ende gehalten wird, Bild 2-3.

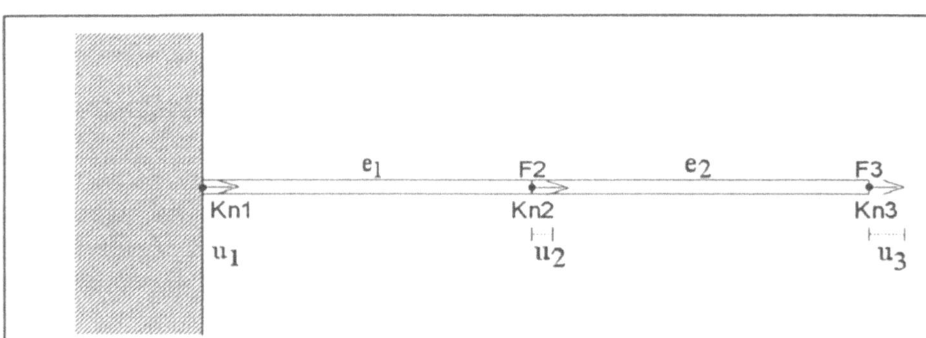

Bild 2-3 Zugstab aus 2 Elementen und 2 Zugkräften

Der Stab wird in zwei Elemente eingeteilt, die zusammen mit den Knoten numeriert werden. Die Knotenpunktskräfte und -verschiebungen sind formal in Bild 2-3 eingezeichnet, wobei gilt:

$F_1 = F_1^R$ als Reaktionskraft? $\quad u_1 = 0$

$F_2 = 2F \quad u_2 = ?$

$F_3 = -F \quad u_3 = ?$.

Die Reaktionskraft sowie die Verschiebungen der Knoten 2 und 3 müssen ermittelt werden. Die einzelnen Stabteile werden freigeschnitten und eine Indizierung eingeführt, Bild 2-4:

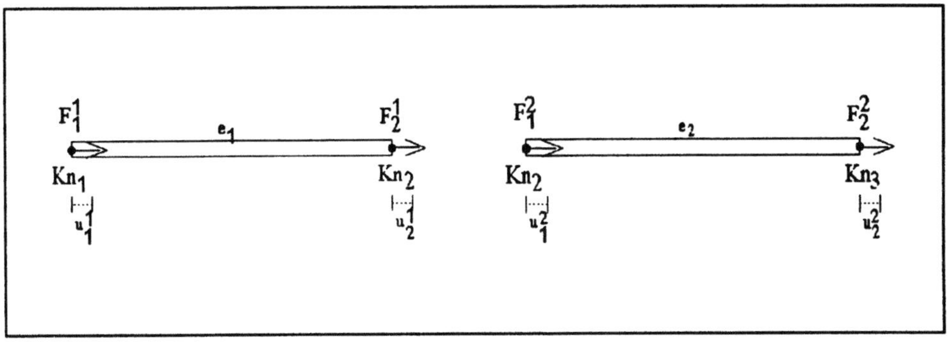

Bild 2-4 freigeschnittene Einzelelemente

Fügt man nach dem Freischnitt die Kraftvektoren der einzelnen Elemente wieder zusammen, so müssen sich aufgrund von Gleichgewichtsbedingungen die äußeren Knotenkräfte ergeben:

$$\vec{f} = \sum_{i=1}^{2} \vec{f}^i \quad . \tag{31}$$

Im dargestellten Beispiel ergeben sich als Gleichgewicht für die einzelnen Knoten formuliert in Matrixschreibweise:

$$\vec{f} = \begin{bmatrix} F_1 \\ F_2 \\ F_3 \end{bmatrix} = \begin{bmatrix} F_1^R \\ 2F \\ -F \end{bmatrix} = \vec{f}^1 + \vec{f}^2 = \begin{bmatrix} F_1^1 \\ F_2^1 \\ 0 \end{bmatrix} + \begin{bmatrix} 0 \\ F_1^2 \\ F_2^2 \end{bmatrix} \quad . \tag{32}$$

Die Vektoren der Elementknotenkräfte, die nicht dem Element zugehörig sind, werden formal mit 0 ergänzt. Entsprechend dieser Summation der Elementknotenkräfte werden die dazugehörigen Matrixelemente der Elementsteifigkeitsmatrix zu einer Gesamtsteifigkeitsmatrix zusammengefügt:

$$\boldsymbol{k} = \sum_{i=1}^{2} \boldsymbol{k}^{i} \quad . \tag{33}$$

Die Summation muß dabei topologisch richtig durchgeführt werden. Die einzelnen Steifigkeitsmatrizen der Elemente werden dabei nur in den entsprechenden Knotenpunkten überlagert:

$$\boldsymbol{k} = \begin{bmatrix} c^1 & -c^1 \\ -c^1 & c^1 \end{bmatrix} + \begin{bmatrix} c^2 & -c^2 \\ -c^2 & c^2 \end{bmatrix} = \begin{bmatrix} c^1 & -c^1 & 0 \\ -c^1 & c^1+c^2 & -c^2 \\ 0 & -c^2 & c^2 \end{bmatrix} \text{ mit } c^i = \frac{E\,A^i}{l^i} \quad . \tag{34}$$

Für den Sonderfall, daß beide Elemente den gleichen Querschnitt und Länge haben, sowie aus dem gleichen Material bestehen, gilt $c^1 = c^2 = c$ und somit

$$\boldsymbol{k} = \begin{bmatrix} c & -c & 0 \\ -c & 2c & -c \\ 0 & -c & c \end{bmatrix} . \tag{35}$$

In dieser Matrix ist die **Bandstruktur** erkennbar. Da die Determinante der Matrix 0 ergibt, ist diese Matrix singulär, d.h. eventuelle Verschiebungen werden als Starrkörperverschiebung interpretiert. Im Berechnungsfall mit einem Finite-Elemente-Programm würde dies als Fehler gemeldet.

Um die äußeren Randbedingungen zu berücksichtigen, werden aus dem Grundgleichungssystem

$$\vec{f} = \boldsymbol{k}\,\vec{d} \tag{36}$$

die entsprechenden Knotenverschiebungen eingesetzt.

Im vorliegenden Beispiel ist $u_1{}^1=0$, so daß die erste Zeile und die erste Spalte der Gesamtsteifigkeitsmatrix gestrichen werden können:

$$\begin{bmatrix} F^1 \\ F^2 \\ F^3 \end{bmatrix} = \begin{bmatrix} \cdots \vdots c & \cdots -c \cdots & 0 \cdots \\ - \vdots c & 2c & -c \\ \vdots 0 & -c & c \end{bmatrix} \begin{bmatrix} \cdots u1 \cdots \\ u2 \\ u3 \end{bmatrix} . \tag{37}$$

Das lineare Gleichungssystem reduziert sich auf:

$$\begin{bmatrix} F_2 \\ F_3 \end{bmatrix} = \begin{bmatrix} 2F \\ -F \end{bmatrix} = \begin{bmatrix} 2c & -c \\ -c & c \end{bmatrix} \begin{bmatrix} u_2 \\ u_3 \end{bmatrix} . \tag{38}$$

Aus diesen zwei Gleichungen für die unbekannten Verschiebungen werden diese berechnet

$$\begin{aligned} 2F &= 2cu_2 - cu_3 \\ -F &= -cu_2 + cu_3 \\ u_2 &= \frac{F}{c} \\ u_3 &= 0 \quad \text{und als Vektor dargestellt} \\ \vec{d} &= \begin{bmatrix} u_2 \\ u_3 \end{bmatrix} = \frac{F}{c} \begin{bmatrix} 1 \\ 0 \end{bmatrix} . \end{aligned} \tag{39}$$

Diese Lösung der 2 unbekannten Verschiebungen kann nun in die eliminierte Gleichung der Verschiebungsrandbedingungen eingesetzt werden:

$$F_1 = F_1^R = [\, c \;\; -c \;\; 0 \,] \begin{bmatrix} u_1 \\ u_2 \\ u_3 \end{bmatrix} = -cu_2 = -c\frac{F}{c} = -F . \tag{40}$$

Nachdem nun die Knotenkräfte sowie die Verschiebungen der einzelnen Knoten bekannt sind, können durch Rückwärtseinsetzen der Ergebnisse in Gleichung (21) die Spannungen und in Gleichung (29) die Elementschnittkräfte ermittelt werden, z.B. für das Element 1:

$$\begin{aligned}
\vec{\sigma}^1 &= E * B * \vec{d}^1 \\
\vec{\sigma}^1 &= E * \left[-\frac{1}{l^1}, \frac{1}{l^1} \right] \begin{bmatrix} u_1 \\ u_2 \end{bmatrix} \\
\vec{\sigma}^1 &= E * \left[-\frac{1}{l^1}, \frac{1}{l^1} \right] \begin{bmatrix} 0 \\ \frac{F}{c} \end{bmatrix} \\
\vec{\sigma}^1 &= \frac{E * F}{l * c} = \frac{F}{A} \; .
\end{aligned} \tag{41}$$

Weitergehende Hinweise:

Im gezeigten Beispiel wurde von einem linearen Verschiebungsansatz ausgegangen. Ebenfalls denkbar ist ein Verschiebungsansatz 2-ter Ordnung, der eine Parabel durch 3 Punkte legt. Dazu muß im Element ein Mittenknoten definiert werden. Elemente mit Mittenknoten ergeben im allgemeinen bessere Ergebnisse als einfache Elemente. Allerdings ist der Rechenaufwand auch höher.

3 Einstieg in das Arbeiten mit ANSYS

In diesem Kapitel soll das Starten und Beenden von ANSYS beschrieben werden. Vorausgesetzt wird, daß ANSYS auf dem PC installiert ist und genügend freier Speicherplatz auf der Festplatte zur Verfügung steht. Die Beispiele werden in verschiedenen Unterverzeichnissen bearbeitet, da ANSYS ohne Rückmeldung bereits vorhandene Dateien überschreibt.

Für die ersten Versuche wird ein Arbeitsverzeichnis mit Namen ANSKURS angelegt:

```
C:\>md anskurs <RETURN>
```

Mit dem DOS-Befehl **cd** wird in Unterverzeichnisse gewechselt:

```
C:\>cd anskurs <RETURN>
```

3.1 Starten und Beenden von ANSYS

Der Aufruf von ANSYS erfolgt mit dem Befehl:

```
C:\ANSKURS>ansys <RETURN>
```

Für die ED-Version von ANSYS muß eventuell **ANSYSED** eingegeben werden. Danach lädt sich ANSYS in den Haupt- und den Erweiterungsspeicher. Dieser Vorgang dauert einige Sekunden. Es erscheint die Copyright-Meldung auf dem Bildschirm:

```
          Loading and executing the ANSYS-386/ED program Rev. 4.4

                 Documentation file in  C:\ANSYSED


ANSYS-386/ED  REV. 4.4
COPYRIGHT(C)  1990
SWANSON ANALYSIS SYSTEMS, INC. AS AN UNPUBLISHED WORK.
PROPRIETARY DATA - UNAUTHORIZED USE, DISTRIBUTION, OR DUPLICATION
IS PROHIBITED.  ALL RIGHTS RESERVED.

IF RUNNING INTERACTIVELY, ENTER  /INTER
```

Da mit ANSYS interaktiv gearbeitet wird, muß der Befehl

```
/INTER
```

eingegeben werden. ANSYS durchsucht nun das aktuelle, wie auch das Installationverzeichnis nach einer Datei mit dem Namen START.ANS. In dieser Datei ist der für den Bildschirm entsprechende Treiber, sowie eventuelle Speichererweiterungen festgelegt. Diese Datei wird zusammen mit der Installation erzeugt und braucht im Normalfall nicht verändert werden. Mit diesen Voreinstellungen lädt ANSYS das User-Interface.

3.2 USER Interface

Nach dem Einschalten des Menüs gliedert sich der Bildschirm in folgende Bereiche auf Bild 3-1:

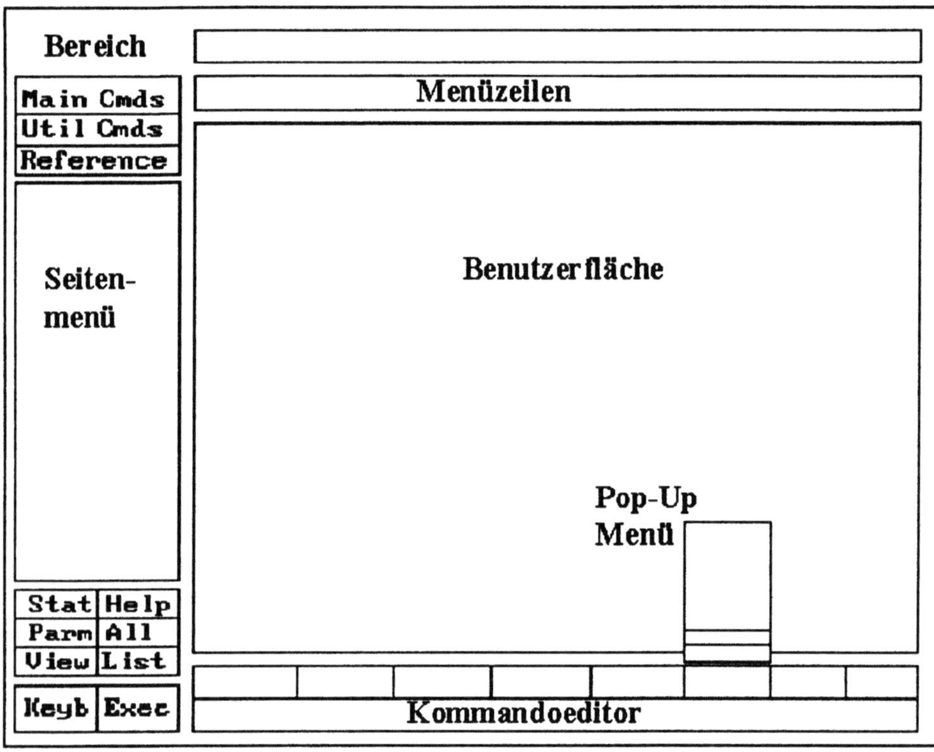

Bild 3-1 User Interface

Auf der Menüoberfläche können die Eingaben durch die Maus/das Tablett und über die Tastatur getätigt werden. Ohne Aktivierung des Menüs kann ANSYS nur im Kommandozeilenmodus betrieben werden; die graphische Benutzerführung entfällt dabei ganz. Im Rahmen der Einführung wird diese Möglichkeit nicht weiter ausgeführt.

Als Besonderheit ist die Benutzeroberfläche von ANSYS so gestaltet, daß immer nur logisch richtige Auswahlen getroffen werden können. Für das Programm nicht sinnvolle Auswahlpunkte werden dem Benutzer nicht angezeigt. Dadurch wird auch etwas Ordnung in die sonst verwirrende Vielfalt von Befehlen gebracht.

Die Bereichsanzeige informiert über den aktuellen Bereich und dient zum schnellen Umschalten zwischen den Bereichen. Der jeweils ausgewählte Bereich ist dabei farbig unterlegt.

Die Menüzeilen oberhalb der Benutzerfläche informieren über das jeweilige Untermenü und zeigen den Weg dorthin auf. Sie zeigen, zusammen mit dem Seitenmenü, die jeweilig verfügbaren Menübefehle auf.

Mit den beiden unteren Zeilen, dem Kommando-Editor, lassen sich Eingaben korrigieren und an den Rechner übergeben. Durch Anklicken der Felder öffnen sich weitere Menüs, um gezielt Eingaben zu tätigen.

Beide Tasten einer Maus werden von ANSYS unterstützt. Die rechte Maustaste dient zur Auswahl von Menüpunkten. Durch Bewegen des Mauspfeiles auf den gewünschten Befehl und durch Drücken der rechten Taste wird der Befehl in die Kommandozeile übernommen. Dort können weitere Parameter übergeben werden.

Sollen Eingaben zur Ausführung gebracht werden, muß zusätzlich noch das Feld **EXEC** angeklickt werden. Der Befehl, der mit Hilfe der POP-UP Menüs aufgebaut wurde, wird dann zur Ausführung an den Rechner übergeben. Dies gilt nur, wenn der Befehl mit der Maus aufgerufen wurde.

Die linke Taste der Maus aktiviert eine Hilfe-Funktion zu dem jeweiligen Befehl.

Um die Tastatur zu aktivieren, muß das Feld **KEYBD** in der linken unteren Ecke mit der Maus angewählt werden. Die graphische Oberfläche bleibt erhalten, die einzelnen Felder verändern ihre Farbe, als ob sie mit der Maus markiert worden wären. Für die Ausführung eines Befehls muß nach der Eingabe die **RETURN**-Taste gedrückt werden. In diesem Buch werden alle Befehle unter dem User-Interface von der Tastatur aus eingegeben. Ein Tastendruck auf die **RETURN**-Taste ohne eingegebenen Befehl bewirkt ebenso wie ein Betätigen der **ESC**-Taste ein Umschalten in den Maus-Modus. Die Aktivierung der Tastatur erfolgt über das **KEYBD**-Feld am Seitenmenü.

3.3 Hilfe-Modul

3.3.1 Die Befehle **HELP**, **GOTO** und **FIND**

Um nicht bei jedem Befehl die möglichen Optionen im Handbuch nachschlagen zu müssen, wurde in ANSYS eine sehr umfangreiche Hilfefunktion realisiert. Mit der rechten Maustaste kann zu dem jeweiligen ausgewählten Befehl eine Kurzbeschreibung angezeigt werden. Dabei werden auch die möglichen Parameter erläutert. Für weitergehende Informationen muß weiterhin das Handbuch bemüht werden. Ein erneutes Betätigen der Hilfetaste läßt den Hilfetext wieder verschwinden und stellt das originale Bild wieder her.

Weiterhin kann die Hilfefunktion über die Kommandozeile aufgerufen werden. Durch Eingabe von:

HELP, Befehlsname

erscheint der zu einem Befehl zugehörige Hilfetext auf dem Bildschirm.

Auch die Elementtypen sind als Bibliothek online auf dem Bildschirm abrufbar. Dazu muß mit der Maus in den Bereich **REFERENCE** gewechselt werden. Danach bietet die Elementhilfe die Möglichkeit, den Elementtyp durch die Nummer oder durch den Anwendungsfall herauszusuchen. Auf der Tastatur wird die Elementhilfe mit dem Befehl

STIF, Elementnummer

aktiviert. Weiterhin sind zwei weitere Befehle im Zusammenhang mit dem Menüsystem wichtig: **FIND** und **GOTO**. Mit dem Befehl:

GOTO, Befehl

wird im Menüsystem auf den jeweiligen Befehl gesprungen. Mit der Maus kann dann dieser Befehl in den Kommando-Editor gebracht und ANSYS zur Ausführung übergeben werden. Beim ausschließlichen Arbeiten mit der Tastatur wird dieser Befehl nicht gebraucht.

Ist jedoch nicht der gesamte Befehlname bekannt, ergibt der Befehl:

FIND, String

eine Auflistung aller Befehle und Überschriften, in denen die gesuchte Buchstabenkombination enthalten ist.

3.4 Beenden von ANSYS

3.4.1 Der Befehl /EOF

ANSYS kann sowohl über Tastaturbefehle als auch über die entsprechenen Menüfelder verlassen werden. Im Tastaturmodus wird der Befehl:

/EOF

eingegeben.

Beim Arbeiten mit der Maus muß das **QUIT**-Feld in der rechten oberen Ecke des Menüs gewählt werden. Mit dem Feld **EXEC** muß der Befehl noch zur Bearbeitung abgeschickt werden. Nach dem Beenden von ANSYS befinden Sie sich wieder auf der Systemebene und erhalten den DOS-Prompt:

```
C:\ANSKURS>
```

3.5 ANSYS-Dateien

Nach dem Verlassen von ANSYS befinden sich mehrere Dateien im neu erstellten Verzeichnis. FILE18.DAT stellt das Log-File dar. Jeder Befehl, der zur Ausführung übergeben wurde, wird hier aufgezeichnet. Somit lassen sich eventuelle Fehler zurückverfolgen. Für spätere Sitzungen kann diese Datei unter einem anderen Namen wieder eingelesen werden. Alle im Buch vorgestellten Eingabefolgen sind nachträglich kommentierte Log-Dateien.

FILE19.DAT beinhaltet alle Fehler und Warnungen, die ANSYS im Verlauf einer Sitzung auf den Bildschirm geschrieben hat. Diese Datei wird ebenso wie die Log-Datei im ASCII-Format geschrieben und ist mit jedem Editor les- und veränderbar.

Diese beiden Dateien werden von ANSYS nicht überschrieben. Jede Eingabe bei einer neuen Sitzung und jede Fehlermeldung werden an diese Dateien angehängt. Dadurch werden diese Dateien im Laufe der Zeit immer größer. Ist ein Problem zur Zufriedenheit gelöst, können diese Dateien gelöscht werden. Ohne diese Dateien kann der Entstehungsprozeß der Lösung nicht mehr nachvollzogen werden!

3.6 Einheitenlose Eingabe

Die gesamte Eingabe in ANSYS geschieht ohne Einheiten. Der Benutzer ist aufgefordert, alle Eingaben im gleichen Einheitensystem durchzuführen um Ergebnisse richtig auswerten zu können. Dies bringt Erleichterungen beim Arbeiten mit sehr großen Zahlenwerten oder Mikrostrukturen. In der Praxis haben sich drei Einheitensysteme für die Eingabe herauskristallisiert:

Das m-k-s-System mit den SI-Einheiten Meter, Kilogramm und Sekunde und das mm-t-s-System mit den Einheiten Millimeter, Tonne und Sekunde für kleinere Strukturen. Als drittes System wird noch das c-g-s-System mit den Einheiten Centimeter, Gramm und Sekunde verwendet.

	m K s-System	mm t s-System	c g s-System
Länge	Meter [m]	Millimeter [mm]	Centimeter [cm]
Masse	Kilogramm [kg]	Tonne [t]	Gramm [gr]
Zeit	Sekunde [s]	Sekunde [s]	Sekunde [s]
Beschleunigung	[m/s^2]	[mm/s^2]	[cm/s^2]
Kraft	Newton [N]	Newton [N]	Dyn [$g\ cm/s^2$]
Druck	Pascal [pa]	[N/mm^2]	Mikrobar [μbar]
Dichte	[kg/m^3]	[t/mm^3]	[gr/cm^3]
E-Modul	[$kg/m\ s^2$]	[N/mm^2]	[$gr/cm\ s^2$]

Im Normalfall wird man die Spannungsangaben bei der Auswertung in N/mm^2 angeben lassen. Somit stehen die Einheiten [N] für die Kraft und [mm] als Längeneinheit fest. Der Faktor 10^3 als Unterschied von mm zur SI-Einheit m muß dann der Masse zugerechnet werden. Dies führt auf das mm-t-s-System.

An dieser Stelle wird noch einmal darauf hingewiesen, daß unbedingt alle Einheiten vor der Eingabe nachzuprüfen sind. Wird dies unterlassen, müssen die berechneten Ergebnisse in ihren Einheiten kontrolliert werden und dürfen nicht ohne eventuell notwendige Umrechnung verwendet werden!

3.7 Übungen zu einheitenloser Eingabe

3.7.1 Aufgabe

Gegeben sei ein Kranausleger mit 5m Länge. Das Widerstandsmoment gegen Biegung beträgt 6.530.000 mm^3. Als Werkstoff wird Stahl der Dichte 7,8 gr/cm^3 und dem Elastizitätsmodul 210000 N/mm^2 verwendet. Die Erdbeschleunigung mit 9,81 m/s^2 liefert zusammen mit der Dichte das Eigengewicht. An zusätzlichen Belastungen wirkt eine Windlast, die auf die Fläche einen Druck von 1.5 bar erzeugt.

Rechnen Sie die vorgegebenen Größen in jedes der drei Einheitensysteme um.

4 Lineare Statische Berechnung

4.1 Darstellung eines Beispielfiles

Eine Analyse unter ANSYS gliedert sich in 4 Teile:

1. Die Definition des Problems und die Ermittlung der Randbedingungen

   In diesem Schritt soll die Zielsetzung der Analyse genau beschrieben werden. Je nach Aufgabenstellung kann statt einer FEM-Berechnung auf eine Überschlagsrechnung mit bekannten Methoden ausgewichen werden. Kristallisiert sich die FEM-Analyse als beste Methode heraus, sind anschließend für den Modellaufbau zur Verfügung stehende Unterlagen zu sammeln. Von besonderer Wichtigkeit sind die Umgebungsbedingungen, mit denen später gerechnet wird. Sie sollten aus Versuchen, Berechnungen etc. bekannt sein. In diesem Stadium ist der Anwender auf sich und seine Erfahrung gestellt.

2. Die Erstellung der Geometrie und Aufbringen der Umgebungsbedingungen

   Je nach Zielsetzung der Analyse wird entweder die gesamte Geometrie, oder nur ein Teil mit einer vereinfachten Restgeometrie in ANSYS nachgebildet. Der Aufbau des Modells kann auch via Datentransfer aus einem CAD-System erfolgen. Last- und Lagerbedingungen werden an das Modell appliziert. In diesem Stadium unterstützt ANSYS den Anwender beim Aufbau der Geometrie und beim Aufbringen der Randbedingungen.

3. Das Lösen der Gleichungsmatrix

   Nach dem Vervollständigen des Modells erfolgt die Berechnung in ANSYS. Da der Anwender in dieser Phase nur sehr geringe Beeinflußungsmöglichkeiten hat, kann durch einen vorherigen Prüfungslauf die Vollständigkeit der Daten sichergestellt werden.

4. Das Auswerten der Ergebnisse

   Auch in dieser Phase unterstützt ANSYS den Anwender durch Visualisierung der Ergebnisse. Trotzdem sollte der Zeitaufwand für die Auswertung nicht unterschätzt werden. Im Allgemeinen werden dafür ca. 40% der Zeit für die gesamte Analyse veranschlagt. Beim Auswerten von Ergebnissen sollte immer auch die Gültigkeit der Eingaben untersucht werden, um Fehlinterpretationen zu vermeiden. Die Ergebnisse sollten mit Überschlagsrechnungen verglichen werden, um wenigstens die Größenordnung der Ergebnisse verifizieren zu können.

Zur Verdeutlichung der Vorgehensweise einer Berechnung mit ANSYS soll folgende Protokolldatei (File18.DAT) kommentiert werden (Kommentare wurden später hinzugefügt):

```
/COM Vorbereiten von ANSYS
/INTER                   * Interaktives Arbeiten einschalten
/SHOW,VGA                * Definition des Bildschirmtreibers
/CORE,,,600000           * Anforderung von Hauptspeicher
/MENU,ON                 * Einschalten des User- Interfaces

/COM    Beginn der Analyse
/COM    Aufruf des Preprozessors
/PREP7
/TITLE,BIEGESTAB         * Titel vereinbaren

/COM Elementen- und Konstantendefinitionen
ET,1,3                   * Element Nr. 1 hat den Elementtyp Nr. 3
MP,EX,1,1.5E6            * E - Modul in X- Richtung für Nr. 1 1.5*10⁶
R,1,8,10.667,4           * Weitere Konstante für Nr. 1

/COM Geometriedefinition
CSYS,0                   * kartesisches Koordinatensystem
N,1                      * Knoten 1 bei X,Y = 0,0
N,2,60                   * Knoten 2 bei X = 60
N,3,120                  * Knoten 3 bei X = 120

E,1,2                    * Element 1 mit Kennung 1 zwischen Knoten 1 und 2
E,2,3                    * Element 2 mit Kennung 1 zwischen Knoten 2 und 3

/COM Lastbedingungen definieren
D,1,ALL,0                * Knoten 1 hat Auslenkung 0 in X,Y Richtung
F,2,FY,-100              * Kraft an Knoten 2 in Y- Richtung mit -100

AFWRITE                  * Geometrie und Lastbedingungen in File schreiben
FINISH                   * Verlassen des Preprozessors

/COM Aufruf des Lösungsprozessors
/INPUT,27
FINISH                   * Verlassen des Lösungsprozessors

/COM Aufruf des Postprozessors
/POST1
SET                      * Einlesen des Ergebnisfiles
PRDISP                   * Tabelle der Auslenkungen anzeigen
PLNSTR,SIGE              * Vergleichsspannungen anzeigen
/EOF                     * Beenden des ANSYS Programms
```

In der Einführung wird gemäß der Reihenfolge dieses Beispiels vorgegangen. Die einzelnen Schritte werden dabei ausführlicher erläutert und meistens mit weiteren Beispielen verdeutlicht.

5 Preprocessing

Um ein Modell in ANSYS generieren zu können, muß zuerst mit

```
C:\ANSYSED\TEST\>ANSYS<Return>
```

das Programm gestartet werden. Der interaktive Modus wird nach der Copyrightmeldung mit

```
/Inter <Return>
```

eingeschaltet. Nach dem Aufbau der ANSYS-Oberfläche wird mit der Maus das **KEYBD**-Feld in der linken unteren Ecke aktiviert. Von nun an können die Befehl über die Tastatur eingegeben werden.

5.1 Aufruf des Preprozessors

5.1.1 Der Befehl /PREP7

ANSYS befindet sich nun in einer übergeordneten Ebene (Eintrittsebene) von der aus die verschiedenen Prozessoren aufgerufen werden können Bild 5-1. Es sind dies der Preprozessor (Modellgenerierung), der Lösungsprozessor und der Postprozessor (Auswertung der Berechnungsergebnisse). Zur Modellbildung muß der allgemeine Preprozessor PREP7 aufgerufen werden. Dies geschieht mit dem Befehl

```
/PREP7 <Return>
```

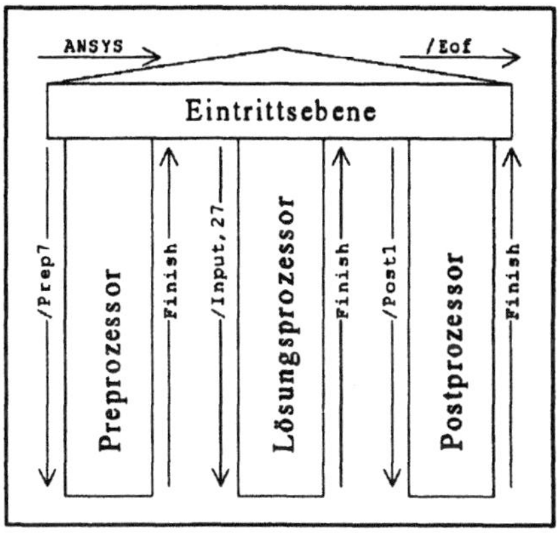

Bild 5-1 Programmaufbau

Von diesem Zeitpunkt an ist der Befehlssatz des Preprozessors 7 gültig. Befehle aus anderen Prozessoren werden nicht erkannt und mit einer Fehlermeldung quittiert. Dies gilt auch für den **HELP**-, den **FIND**- und den **GOTO**-Befehl.

5.2 Berechnungsarten

5.2.1 Der Befehl KAN

ANSYS unterstützt in der Vollversion Berechnungen für unterschiedliche Zielsetzungen. Als Beispiel seien statische Analysen für z.B. Verformungsbrechnungen und die Modalanalyse zur Berechnungen von Eigenschwingungen von Bauteilen genannt. Zu Beginn einer Analyse muß das Programm daher auf die jeweilige Berechnung eingestellt werden. Dies erfolgt mit dem **KAN**-Befehl:

KAN, KEY

Nummer des Berechnungstyps:
0 Statisch
2 Modal
4 Linear Transient
5 Nichtlinear Transient
3,6 Harmonisch

Die Voreinstellung für diesen Befehl ist die statische Berechnung eines Problems (KAN = 0). Bei dieser Analysenart kann der Befehl daher entfallen. In der vorliegenden Einführung wird nur mit der statischen Analyse gerechnet. In der ANSYS-ED-Version wird nur die statische Analyse und die Temperaturanalyse unterstützt.

5.3 Erzeugen eines Titels

5.3.1 Der Befehl /TITLE

Durch den **/TITLE**-Befehl kann der jeweiligen Analyse eine Bezeichnung gegeben werden, die in jedem Bildschirmbild, sowie in den Ausdrucken erscheint. Die Bezeichnung sollte sinnvollerweise so gewählt werden, daß eine eindeutige Zuordnung der Schaubilder zu den jeweiligen Berechnungsunterlagen möglich ist. Die Syntax des Befehles lautet:

/TITLE, BEZEICHNUNG

Eingabe eines Titels
z.B. Zugspannungen an Zylindern

Die Bezeichnung darf keine deutschen Umlaute aufweisen, da ansonsten der Rechner abstürzen kann! Kommen nur noch senkrechte Striche auf den Bildschirm, dann folgende Zeichen blind eintippen: mode co80<Return>. In der DOS-Ebene kann dann weitergearbeitet werden.

Die Ausgabe eines Titels kann mit dem **/PLOFF** Befehl unterdrückt werden:

/PLOFF, NOTRI, NOFRM, NODOC, NOTLE

0 Titel darstellen
1 Titel ausblenden

Wie die Optionen des Befehls **/PLOFF** zeigen, kann dieser Befehl die Darstellung des Koordinatendreibeins und der Dokumentation bei Plots steuern. Die weiteren Option werden, da sie sich größtenteils auf die Darstellung von Berechnungsergebnissen beziehen, im Kapitel Postprozessor vorgestellt.

5.4 Elementbibliothek

ANSYS braucht zum Aufbau der Berechnungsmatrizen Informationen über die Art und Umfang der Berechnung. ANSYS kann in der hier eingesetzten Version sowohl für statische als auch für dynamische (nicht ANSYS-ED) Beanspruchungen eingesetzt werden. Außerdem können noch Temperaturverläufe in Körpern ermittelt werden.

Zur Definition der Interaktionen zwischen geometrischen Stützpunkten (Knoten) werden Elemente benötigt. Diese werden zwischen die Knoten angeordnet und bilden Angaben über die Berechnung von Verschiebungen und Spannungen unter äußeren Einflüssen.

Zur Veranschaulichung eines Elementes sei folgendes Beispiel angeführt:

> Mit Hilfe eines Finiten Elemente Programms sollen die Auflagerreaktionen eines Stabtragwerkes errechnet werden. Dabei übertragen die einzelnen Balken jedoch nur Zug- oder Druckkräfte. Die Durchbiegung in der Balkenmitte ist für diese Betrachtung uninteressant. Somit wäre es für die Berechnung günstig, statt eines Balkens ein Element zu definieren, das nur an den Endpunkten mit anderen Elementen reagieren kann. Die Geometrie zwischen den beiden Endpunkten wird als ideal starr angenommen und ist nur durch ihre Länge gekennzeichnet.
>
> Da an den Verbindungsstellen von der Art der Verbindung her keine Momente auftreten können, besitzt jeder Punkt nur zwei Freiheitsgrade: je einen in X - und in Y - Richtung.
>
> In diesem Modell sind alle wichtigen Eigenschaften des Balkens vereinigt, jedoch wird durch die Beschränkung der Freiheitsgrade und der Vernachlässigung der Verformung eine erheblich schnellere Rechenzeit erzielt.

Der Balken läßt sich somit auf diesen Stab reduzieren Bild 5-2:

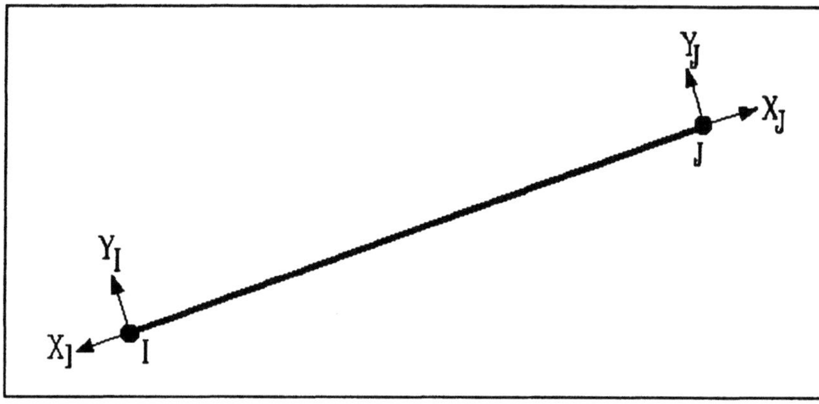

Bild 5-2 Stabelement

5.4.1 Elementbibliothek

ANSYS kennt 99 verschiedene Elementtypen, die die unterschiedlichsten Eigenschaften erfüllen. Für viele Geometrien sind mehrere Elementtypen verfügbar, die sich nur im Rechenaufwand unterscheiden. Die Abweichung der Rechenergebnisse zwischen den einzelnen Elementtypen ist dabei oft so minimal, daß die Einsetzung des einfacheren Elementtyps gerechtfertigt ist. Das Handbuch gibt dabei den Ratschlag, verschiedene Typen auszuprobieren, um Erfahrungen zu sammeln und Unterschiede in den Ergebnissen bewerten zu können.

In der folgenden Auflistung sollen einige Hinweise zur Auswahl, sowie einige Besonderheiten angegeben werden:

Membran (STIF41):	Nur translatorische Freiheitsgrade Kann nur mit Längs- und Querkräften, nicht mit Momenten beaufschlagt werden.
Schalen:	Erlauben zusätzlich rotatorische Freiheitsgrade.
GAP - Elemente:	Überträgt nur Druck- oder Zugkräfte. Einsatz zur Simulation eines Materialkontaktes. Es sollte das 3D-Gapelement (STIF52) verwendet werden. Die Einstellung der Parameter ist gegenüber dem 2D-Element (STIF12) vereinfacht. (Nicht in der ANSYS-ED-Version enthalten)
Gelenke:	sind über STIF7 modellierbar.

gekoppelte Elemente: Sollen thermische-, strukturelle- und Magnetfeldprobleme am gleichen Modell untersucht werden, so sind gekoppelte Elemente einzusetzen. STIF13 für den 2D-Bereich sowie STIF98 und STIF5 für den 3D-Bereich.

Feder - Dämpfer: STIF40 bildet eine Feder- Dämpferkombination nach, die zudem noch mit einem Gap-Element und einem Lageregler versehen werden kann.

Oberflächeneffekte: STIF6 akzeptiert als Oberflächenelement auch Pressungen, die nicht senkrecht zur Oberfläche wirken. Beispiel: Dachlasten bei Wind.

Rigid Surface: Werden zwei Materialien mit stark unterschiedlicher Steifigkeit (z.B. Gummi - Stahl) zusammengebracht, so muß ein Kontaktelement dazwischengeschaltet werden. Hierzu bietet sich STIF26 an. Die Grenzfläche wird über 3 Knoten definiert.

Beispiel: O - Ring in einer Nut, Bild 5-3. Die Spannungen interessieren nur im O - Ring, Pressungen auf den Stahl sind zu vernachlässigen. Folgende Modellierung wird vorgenommen, Bild 5-4:

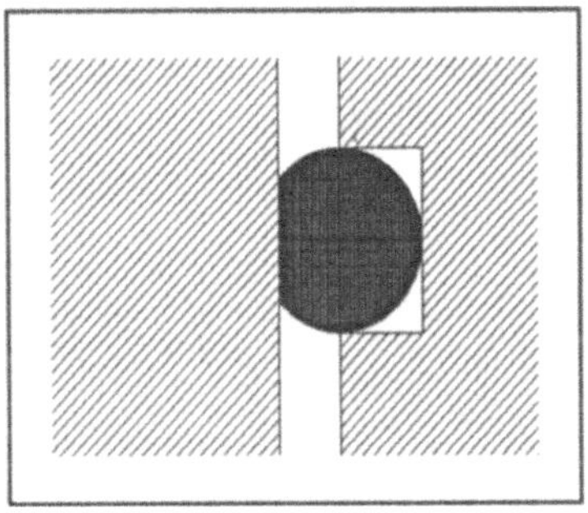

Bild 5-3 Nut mit O - Ring

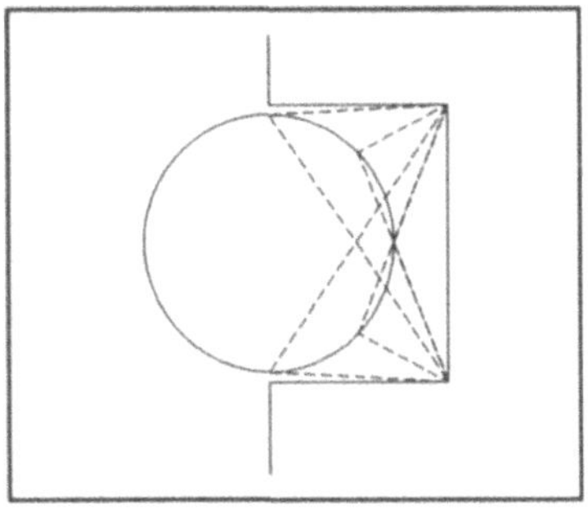

Bild 5-4 0- Ring Modell

Volumina: (nicht für ANSYS-ED) Müssen unregelmäßige Volumina mit Tetraedern vernetzt werden, so sollte STIF62 (Milchtüte mit Zwischenknoten) genommen werden, da reine Tetraeder zu steif sind und die Ergebnisse verfälschen können.

Superelement: STIF50 erlaubt die Bildung eines Superelementes mit über 5000 Freiheitsgraden, das sich aus ANSYS Einzelelementen zusammensetzt. Benötigt wird dieses Element bei umfangreichen Berechnungen um Teile einfach als (Super-) Elemente einsetzen zu können.

5.5 Elementauswahl

5.5.1 Der Befehl **ET**

Wie in einem vorherigen Kapitel bereits erläutert wurde, kennt ANSYS verschiedene Elementtypen für unterschiedliche Problemstellungen. Innerhalb einer Analyse werden verschiedene Elementtypen (STIFnummern) mit einer Referenznummer versehen, die später einem Element zugeordnet wird. Solange in einem Modell nur ein Elementtyp verwendet wird, ist die Referenznummer auf 1 zu setzen. Modelle, die aus mehreren Elementtypen zusammengesetzt sind, werden im Kapitel 27 (Complex Models) behandelt. Die Zuordnung einer Referenznummer zu einer Elementtype erfolgt durch den ET-Befehl:

ET, ITYPE, JSTIF, KOP1, KOP2, ...,KOP10

Optionen

Elementtypnummer (z.B. 42)

Referenznummer, wird auf 1 gesetzt

Die Optionen haben je nach Elementtypnummer unterschiedliche Bedeutung. Für ein einfaches 4knotiges Flächenelement (STIF42) schaltet KOP3 = 1 eine achsensysmmetrische Option ein. Erklärungen zu den Optionen bei den einzelnen Elementtypen sind entweder der Online-Hilfe oder dem Handbuch zu entnehmen.

5.6 Elementoptionen

5.6.1 Der Befehl **KEYOPT**

Werden die Optionen für eine Elementtyp nicht sofort eingegeben, oder ergibt sich im Verlauf der berechnung die Notwendigkeit anderer Optionen, können diese mit dem **KEYOPT**-Befehl eingegeben werden:

***KEYOPT**, ITYPE, KNUM, VALUE*

Wert der Option

Nummer der Option

Referenznummer des Elementtyps,
bei einfachen Modellen meist 1

Die für jeden Elementtyp andersartigen Optionen sind in der Beschreibung der Elemente nachzulesen. Sie sind außerdem in der Online-Hilfe verfügbar.

5.7 Real-Konstanten

5.7.1 Die Befehle R, RMORE

Manche Elementtypen, wie z.B. STIF3 (2-dimensionaler elastischer Balken), benötigen zusätzliche geometrische Angaben zur Berechnung der Elementmatrix. Diese zusätzlichen Angaben sind im User's Manual, in der Elementbeschreibung aufgelistet. STIF3 bietet folgende Zusätze zur genaueren Definition des Elementes an

AREA, IZZ, HEIGHT, SHEARZ,INITIAL STRAIN .

Diese Konstanten, die im ANSYS-Sprachgebrauch als **REAL**-Konstanten bezeichnet werden, sind ebenso wie die Elementtypen mit einer laufenden Referenznummer zu versehen. Für den Anfang wird die Refernznummer auf 1 gesetzt. Die Verwendung der Referenznummer ist im Kapitel 27 (Complex Models) nachzulesen. Die Eingabe erfolgt mit dem **R**-Befehl:

R, NSET, R1, R2, R3, R4, R5, R6

Geometrische Konstanten (R1 … R6)

Referenznummer (auf 1 gesetzt) (NSET)

Die Reihenfolge der Konstanten ist durch die Reihenfolge in der Elementbeschreibung gegeben. Zu beachten ist die einheitenlose Eingabe.

Werden mehr als 6 Konstanten definiert, müssen diese über den **RMORE**-Befehl zugeordnet werden. Dieser Befehl kann beliebig wiederholt werden, er muß aber nach einem **R**-Befehl erfolgen:

***R**, NSET, R1, R2, R3, R4, R5, R6*
***RMORE**, R7 , R8 , R9 , R10, R11, R12*
***RMORE**, R13, R14, R15, R16, R17, R18*
.
.

Als Beispiel wird der Elementtyp STIF3 ausgewählt. Wie oben beschrieben wird R1 die Fläche, R2 das axiale Trägheitsmoment und R3 die Höhe zugeordnet.

```
ET,1,3        * STIF3 hat Referenznummer 5
.
/COM Für Balken (STIF3)
/COM Flaeche 10, Moment 56, Hoehe 3
R,1,10,56,3
```

5.8 Materialkonstanten

5.8.1 Der Befehl MP

Ebenso wie die Elementtypen und die geometrischen Konstanten werden auch die Materialkonstanten über eine Referenznummer definiert. Zur näheren Erklärung der Referenznummer wird auf Kapitel 27 (Complex Models) verwiesen. Der Befehl **MP** kann im Gegensatz zu dem vorgenannten Befehl immer nur eine Konstante mit ihrem Zahlenwert definieren.

Der dazugehörige Befehl hat folgende Form:

MP, Label, MAT, CO

- *CO*: Größe der Materialkonstante
- *MAT*: Referenznummer (auf 1 gesetzt)
- *Label*: Bezeichnung der Materialkonstante

Gültige Bezeichnungen für die Konstante sind z.B:

EX, EY, EZ für den E-Modul in X-, Y-, Z-Richtung,
NUXY, NUXZ, NUYZ für die Querkontraktionszahlen
DENS für die Dichte,
ALPX für die Längendehnung in X-Richtung
etc..

Durch mehrmaligen Aufruf von **MP** mit der gleichen Referenznummer läßt sich ein Material bezüglich seiner Kennwerte vollständig definieren.

Um die Anwendung der Befehle zu verdeutlichen, erfolgt als Beispiel ein Auszug aus einer Datei:

```
.
/COM Kennwerte Material:
/COM E-Modul 2.1*10**5 N/mm**2, Dichte 7800 (kg/m**3)
MP,EX,1,2.1E5
MP,DENS,1,7800
.
```

Durch die einheitenlose Eingabevorschrift von ANSYS müssen obige Werte für E-Modul und Dichte noch einmal überprüft werden. Danach ist die Umrechnung in eines der drei Einheitensysteme vorzunehmen.

5.9 Übungen zur Konstantendefinition

5.9.1 Aufgabe

Berechnet werden soll ein Stabtragwerk mit einem quadratischen Balkenquerschnitt unter statischer Belastung. Die Breite und Höhe jedes Balkens betragen 10 cm. Als Material wird Holz (E-Modul = 10^4 N/mm^2) angegeben. Schreiben Sie den Anfang einer ANSYS-Eingabedatei mit den benötigten Konstanten.

Als Hilfestellung sei das elastische Balkenelement STIF3 vorgegeben. Aus dem Auszug aus der Elementebibliothek können Sie die weiteren benötigten Angaben entnehmen:

Keyopt	**(5) 0-NO INTERMED. PRINT, 1-INTERMED. PRINT** **(6) 0-NO MEMBER FORCE PRINT, 1-MEMBER FORCE PRINT**
R	**AREA, IZZ, HEIGHT, SHEARZ, INITIAL STRAIN .**

6 Einstieg in das Arbeiten mit ANSYS

6.1 Modell und Wirklichkeit

Wie bereits bei der Theorie der Finiten Elemente besprochen, erfolgt die Darstellung einer Geometrie für eine Berechnung in Knoten und Elementen. Die Knoten bilden räumliche Stützpunkte, während die Elemente die Bewegungsvorschriften der Knoten bei Beeinflussungen darstellen.

In ANSYS wird eine Nachbildung der zu untersuchenden Struktur erstellt. Dabei werden nur diejenigen Teile einer Geometrie genauer modelliert, die für eine Berechnung relevant sind. So müssen z.B. für das thermische Verhalten einer Geometrie nicht sämtliche Radien und Übergänge modelliert werden. Die Nachbildung braucht nur dem groben Umriß folgen. Umgekehrt sind für Biegespannungsberechnungen die Radien einer Kerbe von entscheidender Bedeutung. Die Nachbildung muß in diesem Punkt exakt dem Vorbild folgen.

ANSYS bietet die Möglichkeit, Knoten und Elemente direkt zu definieren oder sie aus einem Volumen-/Flächenmodell selbst zu erzeugen. Die Generierung über Flächen/Volumina ähnelt der Arbeitsweise in einem CAD-System. Durch Schnittstellen können Geometrien von CAD-Systemen in ANSYS übernommen werden. Beim Vernetzen der Flächen/Volumina-Struktur werden Knoten und Elemente erzeugt, die zur Berechnung benötigt werden. Der Vernetzungsvorgang läuft weitgehend automatisch ab, der Anwender kann jedoch die Vernetzung durch Wahl der Anfangsparameter beeinflussen.

Im folgenden Kapitel soll die Generierung eines Modells direkt mit Knoten und Elementen dargestellt werden. Ein anderes Verfahren (für komplexere Modelle) wird im Kapitel Solid Modeling besprochen.

7 Knoten

7.1 Einzelknoten generieren

7.1.1 Der Befehl N

Zur direkten Generierung von Knoten wird der N-Befehl verwendet:

N, NODE, X, Y, Z, THXY, THYZ, THXZ

THXY, THYZ, THXZ: Verdrehung des Knotenkoordinatensystems gegenüber dem glob. kart. Koordinatensystem

X, Y, Z: Koordinaten der Knotens
X, Y, Z Kartesisches Koordinatensystem
R, , Z Polares Koordinatensystem

NODE: Knotennummer, muß angegeben werden

Mit diesem Befehl werden einzelne Knoten mit der angegebenen Nummer am eingegebenen Ort generiert. Auf dem Bildschirm erscheinen sie als kleine weiße Punkte mit darüberstehender Nummer. Meist werden die eingegebenen Knoten nicht angezeigt. Dies liegt an der Skalierung des Bildschirmausschnitts. Erst bei einer Auffrischung des Bildschirms wird dieser so skaliert, daß alle eingegebenen Knoten angezeigt werden können.

Im Beispiel sollen die voreingestellten Bildschirmgrenzen verdeutlicht werden:

```
/COM Preprozessor ein
/PREP7
/COM Konstanten vereinbaren
.
.
N,,   * ergibt Fehlermeldung
/COM keine Nummer vorgegeben
N,1,  * x=0,y=0
```

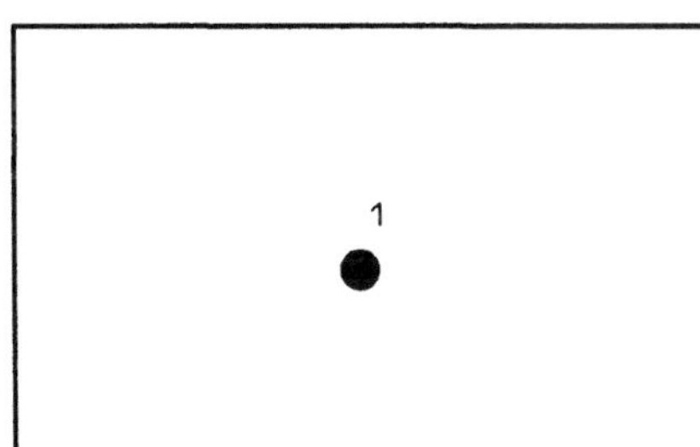


```
/COM Anzeigegrenzen sind
N,2,-1.5,0
N,3,1.5,0
N,4,0,-1
N,5,0,1
N,6,2,2
/COM wird nicht mehr
/COM dargestellt
```

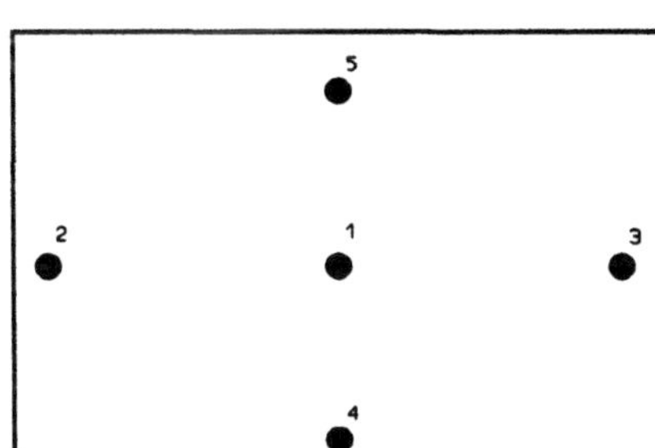

7.2 Knoten anzeigen

7.2.1 Der Befehl NPLOT

Die eingegebenen Knoten werden mit dem Befehl **NPLOT** angezeigt. Der Bildschirm wird dabei neu aufgebaut und skaliert:

NPLOT

Zur Verdeutlichung der Befehle werden im folgenden Abschnitte aus dem Log-File und die Auswirkungen auf dem Bildschirm dargestellt:

```
/COM Beginn einer Analyse
/COM mit ANSYS
/INTER
/PREP7    * Preprozessor
/COM      * einschalten
/COM Elementtypen und
/COM Konstanten vereinbaren
ET,...
MP,...
R,...
/COM Knoten generieren
N,1,.3,.3
N,2,1,1
```

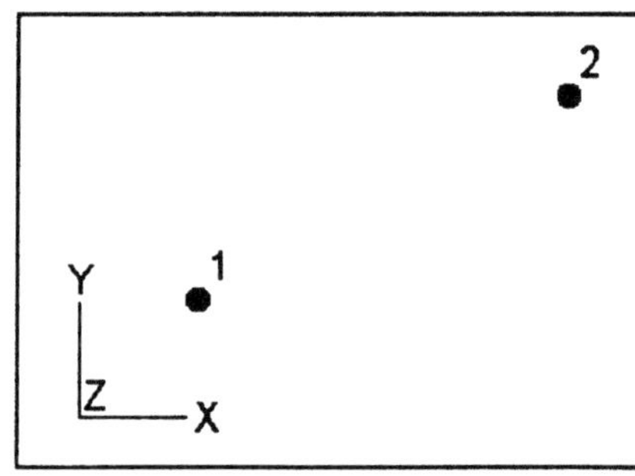


```
/COM Weitere Knoten eingeben
N,9
/COM entspricht N,9,0,0
N,3,1.4
N,7,,2
/COM entspricht N,7,0,2
N,5,3,1.2
N,8,,1.2
/COM entspricht N,8,0,1.2
N,4,3,0
N,6,3,2
```

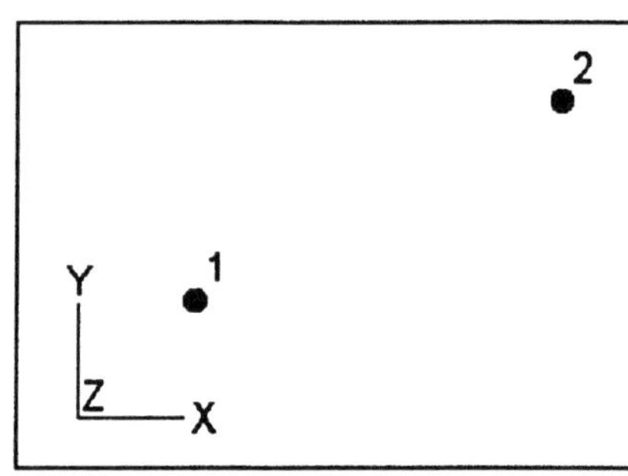


```
/COM NPLOT skaliert den
/COM Bildschirm
/COM alle Knoten werden
/COM sichtbar
NPLOT
```

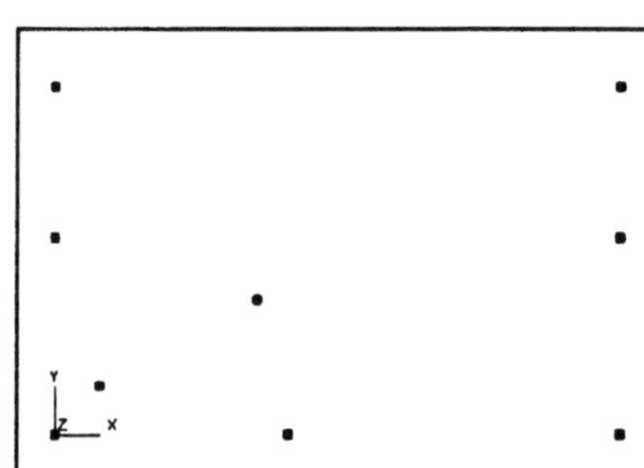

7.3 Knotennummern einschalten

7.3.1 Der Befehl /PNUM

Um die Knotennummern darzustellen, muß eine Darstellung mit Nummern eingeschaltet werden. Der Befehl **/PNUM** erledigt diese Aufgabe für verschiedene Geometrieelemente. Dabei wird nur die Anzeigemöglichkeit für Nummern eingeschaltet, der Bildschirm jedoch nicht aufgefrischt. Sichtbar werden die Nummern nach dem nächsten **NPLOT**-Befehl:

/PNUM, NODE, 1

1 für Einschalten
0 für Ausschalten

Knotennummern

Zur Verdeutlichung wieder ein Ausschnitt aus der Log-Datei und das zugehörige Bildschrimbild, **Bild 7-1**:

```
/PNUM,NODE,1  * Knotennummern
/COM            einschalten
NPLOT         * Bildschirm
/COM            auffrischen
/COM Die Knoten sind jetzt
/COM  mit ihren Nummern
/COM sichtbar
```

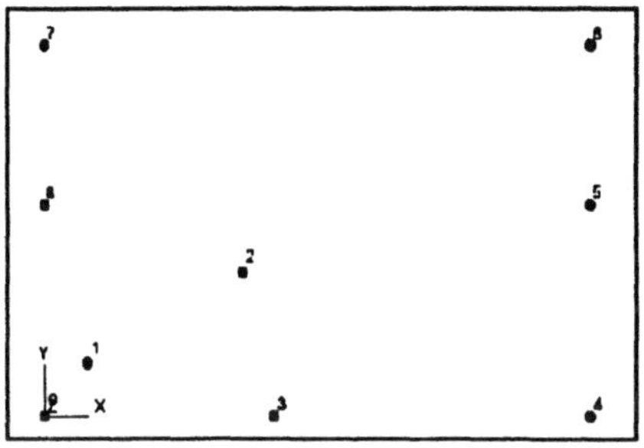

Bild 7-1 /PNUM-Befehl

7.4 Knotennummern auflisten

7.4.1 Der Befehl NLIST

Die Knoten und ihre Lagen im Raum lassen sich auch in Tabellenform auflisten. Der Befehl **NLIST** formatiert den Bildschirm neu und gibt eine Aufstellung über die derzeit definierten Knoten:

NLIST

Bild 7-2 gibt die Tabelle, wie sie auf dem Bildschirm erscheint, wieder:

T
Up

LIST ALL SELECTED NODE DSYS= 0

NODE	X	Y	Z	THXY	THYZ	THXZ
1	0.30000	0.30000	0.00000E+00	0.00	0.00	0.00
2	1.0000	1.0000	0.00000E+00	0.00	0.00	0.00
3	1.4000	0.00000E+00	0.00000E+00	0.00	0.00	0.00
4	3.0000	0.00000E+00	0.00000E+00	0.00	0.00	0.00
5	3.0000	1.2000	0.00000E+00	0.00	0.00	0.00
6	3.0000	2.0000	0.00000E+00	0.00	0.00	0.00
7	0.00000E+00	2.0000	0.00000E+00	0.00	0.00	0.00
8	0.00000E+00	1.2000	0.00000E+00	0.00	0.00	0.00
9	0.00000E+00	0.00000E+00	0.00000E+00	0.00	0.00	0.00

Dn
B

Exit <== L NLIS R ==> Exit

Ready... Type first letter of desired function (e.g., E for Exit)

Bild 7-2 NLIST-Befehl

Über das rechte Seitenmenü können beliebige Abschnitte aus der Auflistung ausgewählt werden. Die Verschiebung des Rollbalkens kann nur mit der Maus erfolgen. Auflistungen können breiter sein als am Bildschirm angezeigt werden kann. Durch Selektieren der unteren Pfeile mit der Maus wird der Bildschirmausschnitt über der Liste horizontal verschoben. Die Liste kann mit der Maus durch Antippen der EXIT-Felder am unteren Bildrand verlassen werden.

In der ANSYS-ED-Version kann durch Eintippen der Anfangsbuchstaben die Auslistung mit der Tastatur gesteuert werden. Mit dem Buchstaben E wird die Auflistung verlassen.
Durch Tippen der Buchstaben R oder L wird der Bildschirm nach rechts oder links über die Liste geschoben.

7.5 Knoten auffüllen

7.5.1 Der Befehl FILL

Da es sehr mühsam ist, bei umfangreichen Modellen jeden Knoten einzeln zu definieren, werden zur Vereinfachung Befehle zur Generierung von Knotenmustern verwendet. Mit **FILL** werden zwischen zwei vorhandenen Knoten weitere eingefügt:

FILL, NODE1, NODE2, NFILL, NSTRT, NINC, ITIME, INC, SPACE

- SPACE: Verhältnis der Abstände
- INC: Inkrement der Nummern von Anfangs- und Endknoten
- ITIME: Wie oft soll das Füllmuster auf dem Bildschirm erscheinen
- NINC: Inkrement der Füllknoten
- NSTRT: Anfangsknotennumer
- NFILL: Anzahl der eingefügten Knoten
- NODE1, NODE2: Von Knoten 1 bis Knoten 2 werden weitere Knoten definiert

Die Einfügung von Knoten erfolgt passend zum jeweiligen Koordinatensystem. In einem kartesischen System liegen die eingefügten Knoten auf einer Gerade zwischen Anfangs- und Endknoten. In einem Polarkoordinatensystem erfolgt die Anordnung auf einem Kreisbogen.

Die Verwendung des Befehles **FILL** wird durch Bild und Textbeispiele verdeutlicht:

Gleichmäßiges Einfügen von Knoten zwischen Anfangs- und Endknoten:

```
N,1,
/COM Knoten 1 bei X,Y = 0,0
N,6,10,1
/COM Knoten 6 bei X,Y = 6,0
FILL,1,6
/COM definiert Knoten 2 - 4
```

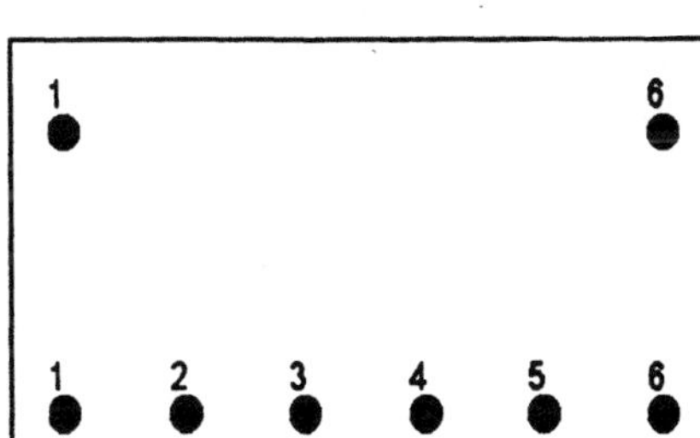

Einfügen einer definierten Anzahl von Knoten:

```
N,1,
/COM Knoten 1 bei X,Y = 0,0
N,6,10,0
/COM Knoten 6 bei X,Y = 6,0
FILL,1,6,2
/COM 2 Knoten einfuegen
```

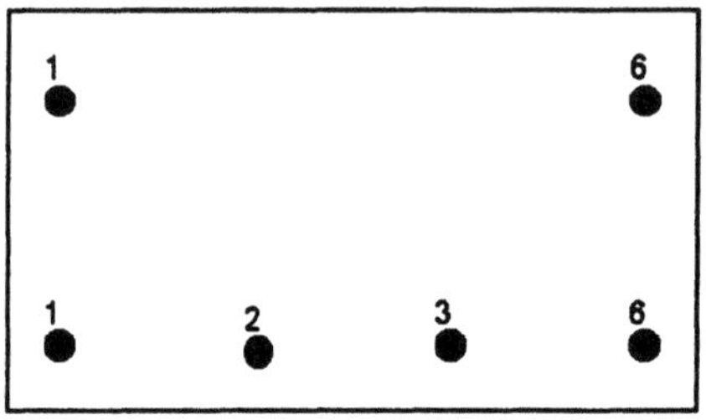

Knoten mit neuer Numerierung einfügen:

```
N,1,
/COM Knoten 1 bei X,Y = 0,0
N,6,10,0
/COM Knoten 6 bei X,Y = 6,0
FILL,1,6,3,7
/COM 3 Knoten einfuegen,
/COM beginnend mit 7
```

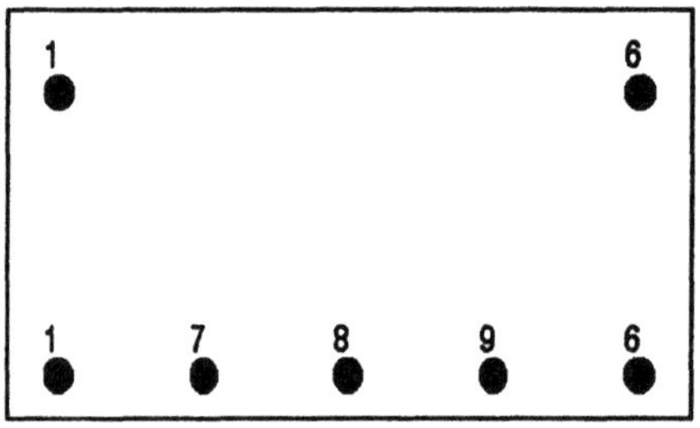

Mit der Befehlsoption SPACE kann der Abstand zwischen den eingefügten Knoten beeinflußt werden. Der Zahlenwert für die Option gibt das Verhältnis des letzten zum ersten Knotenabstand an. Im Beispiel wurde für SPACE der Wert .5 eingesetzt:

Veränderung der Abstände

```
N,1,
/COM Knoten 1 bei X,Y = 0,0
N,6,10,0
/COM Knoten 6 bei X,Y = 6,0
FILL,1,6,,,,,,.5
/COM Knoten zwischen 1 und 6,
/COM mit Verhaeltnis .5
```

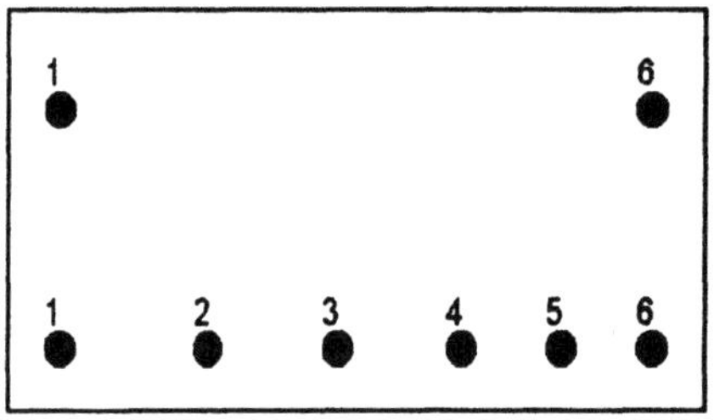

Über die Optionen ITIME und NINC lassen sich auch zwischen mehreren Anfangs- und Endknoten zusätzliche Knoten einfügen. Im Gegensatz zum später besprochenen **NGEN**-Befehl müssen für das mehrfache Generieren mit **FILL** Anfangs- und Endknoten bereits definiert sein. **FILL** erwartet in ITIME die Anzahl der Einfügeoperationen und in NINC wird das Inkrement für den nächsten Anfangs- und Endknoten eingegeben. Dieses Inkrement wird zum aktuellen Anfangsknoten hinzugezählt, um den nächsten Anfangsknoten bestimmen zu können. Die Wahl der Knotennummern sollte im Hinblick auf eine einfache Verwendung des **FILL**-Befehls sorgfältig erfolgen.

Mehrfaches Einfügen von Knoten

```
N,1,
/COM Knoten 1 bei X,Y = 0,0
N,6,10,0
/COM Knoten 6 bei X,Y = 6,0
FILL,1,6,,,,2,10
/COM 2 Reihen erzeugen
/COM Nummernabstand 10
```

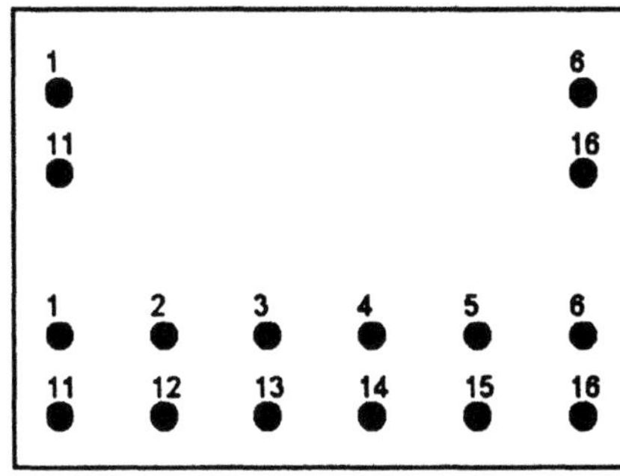

7.6 Knoten generieren

7.6.1 Der Befehl NGEN

Für die Erzeugung von Knotenmustern wird der Befehl **NGEN** verwendet:

NGEN, ITIME, INC, NODE1, NODE2, NINC, DX, DY, DZ

DX, DY, DZ: Verschiebungen der einzelnen Knoten

NODE1, NODE2, NINC: Von Knoten 1 bis Knoten 2 im Abstand von NINC soll kopiert werden

INC: Diese Zahl wird für die neue Knotennummer zu alten Nummer hinzuaddiert

ITIME: Wiederholungsfaktor, auch die erste Gruppe wird mitgezählt

Im Gegensatz zum **FILL**-Befehl können mit dem **NGEN**-Befehl nur vorhandene Knotenmuster dupliziert werden. Die Anordnung der erzeugten Knotenmuster ist vom verwendeten Koordinatensystem abhängig. In einem Polarkoordinatensystem werden DX, DY, DZ als DR, Dϕ, DZ interpretiert.

Auch hier wieder ein Beispiel zur Verdeutlichung des Befehles:

Knotenmuster generieren im kartesischen Koordinatensystem

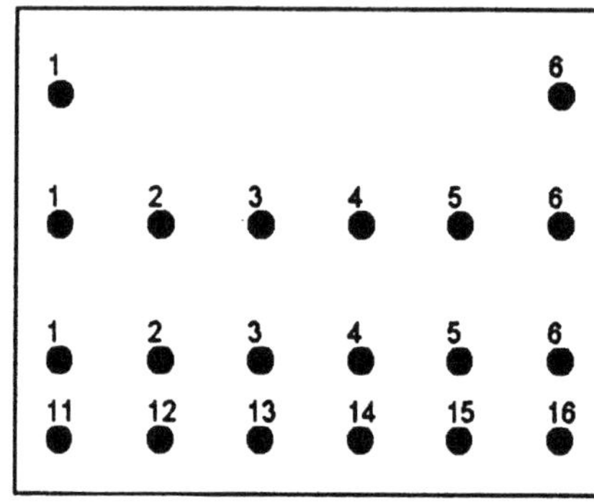


```
N,1,0,0,0
/COM Knoten 1 bei
/COM X,Y,Z = 0,0,0
N,5,5,0,0
/COM Knoten 5 bei
/COM X,Y,Z = 5,0,0
FILL,1,5
/COM Knoten 2-4 werden
/COM erzeugt
NGEN,2,10,1,5,1,0,2,0
/COM Die Knoten
/COM 11,12,13,14,15 wurden
/COM ausgehend von den
/COM Knoten 1 - 5 erzeugt.
/COM insgesamt 2 Muster
/COM Knotennummernabstand 10
/COM von Knoten 1 bis 5
/COM im Abstand 1
/COM Neues Muster bei y+2
```

Je nach Wahl des Koordinatensystems werden die eingegebenen Verschiebungen der Knoten auch als Winkeländerungen gedeutet:

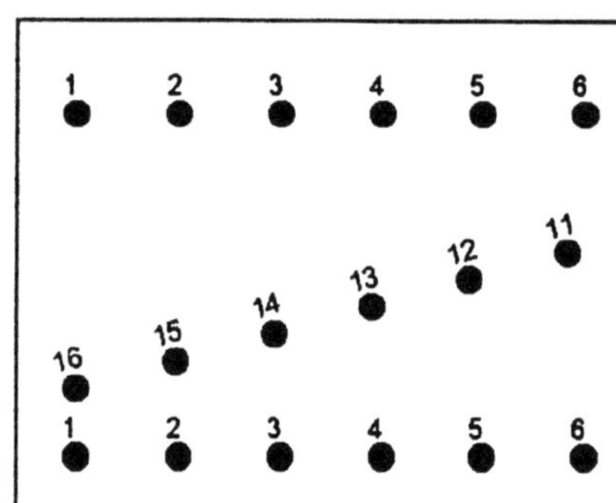


```
N,1,0,0,0
/COM Knoten 1 bei
/COM X,Y,Z = 0,0,0
N,5,5,0,0
/COM Knoten 5 bei
/COM X,Y,Z = 5,0,0
FILL,1,5
/COM Knoten 2-4 werden
/COM erzeugt
/COM Umschalten ins Polare
/COM Koordinatensystem
CSYS,2
/COM Knotenmuster erzeugen
NGEN,2,10,1,5,1,0,15,0
/COM Die Knoten 11-15 wurden
/COM ausgehend von den
/COM Knoten 1-5 um 15 grd gedreht
```

7.7 Knotenmuster spiegeln

7.7.1 Der Befehl SYMM

Zur weiteren Vereinfachung der Modellerstellung lassen sich bereits generierte Knotenmuster um die verschiedenen Achsen spiegeln. Die Lage der Achsen wird aus dem aktiven Koordinatensystem abgeleitet. Gestartet wird die Spiegelung mit dem **SYMM**-Befehl:

SYMM, NCOMP, INC, NODE1, NODE2, NINC

NODE1, NODE2, NINC: Ausgangsknotenmuster, von Nr. NODE1 bis Nr. NODE2 im Abstand von NINC. Oder ALL bei NODE1 für alle dargestellten Knoten

INC: Diese Zahl wird für die neue Knotennummer zur alten Knotennummer addiert

NCOMP: Angabe der Spiegelungsrichtung:
Angabe in Klammern für polare und sphärische Koordinatensysteme
0,1 entlang der X-Achse (R,R)
2 entlang der Y-Achse (ϕ,ϕ)
3 entlang der Z-Achse (Z,θ)

Etwas verwirrend ist bei diesem Befehl die Angabe der Spiegelungsrichtung. Diese steht senkrecht zur eigentlichen Spiegelachse. Die Richtung wird entlang einer Koordinatenachse angegeben und ist abhängig von aktiven Koordinatensystem. Einige Beispiele verdeutlichen die Wirkung des Befehls:

```
N,1,.. * Knoten 1 erzeugen
N,2,.. * Knoten 2 erzeugen
N,3,.. * Knoten 3 erzeugen
/COM Knoten 1-3 um die
/COM Y-Achse spiegeln
/COM Nummerninkrement 10
SYMM,1,10,1,3
```

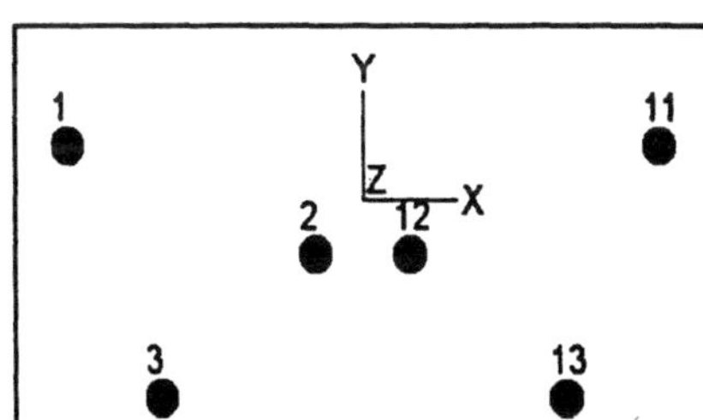

Das mit dem vorigen SYMM-Befehl erzeugte Muster wird nun weiter bearbeitet:

```
/COM Knoten 1 und 13 um
/COM X-Achse spiegeln
/COM Nummerninkrement 100
SYMM,2,100,3,13,10
```

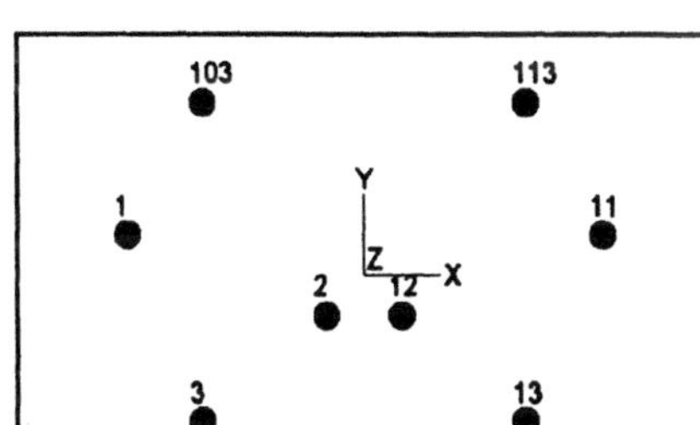

Durch geeignete Wahl des Inkrements lassen sich die vorhandenen Knoten spiegeln, ohne daß neue generiert werden:

```
SYMM,1,0,1,3,1
/COM alte und neue Nummern
/COM sind identisch
```

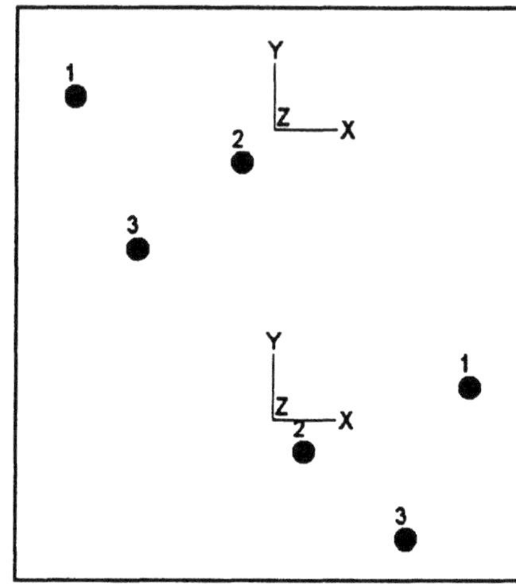

7.8 Knotenmuster verzerren

7.8.1 Der Befehl NSCALE

Bereits generierte Knotenmuster lassen sich nachträglich in der Größe verändern. Der NSCALE-Befehl erlaubt es, die Vergrößerungsfaktor für alle 3 Achsenrichtungen getrennt einzustellen. Bei linearer Vergrößerung ist der gleiche Faktor für alle Richtungen zu verwenden.

NSCALE, INC, NODE1, NODE2, NINC, RX, RY, RZ

- RX, RY, RZ: Skalierungsfaktor in den Achsrichtungen
- NODE1, NODE2, NINC: Skaliert wird ab Knotennummer NODE1 bis Knotennummer NODE2 mit dem Nummerninkrement NINC
- INC: Nummerninkrement der neu erzeugten Knoten zu den Ausgangsknoten

Das Knotenmuster aus den Knoten 1-3 soll um die Hälfte verkleinert werden:

```
N,1..  * Knoten 1 erzeugen
N,1..  * Knoten 1 erzeugen
N,1..  * Knoten 1 erzeugen
NSCALE,10,1,3,,.5,.5,.5
/COM verkleinertes Muster
/COM aus 11-13
```

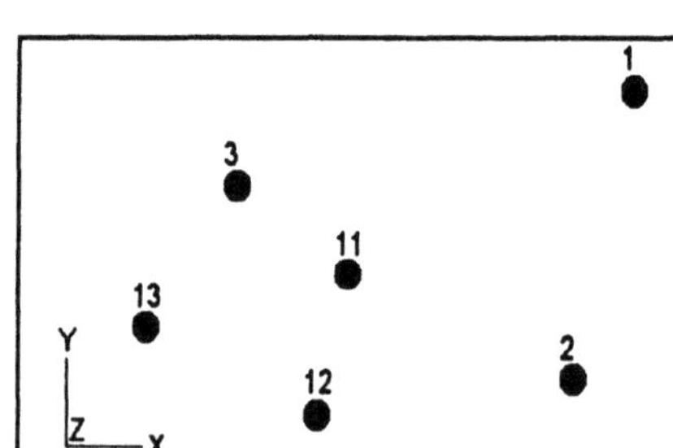

7.9 Knoten löschen

7.9.1 Der Befehl NDELE

Falsch gesetzte Knoten lassen sich mit dem Befehl **NDELE** wieder löschen:

NDELE, NODE1, NODE2, NINC

- NINC: Schrittweite
- NODE2: bis Knoten NODE2
- NODE1: Ab Knoten NODE1 oder ALL

Durch die Optionen ist es auch möglich, mehrere Knoten auf einmal zu löschen. Durch den Schrittweitenparameter lassen sich gezielt Knoten in einem Muster herauslöschen.

Alle Knoten löschen

```
/COM Alle Knoten loeschen
NDELE,ALL
```

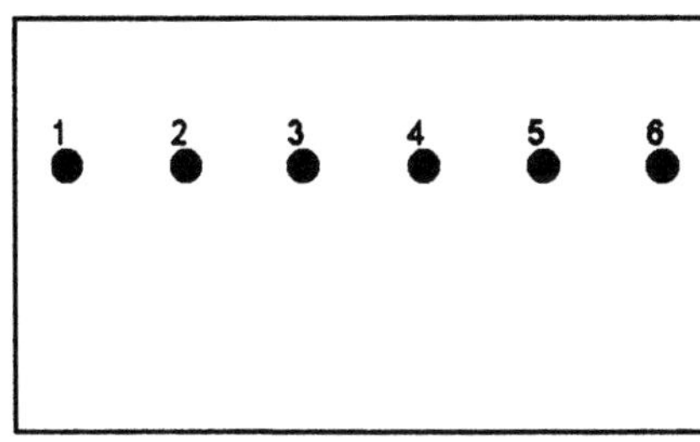

Einzelne Knoten löschen

```
/COM Knoten Nr. 3 loeschen
NDELE,3
```

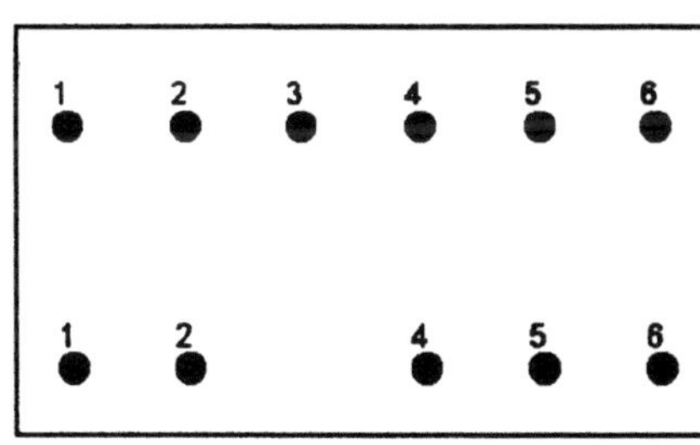

Knotenmuster löschen

```
NDELE,2,10,2
/COM Knoten 2 bis Knoten 10
/COM im Abstand von 2
/COM loeschen
```

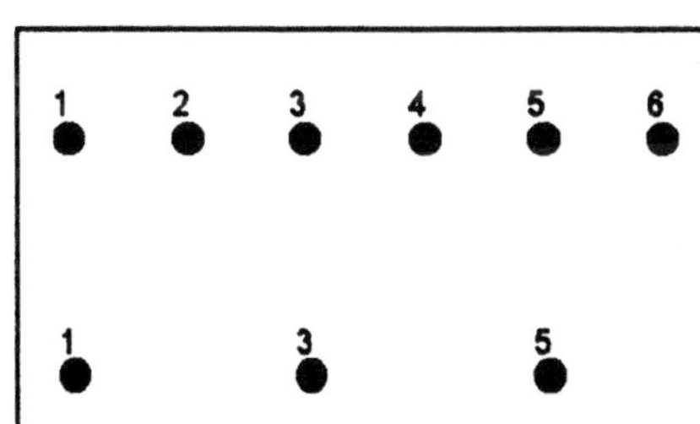

7.10 Übungen zur Knotengenerierung

7.10.1 Aufgabe

Erzeugen Sie mit möglichst wenig Befehlen die nebenstehenden Knotenmuster. Verwenden Sie **FILL** und **NGEN**-Befehle! Dieses Knotenmuster kann auch nur mit **N**- und **NGEN**-Befehlen aufgebaut werden.

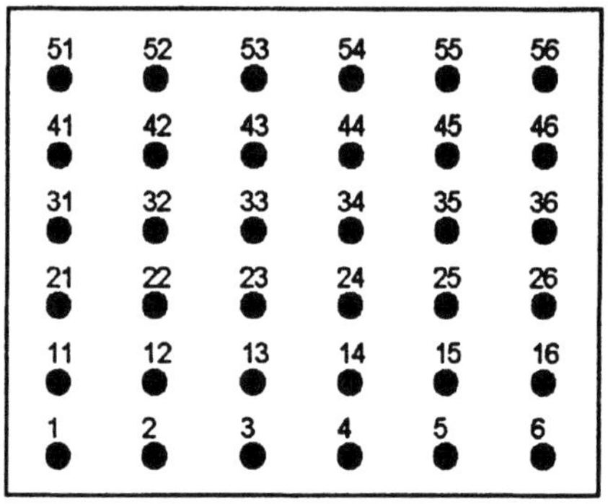

Knoten 1 bei 0,0
Knoten 56 bei 30,30

7.10.2 Aufgabe

Für dieses Muster müssen Sie den **NDELE**-Befehl einsetzen.

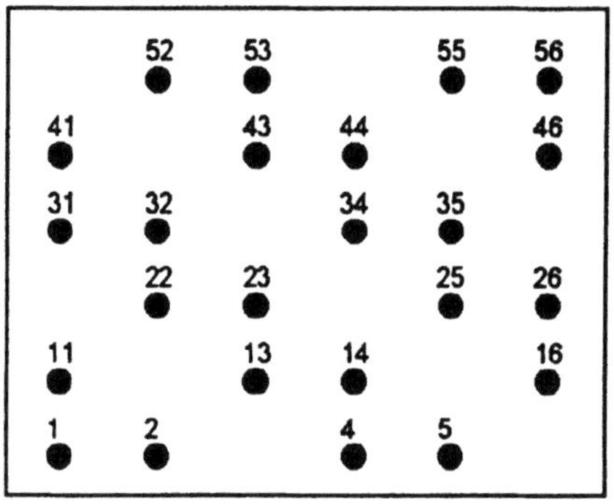

Knoten 1 bei 0,0
Knoten 56 bei 30,30

7.10.3 Aufgabe

Zur Erzeugung dieses Musters ist etwas Strategie notwendig. Überlegen Sie sich den Ablauf der Generierung unter Verwendung von **FILL**- und **NGEN**-Befehlen.

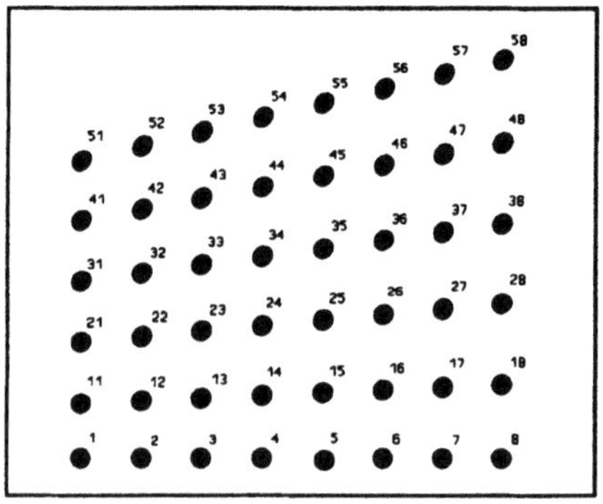

Der Abstand zwischen Knoten 1 und 11 beträgt 2 Einheiten, der zwischen Knoten 8 und Knoten 18 3 Einheiten. Für die anderen Knotenreihen gilt entsprechendes.

7.10.4 Aufgabe

Gegeben sei nebenstehende Außenkontur einer Geometrie. Füllen Sie die Geometrie mit Knoten auf. 5 Knoten pro Seitenlänge genügen für die Übung vollauf.

In einem weiteren Schritt erhöhen Sie die Anzahl Knoten pro Linie auf über 10 Knoten.

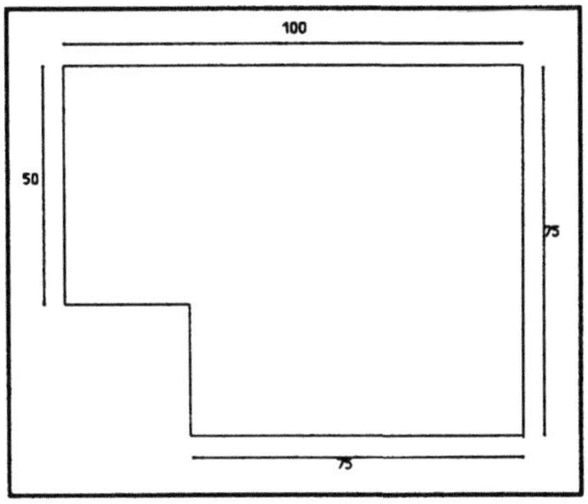

8 Elemente

8.1 Elemente erzeugen

8.1.1 Der Befehl E

Genauso wie Knoten lassen sich auch Elemente direkt erzeugen. Da die Lage eines Elementes durch die Lage seiner Knoten definiert ist, werden für die einzelnen Elementtypen eine unterschiedliche Anzahl von Knoten benötigt. Für ein einfaches Stabelement (STIF3) genügen z.B. 2 Knoten. Bei der Elementdarstellung werden den Ecknoten Buchstaben zugordnet. Definiert werden Elemente durch den **E** Befehl:

E, I, J, K ,L, M, N, O, P

Nummern, der für diesen Elementtyp benötigten Knoten

Ein Stabelement wird durch die Angabe von zwei Knotennummern gebildet:

```
/INTER
/PREP7 *Preprozessor
/COM    einschalten
ET,1,  *Stif1 , Balkenelement
...    *Material, Real-
/COM    konstanten
N,..   *Knoten definieren
.
E,1,2  *Element definieren
```

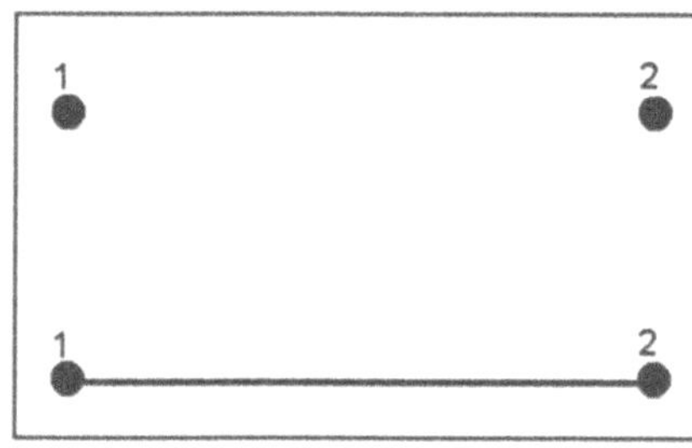

Ein einfaches Flächenelement (STIF42) erfordert schon vier Knoten. Der Umlaufsinn ist durch die Eingabereihenfolge der Knotennummern gegeben:

```
.
/COM Stif 42, 4Knoten
/COM Flaechenelement
ET,1,42
.
N,... * Knoten definieren
.
/COM Element definieren
E,1,2,3,4
```

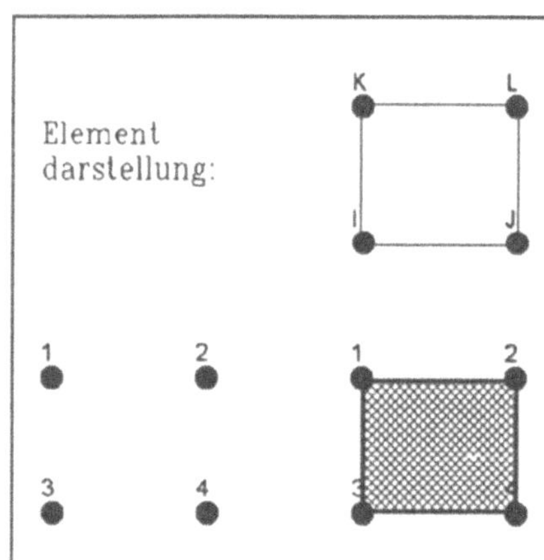

Bei der Definition eines Elements ist die Eingabereihenfolge der Knotennummern entscheidend. Werden die Knoten eines Elements nicht im gleichen Umlaufsinn eingegeben, erfolgt eine Fehlermeldung:

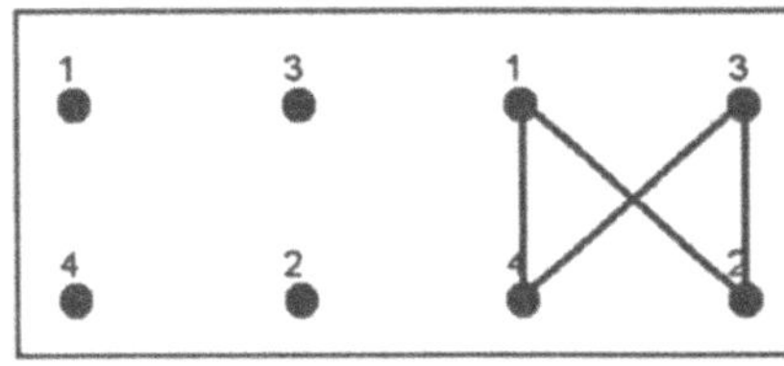


```
E,1,2,3,4
/COM das war wohl nichts
E,1,3,2,4
/COM  das sieht besser aus
```

Ein Dreieckselement mit Mittenknoten (6 Knoten) kann auch deformiert aussehen. Bei der Eingabe werden dann Warnungen erscheinen. Der Benutzer wird bei ihrer Bestätigung über eventuell falsche Ergebnisse informiert. Zusätzlich ist bei mehrknotigen Elementen die Numerierungsreihenfolge zu beachten:

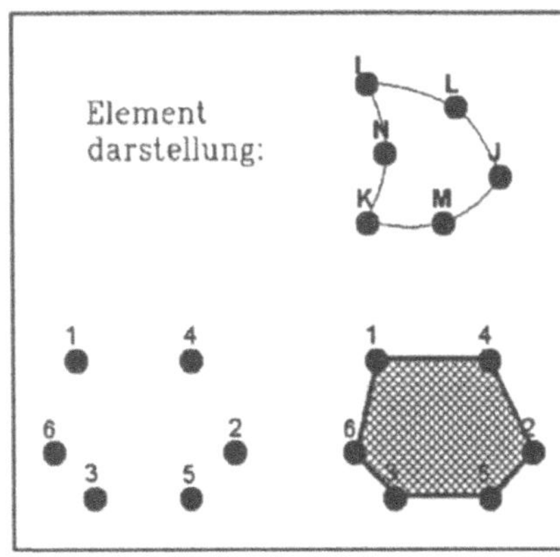


```
.
ET,1,2 * STIF2
/COM Knoten, 3Eckselement
E,1,2,3,4,5,6
/COM Warnungen erscheinen, da
/COM die Knoten unguenstig
/COM liegen
```

Das Elementkoordinatensystem wird durch die Angabe der Knotennummern festgelegt:

Die X - Achse des Elementkoordinatensystems wird durch die Knoten I und J gebildet. Die Y - Achse steht senkrecht dazu, Bild 8-1.

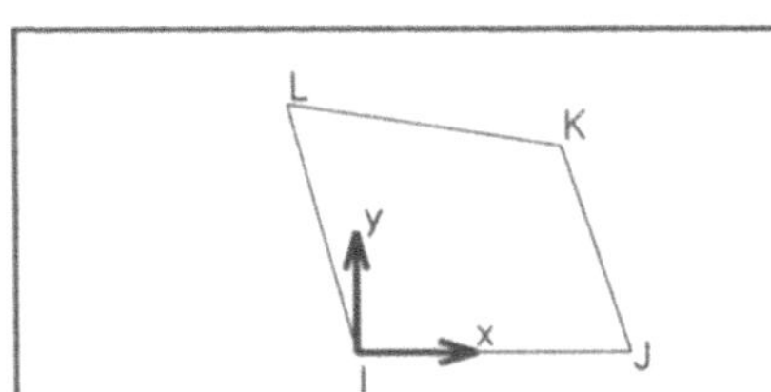

Bild 8-1 Elementkoordinatensystem

Bei anderem Startknoten I wird das Elementkoordinatensystem entsprechend gebildet, Bild 8-2.

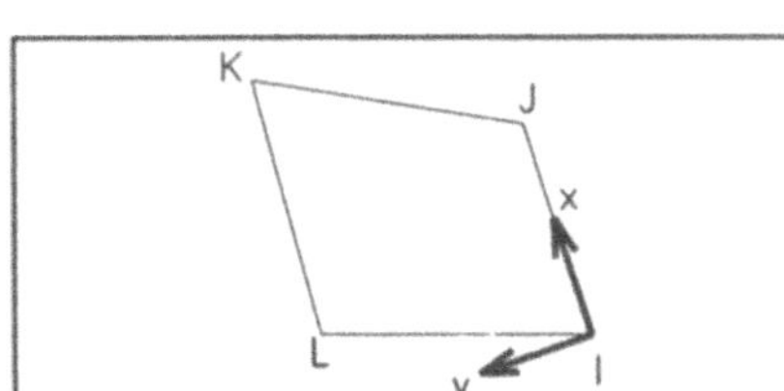

Bild 8-2 Elementkoordinatensystem

Vor dem Definieren der Elemente müssen sowohl der Elementtyp wie auch die REAL-Konstanten und die Materialkonstanten eingestellt werden. (**MAT**, **TYPE**, **REAL**). wurde der Elementtyp nicht definiert, erfolgt die Meldung, daß der **E**-Befehl gefiltert wurde. Ein Hinweis darauf, daß nur logisch richtige Eingaben gemacht werden können.

8.2 Elemente darstellen

8.2.1 Der Befehl **EPLOT**

Um die erzeugten Elemente auf dem Bildschirm anzuzeigen, muß die Version des **PLOT**-Befehles für Elemente verwendet werden:

EPLOT

Wie bei jedem **PLOT**-Befehl wird der Bildschirm aufgefrischt. Schalter zur Bildschirmdarstellung werden aktualisiert und die Bildschirmausgabe angepaßt.

8.3 Elementnummern einschalten

8.3.1 Der Befehl **/PNUM**

Als genereller Nummernschalter kann mit **/PNUM** auch die Darstellung der Elementnummern beeinflußt werden. Als Vorgabe ist die Darstellung der Elementnummern ausgeschaltet. Eingeschaltet wird sie mit:

/PNUM, LABEL, KEY

- KEY: 0 für ausschalten, 1 für einschalten
- LABEL: ELEM für Elementnumerierung

Ein Beispiel soll die Wirkung des Befehls verdeutlichen:

```
/COM Generierung der Elemente
EPLOT
```

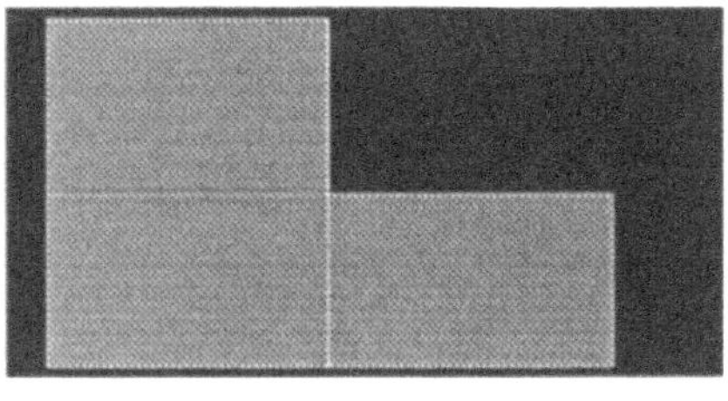

```
/COM Numerierung der Elemente
/COM einschalten
/PNUM,ELEM,1
/COM Numerierung ein
EPLOT
/COM Bild auffrischen
/COM jetzt erscheinen die
/COM numerierten Elemente
```

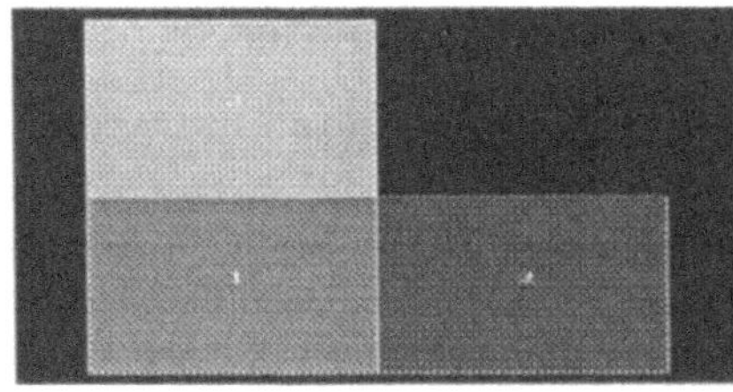

8.4 Elemente generieren

8.4.1 Der Befehl **EGEN**

Ebenso wie bei Knoten lassen sich auch aus einer Gruppe von Elementen neue generieren. Dies geschieht mit dem **EGEN**-Befehl .

EGEN, ITIME, NINC, IEL1, IEL2, IEINC

IEL1, IEL2, IEINC: Von Element Nr. 1 bis Element Nr. 2 sollen alle Elemente im Abstand IEINC kopiert werden

NINC: Abstand zu den ersten Knotennummern, die für das nächste Element verwendet werden

ITIME: Wiederholungsfaktor, auch die erste Gruppe wird mitgezählt

Zur Verdeutlichung der automatischen Elementgenerierung soll folgendes Beispiel dienen:

```
E,1,2,11,12 * Element bei
/COM Knoten 1,2,11,12
EGEN,3,1,1
/COM Element 2 liegt zwischen
/COM Knoten 2,3,12 und 13
/COM Element 3 liegt zwischen
/COM Knoten 3,4,14 und 13
```

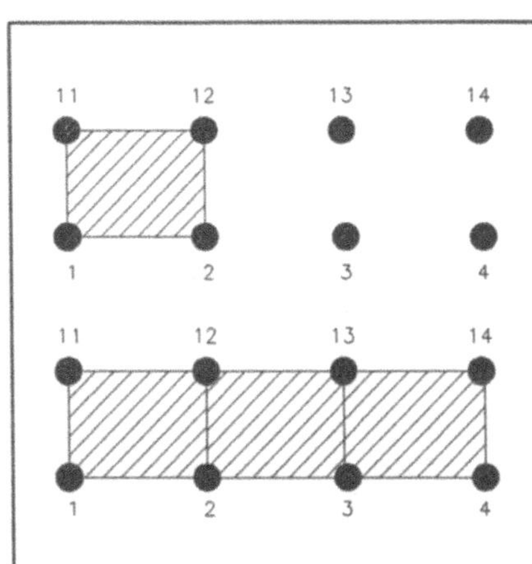

Wird bei der automatischen Elementgenerierung ein nicht definierter Knoten angesprochen, so erscheint eine Fehlermeldung auf dem Bildschirm. Ebenso werden bei nicht sorgfältiger Knotenanordnung sehr verzerrte Elemente erzeugt.

8.5 Elemente duplizieren

8.5.1 Der Befehl **ESYM**

Ähnlich dem **EGEN**-Befehl lassen sich mit dem **ESYM**-Befehl aus einer vorhandenen Menge von Elementen neue Elemente erzeugen. Dabei werden keine neuen Knoten erzeugt, sondern die vorhandenen Knoten für die Elementgenerierung verwendet. Die Syntax des Befehles lautet:

ESYM, INODE, NINC, IEL1, IEL2, IEINC

IEL1, IEL2, IEINC: Elemente, die dupliziert werden von Nr. IEL1 bis Nr.IEL2 im Abstand IEINC

NINC: Inkrement, daß zu den Ausgangsknoten addiert wird, um die Lage des neuen Elements zu definieren

INODE: Lage des Elementkoordinatensystems bei INODE=2 gleiche Lage wie Ausgangselemente

Durch die Verwendung von vorhandenen Knoten kann das Ausgangselementmuster beliebig innerhalb von Knotenfeldern positioniert werden. Es kann immer nur das Ausgangselementmuster dupliziert werden, für mehrfache Musteranordnung ist der Befehl öfter aufzurufen, oder auf den **EGEN**-Befehl auszuweichen.

Gegeben ist ein Ausgangsmuster aus den drei Elementen Nr. 1 - Nr. 3. Dieses Muster soll dupliziert werden.

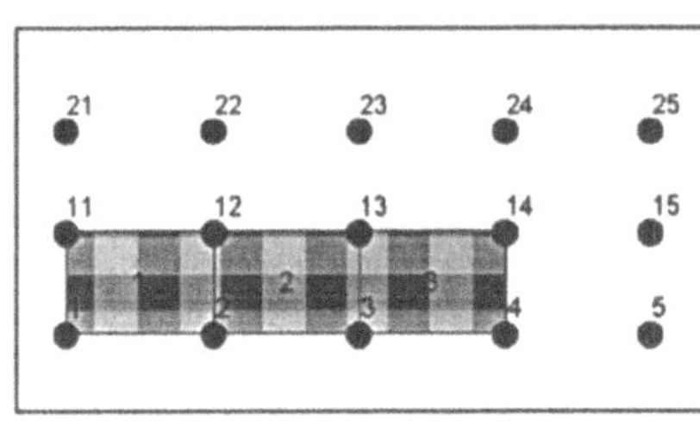

Durch die Knotenanordnung werden die neu erzeugten Elemente bei NINC = 10 über das Ausgangsmuster gesetzt.

```
/COM E-Muster duplizieren
/COM Knoteninkrement = 10
ESYM,2,10,1,3,1
/COM neues Muster anzeigen
EPLOT
```

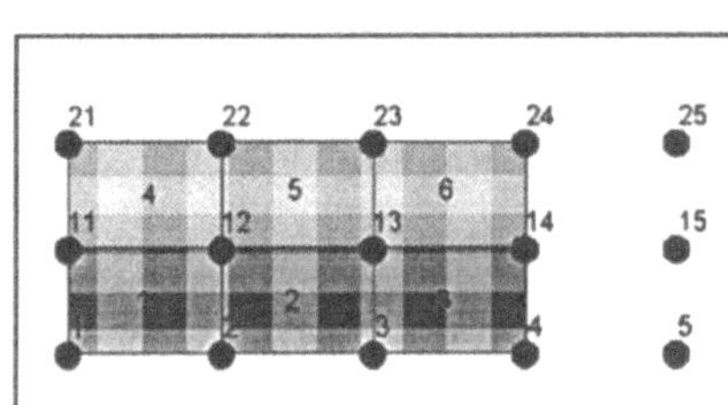

Bei anderem Knoteninkrement wird das Muster an einem anderen Ort generiert. Voraussetzung ist die gleichmäßige Knotennumerierung.

```
/COM vorher erzeugte Elemente
/COM loeschen
EDELE,4,6,1
/COM Elementmuster
/COM duplizieren
/COM Knoteninkrement = 11
ESYM,2,11,1,3,1
/COM neues Muster anzeigen
EPLOT
```

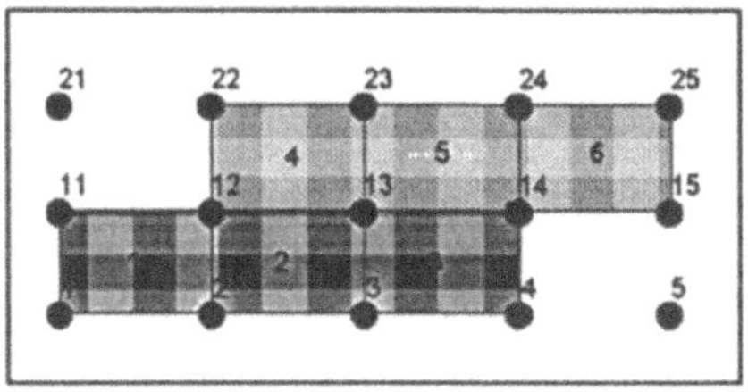

8.6 Elemente löschen

8.6.1 Der Befehl EDELE

Ebenso wie bei den Knoten lassen sich auch falsch plazierte Elemente wieder löschen. Analog zum **NDELE**-Befehl bei den Knoten lautet der Befehl für die Elemente **EDELE**:

EDELE, IEL1, IEL2, INC

- INC: Schrittweite
- IEL2: bis Element IEL2
- IEL1: ab Element IEL1

Sämtliche Elemente ab IEL1 bis IEL2 werden gelöscht. Ohne Angabe einer Schrittweite beträgt diese 1; d.h. Elemente werden fortlaufend nach ihrer Numerierung gelöscht.

8.7 Elemente auflisten

8.7.1 Der Befehl ELIST

Ebenso wie Knoten lassen sich auch Elemente auflisten. Der Befehl für die Listendarstellung lautet:

ELIST

Der Bildschirm schaltet auf die Listendarstellung um, die durch die EXIT-Felder oder durch die Eingabe von E verlassen wird. Angezeigt wird in der Liste die Eckknoten jedes Elements sowie die Kennummern des Elementtyps, der Materialeingaben und der Realkonstanten.

8.8 Elemente mit expliziter Numerierung

8.8.1 Die Befehle EN, ENGEN, ENSYM

Elemente wurden bisher bei der Erzeugung automatisch numeriert. Mit den Befehlen **EN, ENGEN, ENSYM** können den erzeugten Elementen oder Elementmustern auch Nummern zugewiesen werden. Tritt eine Elementnummer doppelt auf, so überschreibt das neu erzeugte Element das ältere Element, es wird gelöscht. Aus der Syntax der einzelnen Befehle ist ersichtlich, daß der Ursprungsbefehl lediglich um die Option eines Nummerninkrements (IINC) erweitert wurde. Die neu erzeugte Elementnummer wird aus der Ausgangsnummer und dem Nummerninkrement gebildet. Eine weitere Erklärung der Befehle entfällt deshalb.

EN, IINC, I, J, K, L, M, N

ENSYM, IINC, INODE, NINC, IEL1, IEL2, IEINC

ENGEN, IINC, ITIME, NINC, IEL1, IEL2, IEINC

8.9 Übungen zur Elementgenerierung

8.9.1 Aufgabe

Erstellen Sie nebenstehendes Elementmuster in einem beliebigen Maßstab. Versuchen Sie in einem zweiten Schritt die Anzahl der benötigten Befehle zu minimieren. Benutzen Sie das 4Knoten Flächenelement STIF42.

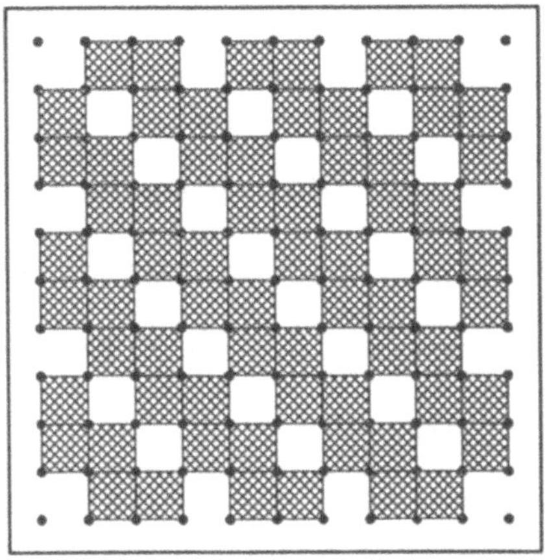

8.9.2 Aufgabe

Gegeben sei eine Platte mit einem rechteckigen Ausschnitt in der Mitte. Erstellen Sie ein Finite-Elemente-Modell mit ca. 5-15 Knoten auf den Außenseiten.

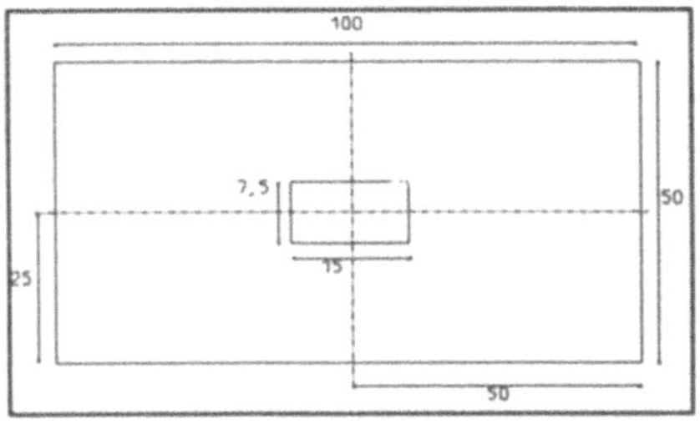

Für dieses Modell gibt es mehrere Varianten bei der Elementanordnung. Versuchen Sie auch die Varianten möglichst effizient zu gestalten. Verwenden Sie auch hier STIF42.

9 Koordinatensysteme

9.1 Globale und lokale Koordinatensysteme

Bei der Definition der Geometrie muß meist ein geeignetes Koordinatensystem ausgewählt werden. Außer kartesischen Systemen kennt ANSYS noch zylindrische und sphärische Koordinatensysteme, Bild 9-1.

Die Achsen der Koordinatensysteme werden wie folgt definiert:

Typ:	Achsen:	Kennzahl des globalen Systems:
Kartesisch	X, Y, Z	0 (voreingestellt)
Zylindrisch	R, ϕ, Z	1
Sphärisch	R, ϕ, ϑ	2

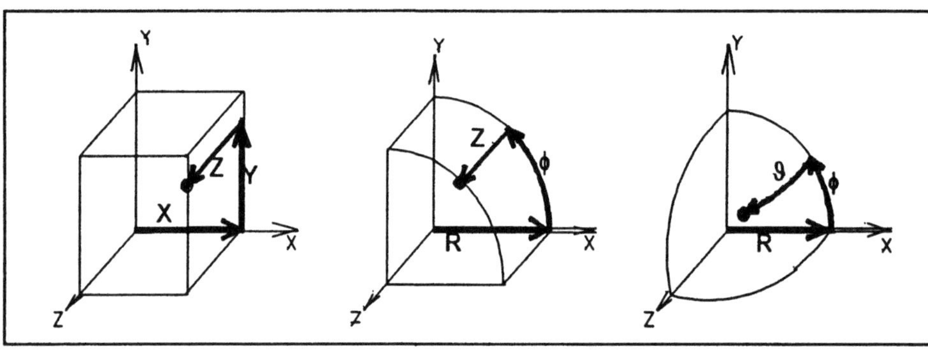

Bild 9-1 Koordinatensysteme

Diese Vordefinition von verschiedenen globalen Koordinatensystemen erleichtert die Erstellung von Geometrien wesentlich. Ohne Transformation können nun achsensymmetrische oder kugelige Bauformen erstellt werden.

Zusätzlich zu diesen vordefinierten globalen Koordinatensystemen bietet ANSYS auch die Möglichkeit, lokale Systeme in allen drei Arten zu erzeugen. Die Unterscheidung der globalen und lokalen Systeme erfolgt über zugeordnete Kennzahlen. Lokale Koordinatensysteme müssen eine Nummer > 10 zugewiesen bekommen.

Auf den folgenden Seiten werden die Befehle zur Erzeugung und zum Umschalten zwischen Koordinatensystemen mit Beispielen erläutert.

9.2 Lokales System aus globalem System definieren

9.2.1 Der Befehl LOCAL

LOCAL definiert und aktiviert ein lokales System durch den Ursprung und die Drehwinkel zum globalen kartesischen System, Bild 9-2:

LOCAL, KCN, KCS, XC, YC, ZC, THXY, THYZ, THXZ

THXY, THYZ, THXZ – Drehwinkel:
THXY: Drehung von X nach Y
um die Z-Achse

XC, YC, ZC – Globale Koordinaten des
Ursprunges

KCS – Typnummer des Koordinatensystems
0 kartesisch
1 zylindrisch
2 sphärisch
3 torisch

KCN – Laufende Kennummer (11-41)

In der ANSYS-ED-Version werden die Möglichkeiten zur Plazierung auf der Z-Achse nicht genutzt. Auch sind Optionen, die über die X-Y-Fläche hinausgehen, nicht verfügbar oder werden ignoriert.

X_C und Y_C geben in globalen kartesischen Koordinaten den Ursprung des neuen Koordinatensystems an. TH_{XY} kennzeichnet die Verdrehung des lokalen Systems gegenüber dem globalen kartesischen System. Mit der Kennummer kann das lokale Koordinatensystem später identifiziert werden. Mit der Definition des Koordiantensystems wird dieses aktiv geschaltet. Alle Eingaben beziehen sich ab diesem Zeitpunkt auf den neuen Ursprung und Verdrehung.

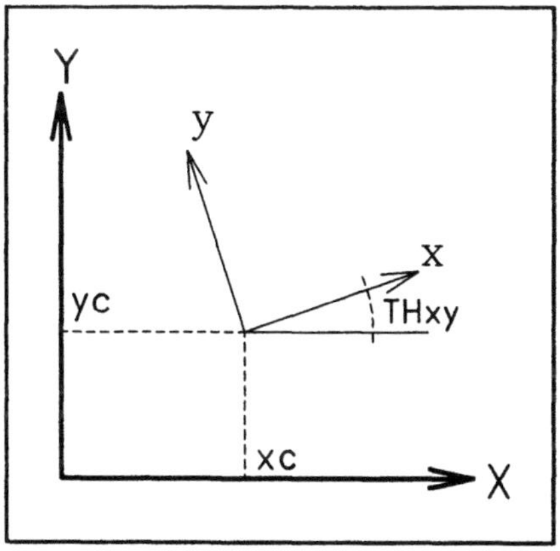

Bild 9-2 LOCAL-Befehl

9.3 Lokales System aus lokalem System definieren

9.3.1 Der Befehl CLOKAL

CLOCAL definiert und aktiviert ein lokales System durch dessen Ursprung und die Drehwinkel zu einem anderen lokalen System.

CLOCAL, KCN, KCS, XL, YL, ZL, THXY, THYZ, THXZ

THXY, THYZ, THXZ – Drehwinkel:
THXY: Drehung von X nach Y
um die Z-Achse

XL, YL, ZL – Koordinaten des Ursprungs
im aktiven System

KCS – Typnummer des Koordinatensystems
0 kartesisch
1 zylindrisch
2 sphärisch
3 torisch

KCN – Laufende Kennummer (11-41)

Bild 9-3 verdeutlicht die Konstruktion des lokalen Koordinatensystems aus einem bereits definierten Koordinatensystem heraus. Wird für das Ursprungskoordinatensystem das globale kartesische System gewählt, kann dieser Befehl als Ersatz für den **LOCAL**-Befehl dienen. Der Typ des aktiven Koordinatensystems kann beliebig sein. Die Eingaben des Ursprungs werden im aktiven Typ interpretiert.

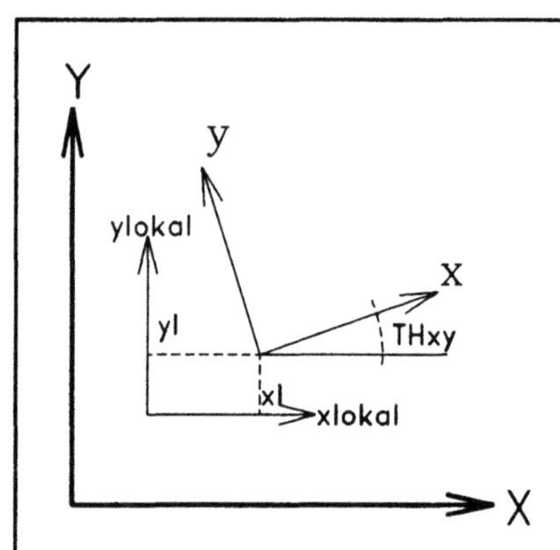

Bild 9-3 CLOCAL-Befehl

9.4 Lokales System mit drei Knoten definieren

9.4.1 Der Befehl CS

CS definiert und aktiviert ein lokales System durch die Benutzung von Knoten für den Ursprung, die Orientierung der X-Achse und der X-Y-Ebene.

CS, KCN, KCS, NORIG, NXAX, NXYPL

- NXYPL: Knoten der in der X-Y Fläche liegt
- NXAX: Knoten auf der X-Achse
- NORIG: Knoten im Ursprung
- KCS: Typnummer des Koordinatensystems
  0 kartesisch
  1 zylindrisch
  2 sphärisch
  3 torisch
- KCN: Laufende Kennummer (11-41)

Bild 9-4 verdeutlicht die Angaben zur Definition des Koordinatensystems. Alle drei Knoten müssen bereits eingegeben sein .

In der ANSYS-ED Version kann mit dem CS-Befehl nur ein lokales Koordinatensystem in der globalen X-Y-Ebene erzeugt werden.

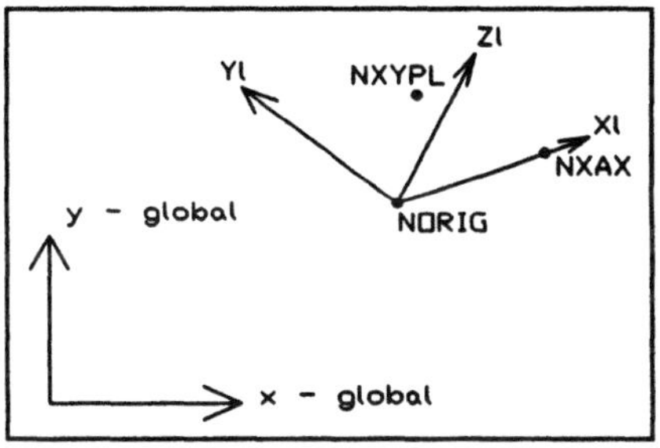

Bild 9-4 CS-Befehl

9.5 Koordinatensystem aktivieren

9.5.1 Der Befehl CSYS

CSYS aktiviert ein bereits definiertes Koordinatensystem (global oder lokal):

CSYS, KCN

- KCN: Kennummer des zu aktivierenden Systems
  (0, 1, 2 global; ab 11 lokal)

Die Voreinstellung beim Aufruf von ANSYS ist das globale kartesische System.

9.6 Koordinatensysteme auflisten

9.6.1 Der Befehl **CSLIST**

Für einen Überblick über die bereits definierten Koordinatensysteme muß der Befehl **CSLIST** angewendet werden:

CSLIST, KCN1, KCN2, KCINC

Alle Koordinatensysteme von Nr. KCN1 bis Nr. KCN2 im Abstand KCINC werden aufgelistet, oder ALL für KCN1

Der Dateiauszug verdeutlicht die Verwendung des Befehls:

```
/COM Anzeigen der Systeme
CLIST,ALL
```

```
LIST ALL COORDINATE SYSTEMS

   SYSTEM TYPE                    CENTER                   PARAMETERS   SING KEY!
 0  0 (CARTESIAN)      0.000       0.000       0.000     0.000    0.000    0  0
 1  1 (CYLINDRICAL)    0.000       0.000       0.000     1.000    0.000    0  0
 2  2 (SPHERICAL)      0.000       0.000       0.000     1.000    1.000    0  0
11  0 (CARTESIAN)     10.000      10.000       0.000     1.000    1.000    0  0

SYSTEM               ORIENTATION VECTORS (X,Y,Z)
   0     1.00  0.00  0.00   0.00  1.00  0.00   0.00  0.00  1.00
   1     1.00  0.00  0.00   0.00  1.00  0.00   0.00  0.00  1.00
   2     1.00  0.00  0.00   0.00  1.00  0.00   0.00  0.00  1.00
  11     1.00  0.00  0.00   0.00  1.00  0.00   0.00  0.00  1.00
CSYS TYPE    XC          YC          ZC          THXY      THYZ      THXZ
 11     0  10.000      10.000     0.00000E+00    0.000     0.000     0.000
```

9.7 Koordinatensysteme löschen

9.7.1 Der Befehl **CSDELE**

Analog dem Aufbau der Befehlsnamen in ANSYS können Koordinatensystem mit **CSDELE** gelöscht werden:

CSDELE, KCN1, KCN2, KCINC

Alle Koordinatensysteme von Nr. KCN1 bis Nr. KCN2 im Abstand KCINC werden gelöscht, oder ALL für KCN1

Wird das derzeit aktive Koordinatensystem gelöscht, erscheint eine Warnung und es wird auf das globale kartesische System umgeschaltet. Eingegebene Knoten werden immer im globalen X, Y, Z-Koordinatensystem aufgelistet, so daß Arbeitskoordinatensysteme nach Beendigung des Modellaufbaus gelöscht werden können. Bei angezeigtem Systemdreibein verschwindet dieses vom Bildschirm, ansonsten sind die Auswirkungen des Befehls erst beim versuchten Aufruf des gelöschten Systems sichtbar.

9.8 Koordinatensystem anzeigen

9.8.1 Der Befehl /PSYMB

In der Voreinstellung wird das Koordinatendreibein nur bei der Definition eines Koordinatensystems angezeigt. Soll das Dreibein in jeder Bildschirmdarstellung erscheinen, muß seine Darstellung mit dem Befehl **/PSYMB** eingeschaltet werden:

/PSYMB, LABEL, KEY

KEY: 1 für Einschalten
0 für Ausschalten

LABEL: CS für Dreibeindarstellung des Koordinatensystems

Wie bei den Schalterbefehlen üblich, ändert sich die Bildschirmdarstellung nicht. Die veränderte Darstellung wird erst nach einer Auffrischung des Bildschirms durch einen **PLOT**-Befehl wirksam. Angezeigt werden alle definierten Koordinatensysteme zusammen mit dem globalen kartesischen System.

Nach einem **NPLOT**-Befehl erscheint nur die Darstellung des globalen kartesischen Koordinatensystems:

```
CLOKAL,11,0....
/COM lokales System
/COM definieren
CS,15,0..
/COM lokales System
/COM definieren
LOKAL,30,0..
/COM lokales System
/COM definieren
NPLOT
/COM Keine Veraenderung des
/COM Bildschirms
```

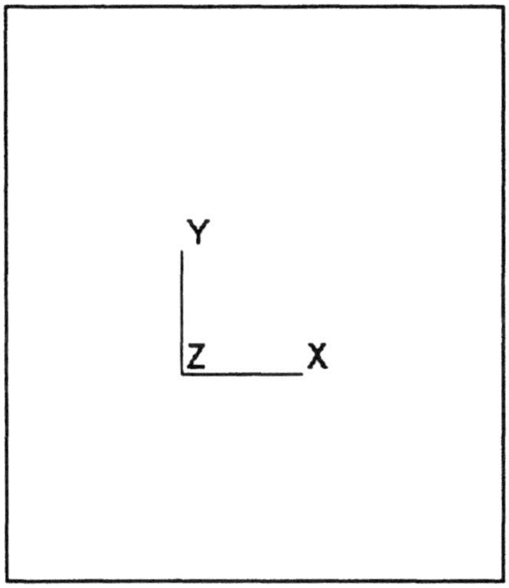

Erst mit dem Einschalten der Dreibeindarstellung können die Koordinatensysteme angezeigt werden:

```
/PSYMB,CS,1
/COM Dreibeindarstellung ein
NPLOT
/COM Bildschirm muss
/COM aufgefrischt werden
```

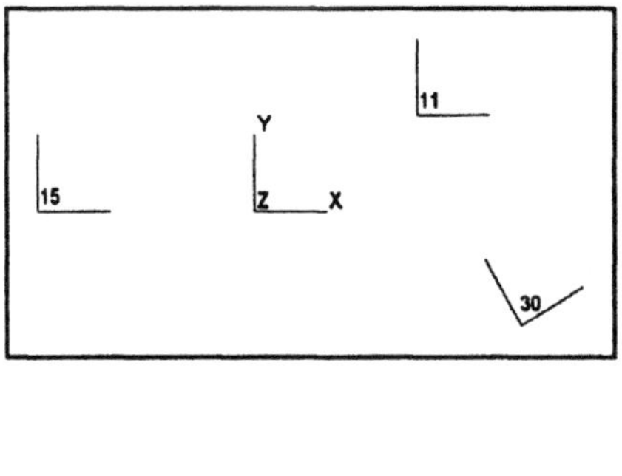

Bei den Generierungsbefehlen für Knoten und Elemente wurden Befehle ausgespart, für die in andere Koordinatensysteme umgeschaltet werden muß. Speziell ist dies der **MOVE**-Befehl, mit dem Schnittpunkte zwischen Koordinatensysteme berechnet werden können.

9.9 Schnittknoten berechnen

9.9.1 Der Befehl MOVE

Bei der Modellbildung ist oft die exakte Lage von Knoten nicht bekannt. In technischen Zeichnungen wird z. B. der Schnittpunkt von zwei Radien nicht bemaßt. In diesem Punkt muß meist ein Knoten generiert werden, von dem weitere Knoten generiert werden können. Solche Problemstellungen löst der Befehl **MOVE**. Er berechnet Schnittpunkte von zwei verschiedenen Koordinatensystemen:

MOVE, NODE, KCN1, X1, Y1, Z1, KCN2, X2, Y2, Z2

- X2, Y2, Z2: Koordinaten des Systems Nr. 2 oder 999 für zu berechnende Koordinate
- KCN2: Nummer des zweiten Koordinatensystems
- X1, Y1, Z1: Koordinaten des Systems Nr. 1 oder 999 für zu berechnende Koordinaten oder -999 für feststehende Koordinaten
- KCN1: Nummer des ersten Koordinatensystems
- NODE: Knotennummer, die versetzt werden soll

In der ANSYS-ED-Version werden die Z-Eingaben ignoriert und auf 0 gesetzt. Dieser Befehl bietet einige Möglichkeiten zur Erleichterung der Modellgenerierung. Da die Anwendung des Befehls nicht einfach ist, soll im Anschluß die Verwendung erklärt werden:

ANSYS berechnet mit den beiden Koordinatensystemen und drei Eingaben einen Schnittpunkt, in den der eingegebene Knoten versetzt wird. Alternativ kann für Anwendungen in der Fläche für die Z-Koordinaten 0 eingegeben werden.

Mögliche Eingaben sind z.B.:

zwei Winkel (Y-Koordinate bei zylindrischen Systemen) und 0 für die Z-Koordinate

ein Radius und ein Winkel, Z-Koordinate = 0,

ein Radius und eine X, Z, Koordinate,

X, Z des einen Systems und Y, Z des anderen Systems.

In jedem Fall muß aber für die zu berechnende Koordinate 999 eingegeben werden. Ist eine Koordinate nicht genau bekannt, oder eine Zahl mit vielen Nachkommastellen, so kann der Platzhalter -999 eingegeben werden. ANSYS übernimmt die entsprechende Koordinate des eingegebenen Knotens und benützt sie zur Berechnung des Schnittpunkts.

Auch eine noch nicht definierte Knotennummer kann für den Parameter Node eingegeben werden. Der Parameter muß mit einer Zahl besetzt sein, andernfalls verweigert ANSYS die Befehlsausführung mit einer Fehlermeldung. ANSYS verweigert auch die Befehlsausführung, falls zuwenig oder zuviele Vorgaben gemacht wurden.

Für ein Modell soll ein Knoten im Schnittpunkt der beiden Radien der Zeichnung gesetzt werden. Die Mittelpunkte der beiden Radien sind bemaßt.

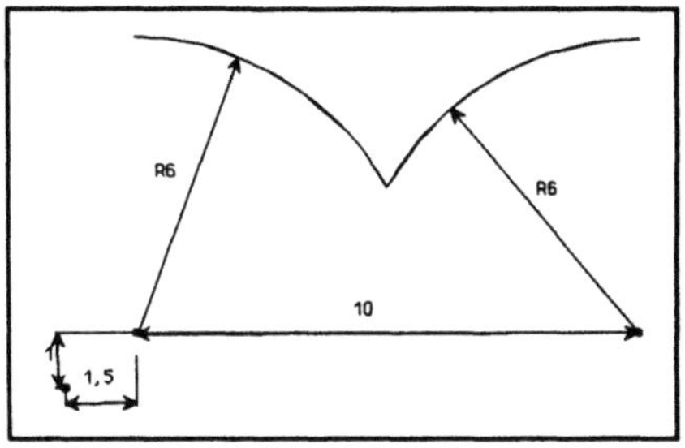

Für die Modellgenerierung in ANSYS werden in die Mittelpunkte der Radien lokale zylindrische Koordinatensysteme gelegt. Außerdem wird ein Knoten 100 generiert, der in der Nähe des zu erwartenden Schnittpunktes liegt. (Die gestrichelten Linien wurden zur Verdeutlichung dem Bild hinzugefügt.)

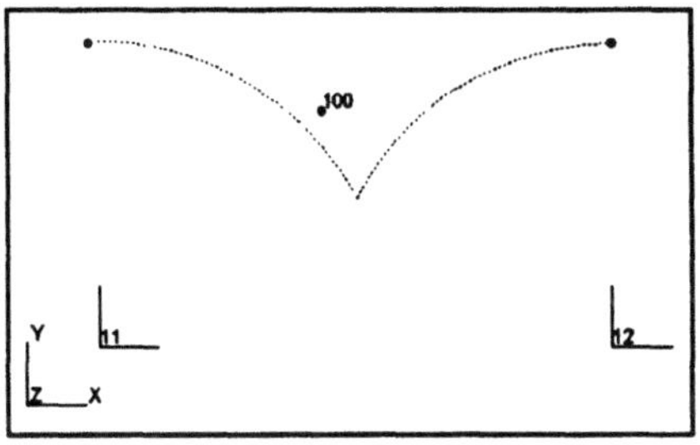


```
/COM Koordinatensysteme
/COM definieren
LOCAL,11,1,1.5,1
LOCAL,12,1,11.5,1
/COM Systemdarstellung
/COM einschalten
/PSYMB,CS,1
/COM Knoten definieren
N,100,5,3
```

Mit dem **MOVE**-Befehl wird der Knoten 100 an die richtige Stelle verschoben. Mit zwei Knoten auf den Radien und den entsprechenden **FILL**-Befehlen sind die Radien angenähert. Die Kontur ist ohne Kenntnis der X-, Y-Koordinaten des Schnittpunkts angenähert worden.

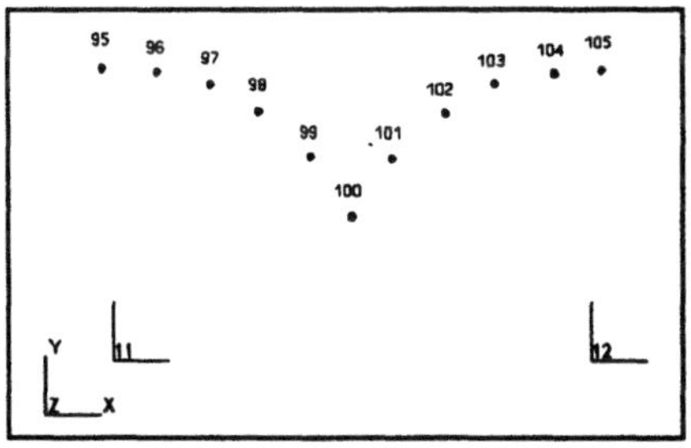

Der folgende Auszug aus der Log-Datei gibt die Befehle wieder, die zur Erzeugung des Knotenmusters notwendig waren. Gleichzeitig sollen die Möglichkeiten zur Strukturierung eines Programmlistings aufgezeigt werden. Auch wenn Kommentare etwas schreibaufwendig sind: die Mühe, eine Analyse anhand ihres unkommentierten Listings zu rekonstruieren, ist ungleich größer.

```
/COM
/COM Schnittknoten berechnen
/COM

/COM MOVE mit Knoten 100 und CS 11,12
/COM und Radien 6, PHI wird errechnet
MOVE,100,11,6,999,,12,6,999

/COM
/COM Endknoten definieren
/COM

/COM Kosystem 11 einschalten
CSYS,11
/COM R = 6, Phi = 90 grd,
/COM CS11 ist zylindrisch !
N,95,6,90

/COM In Kosystem 12 umschalten
CSYS,12
/COM R = 6, Phi = 90 grd,
/COM CS12 ist zylindrisch !
N,105,6,90

/COM
/COM Knoten auffuellen
/COM

/COM die linke Seite
CSYS,11
FILL,95,100
/COM und dann die rechte Seite
CSYS,12
FILL,100,105

/COM Darstellung der Knoten
NPLOT
```

9.10 Knotenkoordinatensysteme

Das Knotenkoordinatensystem bestimmt die Richtung der Freiheitsgrade des einzelnen Knotens. Jeder Knoten besitzt sein eigenes Koordinatensystem, dessen Ursprung im Knoten selber liegt. Die jeweiligen X-, Y-, Z-Achsen geben dabei die Richtung der Lagerfreiheitsgrade UX, UY, UZ und ROTX, ROTY, ROTZ an. Weiterhin werden dadurch die Richtungen der angreifenden Kräfte und Momente vorgeben.

In der Voreinstellung verlaufen die Koordinatensysteme der einzelnen Knoten parallel zum globalen kartesischen System. Dies gilt auch für Knoten, die in abweichenden globalen oder lokalen Koordinatensystemen erstellt wurden. Im Beispiel wurden die Knoten im einem lokalen zylindrischen System erstellt, die Knotenkoordinatensysteme verlaufen jedoch in Richtung des globalen kartesischen Systems, Bild 9-5.

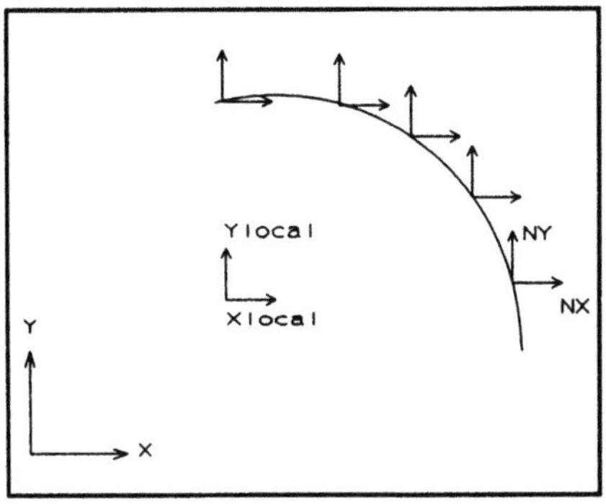

Bild 9-5 Knotenkoordinatensystem normal

Für viele Anwendungen werden andere Koordinatensysteme benötigt. In zylindrischen Bauteilen greifen z.B. Radialkräfte an, die mit dem voreingestellten Koordinatensystem nur über Umrechnungen applizierbar wären. Mit dem Befehl **NROTAT** kann das Koordinatensystem der einzelnen Knoten dem des derzeit aktiven Systems angepaßt werden, Bild 9-6:

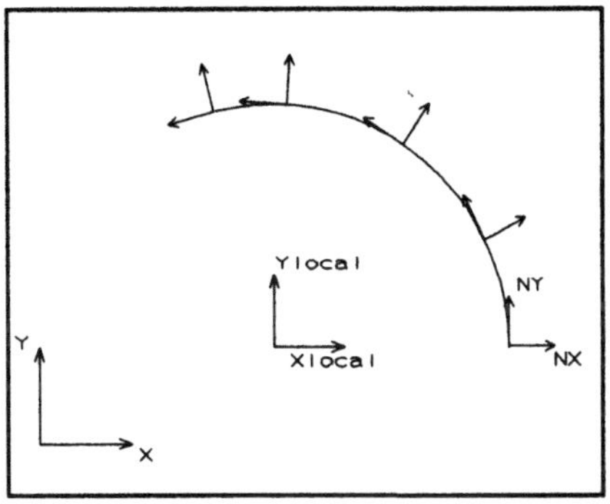

Bild 9-6 Knotenkoordinatensystem verdreht

9.10.1 Der Befehl **NROTAT**

NROTAT dreht die Achsen des Knotenkoordinatensystems parallel zum aktiven Koordinatensystem:

NROTAT, NODE1, NODE2, NINC

- NINC: Schrittweite
- NODE2: bis Knoten Nr. NODE2
- NODE1: Ab Knoten Nr. NODE1 oder ALL

Wird NODE1 mit ALL eingegeben, so werden alle selektierten Knoten dem aktiven Koordinatensystem angepaßt. Mit dem Befehl **NLIST** lassen sich außer den Nummern und den Koordinaten der einzelnen Knoten auch die Drehwinkel gegenüber dem globalen kartesischen Koordinatensystem herauslesen, Bild 9-7 und Bild 9-8.

```
LIST ALL SELECTED NODE   DSYS=  0

 NODE       X            Y             Z           THXY     THYZ     THX
   1     10.000     0.00000E+00  0.00000E+00       0.00     0.00     0.0
   2     9.2388      3.8268      0.00000E+00       0.00     0.00     0.0
   3     7.0711      7.0711      0.00000E+00       0.00     0.00     0.0
   4     3.8268      9.2388      0.00000E+00       0.00     0.00     0.0
   5   0.38965E-10  10.000       0.00000E+00       0.00     0.00     0.0

IN COORDINATE SYSTEM   1, ROTATE  ALL  SELECTED NODES
```

Bild 9-7 Knotenkoordinatensysteme orginal

```
LIST ALL SELECTED NODE   DSYS=  0

 NODE       X            Y             Z           THXY     THYZ     THX
   1     10.000     0.00000E+00  0.00000E+00       0.00     0.00     0.0
   2     9.2388      3.8268      0.00000E+00      22.50     0.00     0.0
   3     7.0711      7.0711      0.00000E+00      45.00     0.00     0.0
   4     3.8268      9.2388      0.00000E+00      67.50     0.00     0.0
   5   0.38965E-10  10.000       0.00000E+00      90.00     0.00     0.0
```

Bild 9-8 Knotenkoordinatensysteme durch NROTAT verdreht

9.10.2 Der Befehl **NMODIF**

Um die Orientierung einzelner Knoten zu ändern, kann auch der **NMODIF**-Befehl angewendet werden:

NMODIF, NODE, X, Y, Z, THXY, THYZ, THXZ

X, Y, Z, THXY, THYZ, THXZ: Ersetzt die vorherigen Koordinatenwerte durch die eingegebenen. Die Werte werden im derzeit aktiven Koordinatensystem interpretiert.

NODE: Knotennr. NODE oder bei ALL alle selektierten Knoten

Beispiel für die Drehung von einzelnen Knoten:

Die Knoten wurden im globalen Koordinatensystem erzeugt:

```
/COM Knoten erzeugen
N,1,0,0
N,3,5,0
FILL,1,3
```

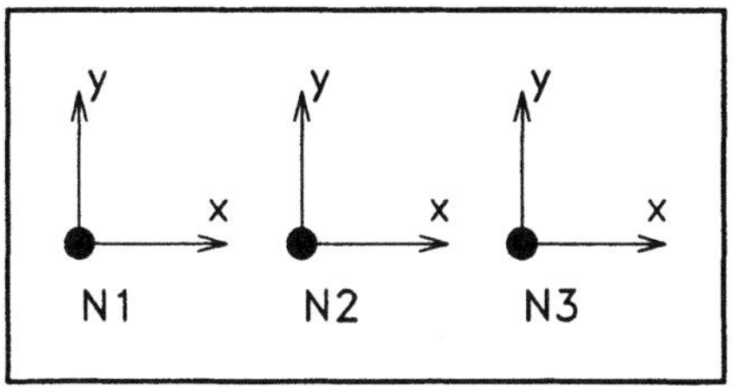

Anschließend wurde das Koordinatensystem für Knoten 2 gedreht:

```
/COM Ko. System drehen
/COM Knoten2
/COM um +20 Grad in XY-Ebene
NMODIF,2,0,0,0,20
```

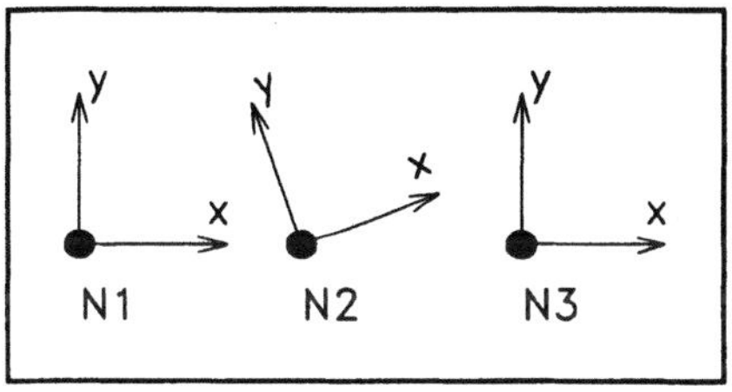

9.11 Elementkoordinatensysteme

Ebensowie Knoten besitzt auch jedes Element sein eigenes Koordinatensystem. Es wird bei der Elementerzeugung festgelegt, kann aber später verändert werden. Im Gegensatz zum Knotenkoordinatensystem erfolgt die Ausrichtung nicht nach dem globalen kartesischen Koordinatensystem, es ist vielmehr die Reihenfolge der Knoten bei der Elementdefinition entscheidend.

```
E,1,2,3,4
/COM ist nicht gleich wie:
E,2,3,4,1
/COM die Elementkoordinaten-
/COM systeme haben unter-
/COM schiedliche Richtungen
```

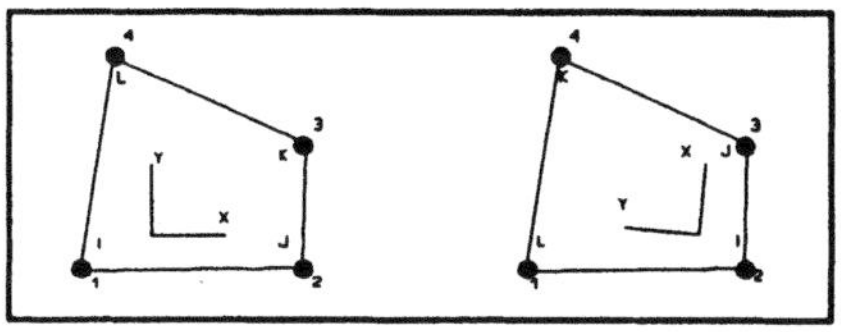

9.12 Übungen zum Umgang mit Koordinatensystemen

9.12.1 Aufgabe

Erzeugen Sie den nebenstehenden Kopf eines Teddybären. Verteilen Sie ca. 5 Knoten auf dem Viertelkreis. Lassen sie Schnittknoten mit dem **MOVE**-Befehl berechnen.

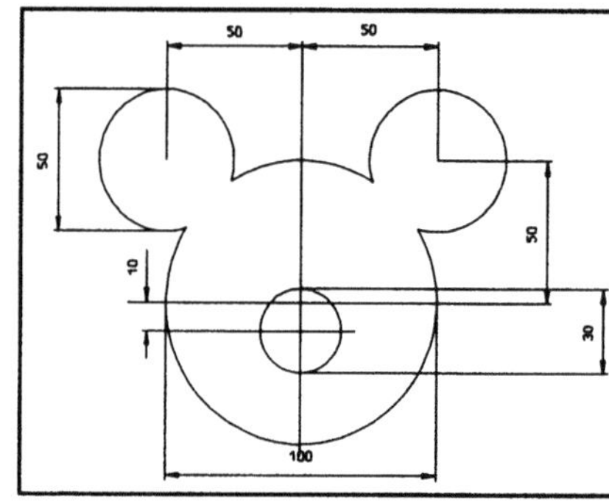

9.12.2 Aufgabe

Zur Überprüfung des Werkstoffverhaltens werden Zugproben verwendet. Das nebenstehende Bild zeigt ein Viertel eines solchen Bleches. Bilden sie die Platte mit Loch in ANSYS nach. Als Werkstoff wird Stahl mit einem E-Modul = 210 000 MPa verwendet. Als Elementtyp soll STIF42 Verwendung finden.

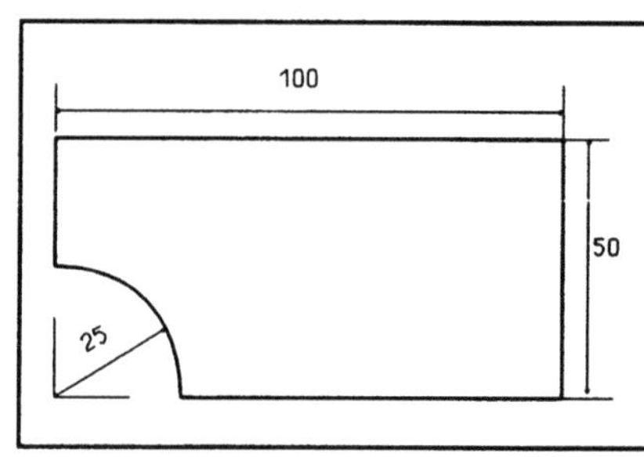

10 Gruppenbildungen / Selecting Capabilities

10.1 Knotenselektion

Bei großen Modellen oder dichter Knotenanordnung kann es schwierig sein, einen Knoten gezielt auszuwählen. Durch die Selektion von Knoten wird eine Untermenge erzeugt, in der bequem weitergearbeitet werden kann. Als aktive Knoten können dabei nur die selektierten Knoten angesprochen werden, andere Knoten werden für die Dauer der Selektion nur ausgeblendet, sind aber weiterhin vorhanden. Vor dem Abspeichern des Modells zur Berechnung müssen alle Knoten wieder eingeschaltet werden, da die nachfolgende Berechnung auch nur die selektierten Knoten miteinbezieht!

Folgende Möglichkeiten im Umgang mit selektierten Mengen sind in ANSYS realisierbar:

NSEL
Selektieren einer Menge
nach bestimmten Kriterien

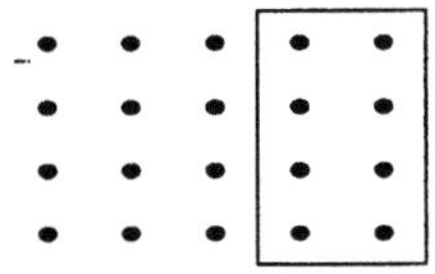

NRSEL
Teilmenge aus einer bereits
selektierten Menge selektieren

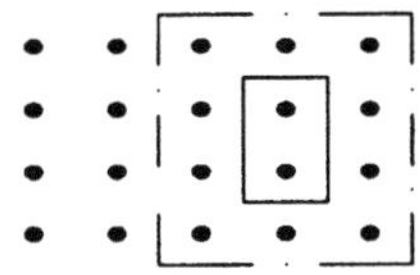

NASEL
Erweitern einer selektierten
Menge

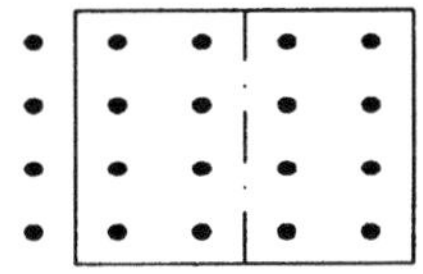

NUSEL
Teilmenge aus einer selektierten
Menge entfernen

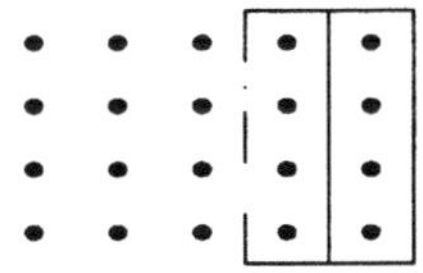

NINV
Mengen invertieren
Die aktive Menge wird zur
Inaktiven und umgekehrt

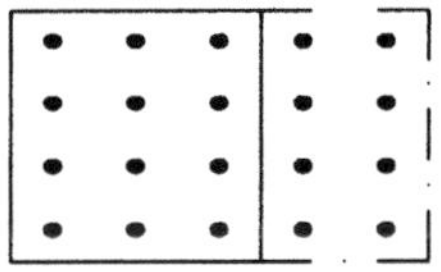

NALL
Gesamtmenge aktivieren

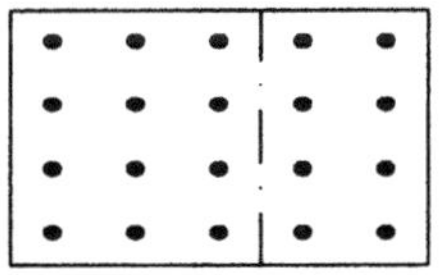

10.2 Knoten selektieren

10.2.1 Der Befehl NSEL

Mit **NSEL** werden einzelne Knoten aus einer Menge von Knoten ausgewählt. Die aktiv geschalteten Knoten genügen den Auswahlkriterien, die mit dem Befehl eingegeben worden sind:

NSEL, LAB, VMIN, VMAX, VINC, KABS

KABS:
0 Vorzeichen bei Grenzen werden benutzt
1 Absolutwerte der Grenzen werden benutzt

VMIN, VMAX, VINC:
minimaler VMIN und maximaler Grenzwert VMax
VINC wird nur bei LAB = NODE, CP und CE benutzt

LAB:
Selektionskriterium: Ist standardmäßig auf **NODE** eingestellt.
Die Selektion erfolgt dann nach Knotennummern zwischen den Grenzen VMin und VMax. Weitere Kriterien sind die Koordinatenachsen **X**, **Y**, **Z** im jeweiligen System. Erlaubt sind weiterhin:

THXY, THYZ, THXZ	Knotenorientierungswinkel
M	Master-Knoten
CP	gekoppelte Knoten
D	Lagerbedingungen
F	Kräfte
.	

Zur Verdeutlichung der umfangreichen Selektionskriterien seien einige Beispiele vorgestellt:

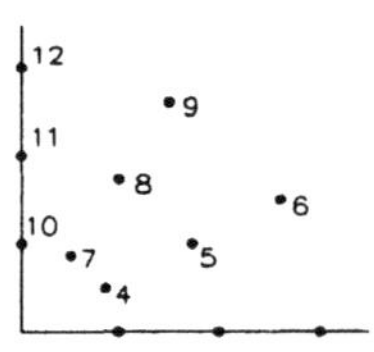

NSEL, NODE, 1, 5, 1
Selektieren nach Nummern

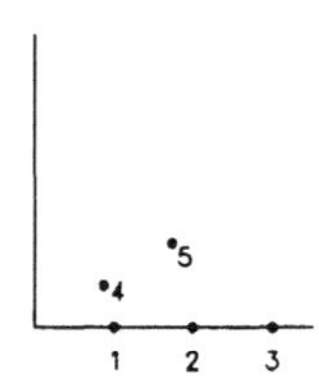

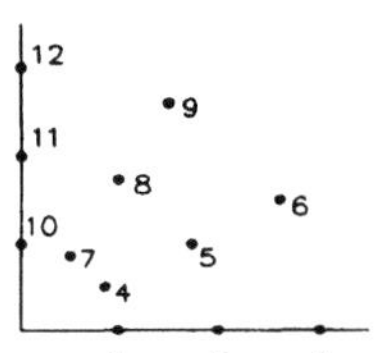

NSEL, X, 3, 5,
Selektieren nach Koordinaten auf der X-Achse im kartesischen Koordinatensystem

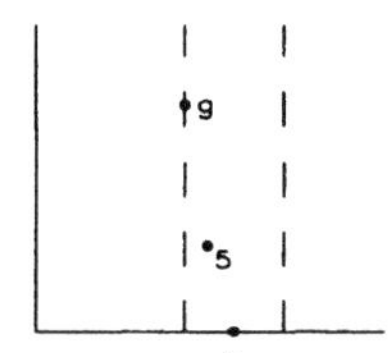

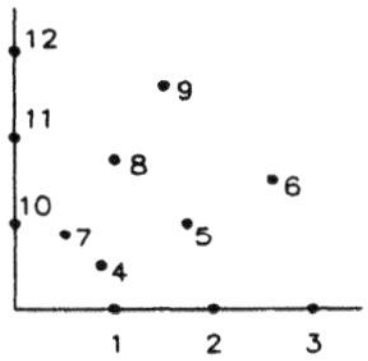

NSEL, Y, 3, 5,
Selektieren nach Koordinaten auf der Y-Achse im kartesischen Koordinatensystem

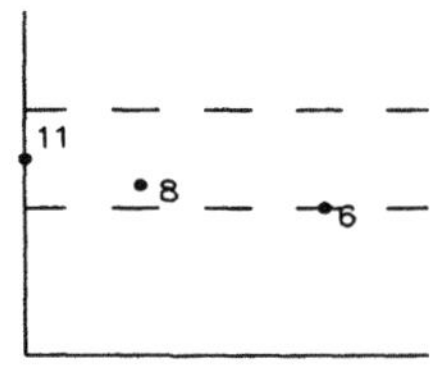

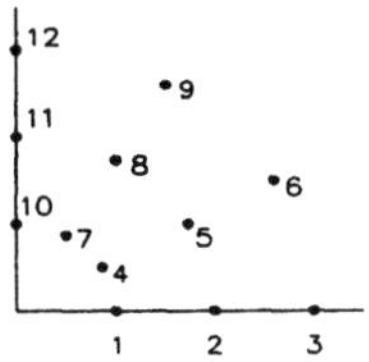

NSEL, X, 3, 5,
Selektieren nach Radien im polaren Koordinatensystem

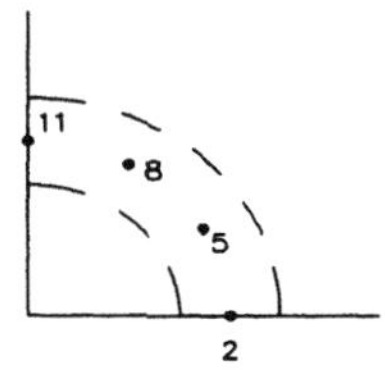

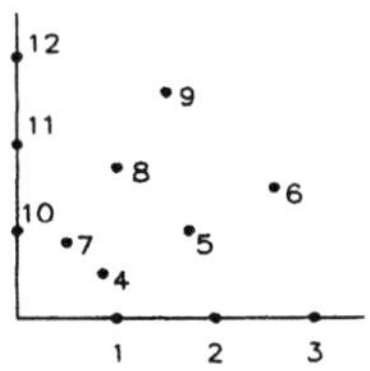

NSEL, Y, 3, 5,
Selektieren nach Winkeln im polaren Koordinatensystem

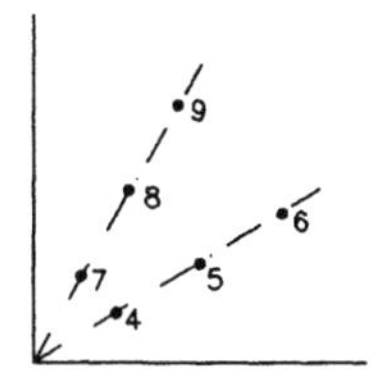

10.3 Knoten aus selektierter Menge wählen

10.3.1 Der Befehl NRSEL

NRSEL, LAB, VMIN, VMAX, VINC, KABS

NRSEL selektiert mit den gleichen Optionen wie der NSEL-Befehl. Als Ausgangsbasis für die Selektion wird nicht von der Menge aller Knoten ausgegangen, sondern von einer schon früher selektierten Menge. Mit dem NRSEL-Befehl lassen sich damit Untermengen erzeugen (z.B. die Menge aller Knoten, die zwischen einem bestimmten X- und Y-Abschnitt liegen).

10.4 Selektierte Menge erweitern

10.4.1 Der Befehl NASEL

NASEL, LAB, VMIN, VMAX, VINC, KABS

NASEL erweitert eine Menge mit den gleichen Optionen wie der NSEL-Befehl. Zu einer bereits selektierten Menge von Knoten werden die neu ausgewählten hinzuaddiert.

10.5 Selektierte Menge verkleinern

10.5.1 Der Befehl NUSEL

NUSEL, LAB, VMIN, VMAX, VINC, KABS

NUSEL löscht eine Teilmenge von einer vorher definierten Menge. Auch hier haben die Optionen die gleiche Bedeutung wie beim **NSEL**-Befehl.

10.6 Selektierte und passive Menge vertauschen

10.6.1 Der Befehl NINV

NINV

NINV, ohne Optionen, vertauscht die selektierten Knoten mit den unselektierten.

10.7 Alle Knoten aktivieren

10.7.1 Der Befehl NALL

NALL

NALL selektiert alle definierten Knoten und stellt damit die Ausgangsmenge wieder her. Dieser Befehl sollte vor jedem Abspeichern eingegeben werden, da sonst nicht alle Knoten angezeigt werden. Der Gedanke, die Knotenselektion auszuschalten, kommt bei unvollständiger Darstellung der Geometrie meist nicht in den Sinn. **NALL** muß auch vor der Übergabe an den Lösungsprozessor (**AFWRITE**-Befehl und **LWRITE**-Befehl) eingegeben werden, da ansonsten nur mit den selektierten Knoten gerechnet wird.

10.8 Elementselektion

Ebenso wie die Knoten lassen sich auch Elemente nach bestimmten Kriterien auswählen. Da die Sprachsyntax innerhalb von ANSYS einheitlich ist, können die Selektionsbefehle für Elemente aus denen der Knoten ableitet werden. dafür wird der Buchstabe N für NODE gegen den Buchstaben E für ELEMENT ausgetauscht:

NSEL, NRSEL, NASEL, NUSEL, NINV, NALL

ESEL, ERSEL, EASEL, EUSEL, EINV, EALL

Alle Befehle haben die gleiche Syntax.

10.9 Elemente selektieren

10.9.1 Der Befehl **ESEL**

Elemente werden nicht nach Koordinaten ausgewählt. Die Selektion erfolgt nach gleichen Attributen (gleiche Stif-Nr., gleiche Materialreferenznr.) oder nach Nummern.

ESEL, LAB, VMIN, VMAX, VINC, KABS

KABS:
0 Vorzeichen der Grenzen werden benutzt
1 Absolutwerte der Grenzen werden benutzt

VMIN, VMAX, VINC:
minimaler und maximaler Grenzwert
VINC wird nur bei ELEM, STIF, TYPE
MAT, REAL und ESYS benutzt

LAB:
Selektionskriterium: Ist standardmäßig auf
ELEM eingestellt. Die Selektion erfolgt
dann nach Elementnummern in den eingegebenen Grenzen.
Erlaubt sind weiterhin:

TYPE	Elementtypnummer
STIF	Elementartnummer
MAT	Materialnummer
REAL	Konstantensatznummer
ESYS	Koordinatensystemnummer

.
.

10.10 Elemente auswählen zu selektierten Knoten

10.10.1 Der Befehl **ENODE**

Mit dem Befehl **ENODE** werden Elemente ausgewählt, die in Verbindung zu bereits selektierten Knoten stehen:

ENODE, KEY

0 - mindestens ein Knoten an einem Element muß selektiert sein
1 - alle Knoten eines Elementes müssen selektiert sein

Zur Verdeutlichung sollen die beiden Möglichkeiten in Grafiken dargestellt werden:

Alle Elemente, die an die selektierten Knoten stoßen, werden ebenfalls selektiert, Bild 10-1.

ENODE,0

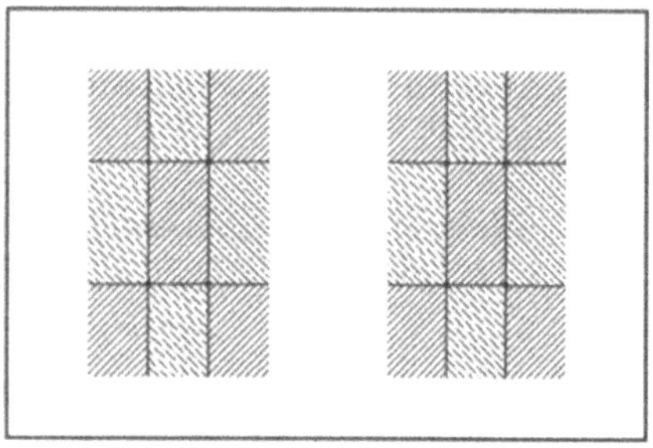

Bild 10-1 ENODE,0

Nur die Elemente, die von den selektierten Knoten vollständig bestimmt werden, werden selektiert, Bild 10-2.

ENODE,1

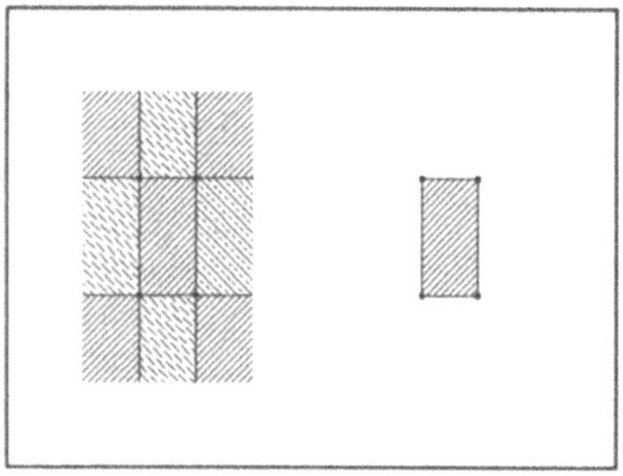

Bild 10-2 ENODE,1

Die selektierten Elemente können wie selektierte Knoten weiterbearbeitet werden. Beim bewegen, spiegeln, löschen etc. kann mit der Option ALL für das Startelement gearbeitet werden, da sich diese Befehle nur auf selektierte Mengen beziehen. Nach dem gewünschten Ergebnis sollte der Befehl **EALL** eingegeben werden. Viele nicht erklärbare Reaktionen auf Befehle lassen sich auf noch aktive Selektionen zurückführen.

10.11 Übungen zur Gruppenbildung / Selektion

10.11.1 Aufgabe

Versuchen Sie nebenstehendes Knotenmuster mit Hilfe von **NSEL-** und **NDELE**-Befehlen zu erzeugen. Die Knoten liegen auf Geraden im 15° Abstand, der Abstand zwischen den Knoten ist beliebig. Verwenden Sie in einem zweiten Schritt die erzeugte Datei bis zur Löschung der Knoten. Erzeugen Sie Elemente und löschen Sie diese zusammen mit den Knoten.

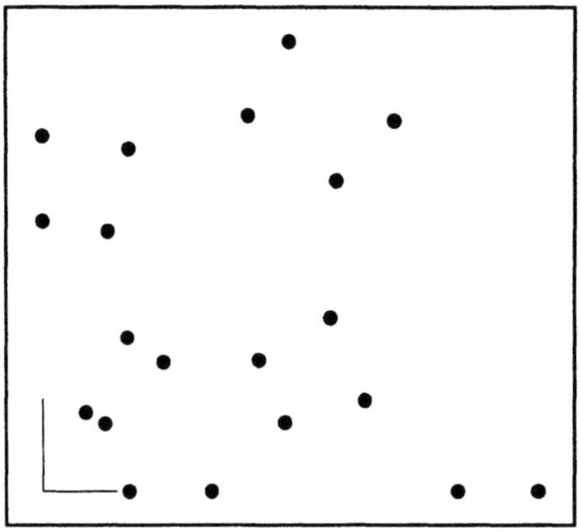

11 Last- und Lagerbedingungen

11.1 Lagerbedingungen

Nach der vollständigen Generierung des Modells durch Knoten und Elemente werden die Umgebungsbedingungen auf das Modell aufgebracht.

Mit am wichtigsten für Verformungsberechnungen sind die Lagerbedingungen. ANSYS bietet maximal 6 Freiheitsgrade (in dreidimensionalen Modellen) für jeden Knoten an. Bei einzelnen Elementtypen können nicht alle Freiheitsgrade nicht vorhanden sein:

je 3 translatorische in X-, Y-, Z-Richtung
und 3 rotatorische um die X-, Y-, Z-Achse

11.2 Lagerbedingungen definieren

11.2.1 Der Befehl **D**

Eingegrenzt werden die Freiheitsgrade durch den D-Befehl:

D, NODE, LAB, DISP,, NEND, NINC

NEND, NINC: Bis Knotennr. NEND im Abstand NINC

DISP: 0 keine Verschiebung

LAB: Richtung der Bewegungsbehinderung (Lagerung)

ALL	alle Richtungen
UX, UY, UZ	translatorisch
ROTX, ROTY, ROTZ	rotatorisch

NODE: Knotennummer
oder ALL für alle selektierten Knoten

Auch bei diesem Befehl ist eine Option zur Lagerung mehrerer Knoten verfügbar. Alle Knoten von NODE bis NEND im Abstand von NINC werden festgehalten. Bei der Eingabe eines Wertes für DISP wird dies als erzwungene Dehnung (positiver Wert) oder Stauchung gedeutet (negativer Wert).

Gültige Eingaben sind z.B.:

```
D,1,ALL       * Knoten in allen Richtungen festhalten
D,ALL,UX,2    * selektierten Knoten eine Verschiebung von
/COM            2 Einheiten in X-Richtung vorgeben
```

11.3 Lagerungsbedingungen anzeigen

11.3.1 Der Befehl /PBC

Über den allgemeinen Schalter **/PBC** wird die Anzeige von Symbolen auf dem Bildschirm oder zur Druckausgabe gesteuert.

/PBC, LABEL, KEY

0 = Symboldarstellung ausschalten
1 = Symboldarstellung einsschalten

ALL für die Darstellung von Lagerungen, Kräften, Drücken..
DISP nur Lagerungen werden dargestellt

Der Befehl **/PBC** ist nur ein Schalter für die Bildschirmdarstellung. Angezeigt werden die Symbole nach der nächsten Bildschirmauffrischung durch einen PLOT-Befehl (**NPLOT**, **EPLOT**).

Wird die Symboldarstellung eingeschaltet, erscheint ein kleines Dreieck bei den gelagerten Knoten. Ein Dreieck symbolisiert die translatorische Bewegungsbehinderung, 2 Dreiecke aufeinander die rotatorische, Bild 11-1.

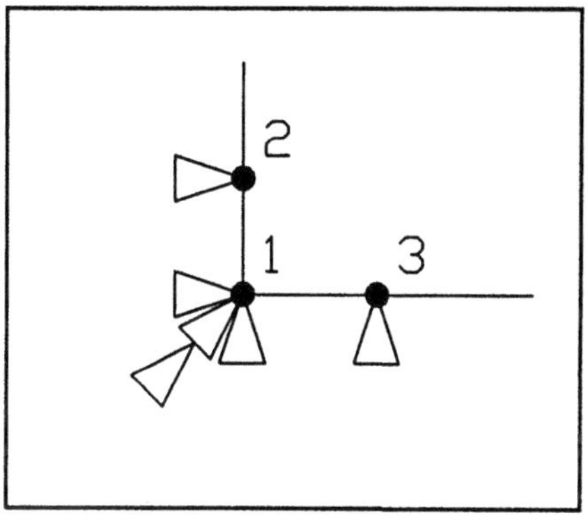

Bild 11-1 Lagerungsdarstellung

11.4 Auflisten der Lagerbedingungen

11.4.1 Der Befehl DLIST

Die Lagerbedingungen aller selektierten Knoten lassen sich auch in Form einer Tabelle anzeigen. Hierzu dient der Befehl:

DLIST

Die Möglichkeiten sind gleich wie beim **NLIST** Befehl, so daß auf eine weitere Erklärung verzichtet wird.

11.5 Lagerbedingungen löschen

11.5.1 Der Befehl DDELE

Falsch angebrachte Lagerbedingungen lassen sich nicht durch Überschreiben löschen. Mit dem Befehl **DDELE** können falsche Eingaben wieder rückgängig gemacht werden:

DDELE, NODE, LAB, NEND, NINC

- NEND, NINC: Bis Knotennr. NEnd im Abstand NInc
- LAB:

ALL	alle Richtungen
UX, UY, UZ	translatorisch
ROTX, ROTY, ROTZ	rotatorisch

- NODE: Knotennummer

11.6 Angreifende Kräfte und Momente

11.6.1 Der Befehl F

Kräfte, die auf einen Knoten wirken, werden mit dem **F**-Befehl an diesen appliziert:

F, NODE, LAB, FORC,, NEND, NINC

- NEND, NINC: Bis Knotennr. NEnd im Abstand NInc
- FORC: Betrag der Kraft, des Moments
- LAB: angreifende Kraftrichtung

FX, FY, FZ	Kräfte
MX, MY, MZ	Momente

- NODE: Knotennummer an den die Kraft angreift

Kräfte, die entgegen der Achsrichtung angreifen, werden mit negativem Vorzeichen eingegeben. Schräg angreifende Kräfte müssen in ihre Komponenten zerlegt, oder in einem anderen Koordinatensystem eingegeben werden.

11.7 Kräfte anzeigen, auflisten und löschen

11.7.1 Die Befehle **/PBC**, **FLIST** und **FDELE**

Kräfte sind in der Voreinstellung von ANSYS auf dem Bildschirm nicht sichtbar. Die Darstellung des Symbols: Kraftpfeil wird mit dem **/PBC**-Befehl eingeschaltet:

/PBC, FORC, 1
/PBC, ALL ,1

Auch hier gelten die gleichen Befehle für das Auflisten der bereits definierten Kräften (**FLIST**) und für das Löschen von Kräften (**FDELE**) wie bei den Lagerungen.

11.8 Drücke, Pressungen auf Elemente

11.8.1 Die Befehle **EP**, **PSF**

Da Drücke eine Lastverteilung wiederspiegeln, wirken sie auf Elementflächen und nicht auf Knoten. Es muß daher in der Elementbibliothek überprüft werden, ob Pressungen auf die Elementoberfläche erlaubt sind. ANSYS kennt zwei verschiedene Befehle, um Drücke auf Elementflächen angreifen zu lassen. Mit dem **PSF** Befehl wird die Oberfläche, auf die der Druck wirkt, direkt angegeben, während beim **EP** Befehl die Nummern der Elemente, sowie deren Seiten, die dem Druck ausgesetzt sind, angegeben werden müssen.

Der **PSF** Befehl empfiehlt sich für eine dem Druck ausgesetzte Oberfläche, die sich über mehrere Elemente ausdehnt. Dabei wirkt der Druck zwischen Knoten, die vorher selektiert wurden. Außerden läßt sich die Orientierung der Oberfläche zu den Koordinatensystemachsen angeben:

PSF, KCN, NORML, LOCAT, PRESS

Wert des Druckes
\+ ≙ Überdruck
\- ≙ Unterdruck

Beschreibung siehe Text

Unter der Option KCN wird die Nummer des Koordinatensystems angegeben, die die Pressungsoberfläche enthält. Wird unter KCN die Bedingung ALL eingegeben, so erfolgt die Identifizierung der Pressungsoberfläche über alle selektierte Knoten. Mit der Option NORML wird die Lage der Oberfläche im jeweiligen Koordinatensystem angegeben:

0,1 ist normal zur X-Achse,
2 ist normal zur Y-Achse und bei
3 liegt die Pressungsoberfläche normal zur Z-Achse.

Diese Option wird ignoriert, wenn bei KCN die Auswahl ALL getroffen wurde. LOCAT gibt die Entfernung vom Ursprung auf der Oberflächennormalen an, auf der sich die Pressungsoberfläche befindet.

Da die vielen Einstellungen leicht verwirrend sein können, soll an einem Beispiel die Wirkung des Befehles verdeutlicht werden. Folgende Elemente wurden bereits definiert:

Die Pressungsoberfläche verläuft in X-Richtung, bei Y = 2. Der Wert soll 300 betragen.

```
.
.
PSF,0,2,2,300
/COM 0 = kartesisches System
/COM 2 = entlang X- Richtung
/COM    (normal zur Y-Achse)
/COM 2 = im Abstand 2
/COM 300 Krafteinh./Flaeche
.
```

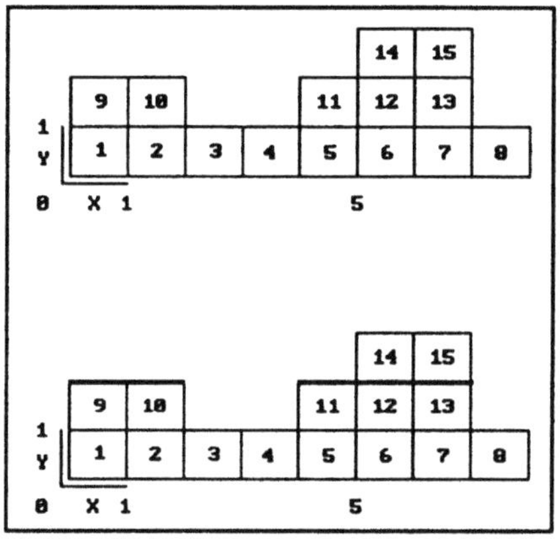

Besitzen Körperbegrenzungen, auf denen der Druck wirkt, nur die Ausdehnung eines Elementes, ist es einfacher, den **EP**-Befehl einzusetzen:

EP, *IEL, IFACE, PRESS,, IEND, INC*

- *IEND, INC*: Bis Elementnr. IEnd im Abstand INC
- *PRESS*: Betrag des Druckes
- *IFACE*: Flächennr. des Elementes Seite I - J ist Fläche 1 etc.
- *IEL*: Nummer des Elementes

Über diesen Befehl ist es auch möglich, unregelmäßige Pressungsoberflächen über die Elemente zu definieren. Allerdings müssen die Seitennummern der Elemente, auf denen der Druck lastet, bekannt sein. Die Seitennummern eines Elements sind durch die Reihenfolge der Eckknoten gegeben. Bei automatischer Generierung ist der Umlaufsinn aller Elemente gleich, d.h. alle Elementseiten mit der gleichen Nummer liegen in der gleichen Richtung.

Zur Verdeutlichung des **EP**-Befehls soll folgendes Beispiel dienen:

Definition des Elementtyps und der Knoten:

```
/PREP7
/COM 4Knoten Flaeche
ET,1,42
/COM weitere Konstanten
MP,...
R,..
/COM Knoten definieren
N,1,...
N,2,...
N,3,...
N,4,...
```

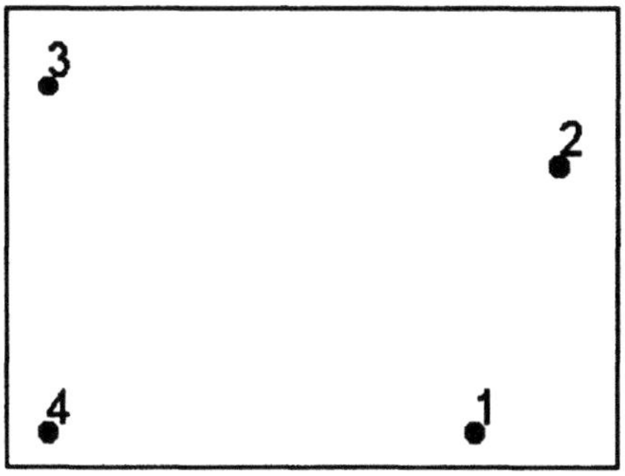

Danach wird das Element definiert:

```
E,1,2,3,4
```

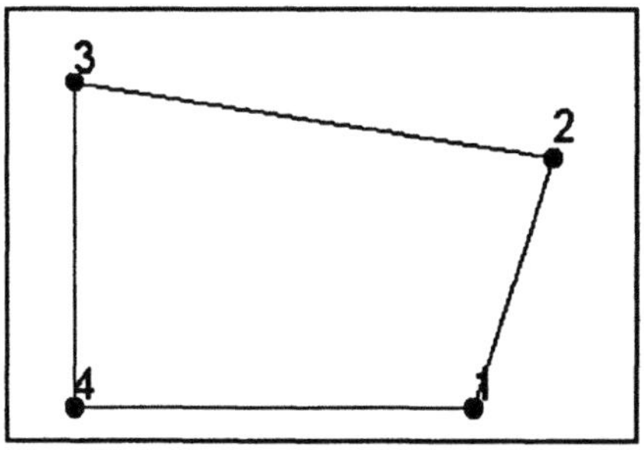

In der ANSYS-Terminologie werden die Flächen eines Elements mit Zahlen bezeichnet, die Eckknoten mit Buchstaben ab I. In der Abbildung ist auch das Elementkoordinatensystem eingezeichnet.

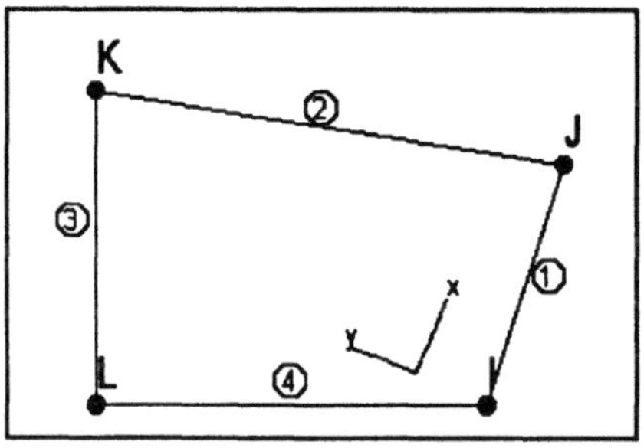

Auf die Fläche 2 des Elements 1 soll ein Druck von 300 Krafteinheiten/Flächeneinheiten wirken:

```
EP,1,2,300
/COM Auf Elem1 Flaeche 2
/COM 300 Einheiten
/PBC,PRES,2
/COM Druecke mit Pfeilen
/COM darstellen
EPLOT
/COM Bildschirm aufbauen
```

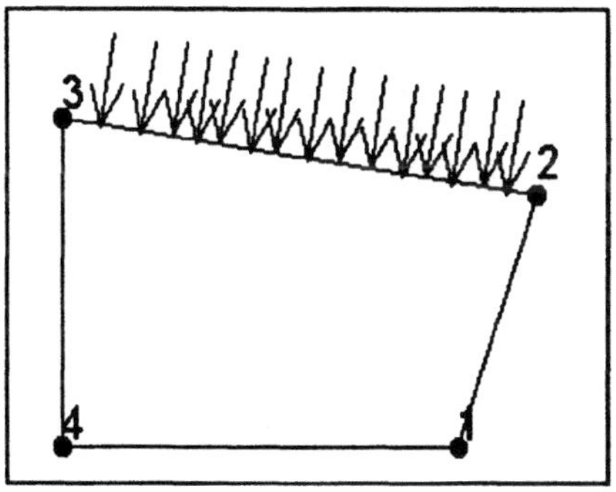

11.9 Beschleunigungen

11.9.1 Der Befehl ACEL

Für viele Berechnungen muß das Eigengewicht der Struktur berücksichtigt werden. Dies geschieht entweder über den Elementtyp Massenpunkt (STIF21) oder über die Angabe einer Dichte eines Elements. Zusätzlich wird noch eine (Gravitations)beschleunigung definiert, so daß mit diesen Werten das Eigengewicht simuliert werden kann. Die Eingabe einer Beschleunigung geschieht mit dem **ACEL**-Befehl:

ACEL, ACELX, ACELY, ACELZ

Beträge der Beschleunigung in den Achsenrichtungen

Für die Berücksichtigung einer Kraft, die in negativer Y-Richtung verläuft, muß der Wert für AcelY positiv eingegeben werden. Der Befehl bestimmt die Beschleunigung auf einen Körper, er bestimmt nicht das umliegende Gravitationsfeld.

Um die Beschleunigung wieder zu löschen, wird der Befehl **ACEL** in der entsprechenden Richtung ohne Parameter eingegeben. Die Beschleunigung wird dann zu Null gesetzt.

Die zur Berechnung benötigte Dichte eines Werkstoffes wird über den Materialparameter DENS eingegeben. Es ist auf die richtigen Einheiten zu achten! Die Eingabe des Materialparameters Dichte wird wie nebenstehend vorgenommen:

```
MP,DENS,1,...
/COM Dichte eingeben
ACEL,,9.81
```

11.10 Symmetriebedingungen

11.10.1 Der Befehl SYMBC

Bei spiegelsymmetrischen FEM-Modellen unter ebenfalls symmetrischen Umgebungsbedingungen wird zur Analyse nur ein Ausschnitt bis zu einer Spiegelebene definiert. Dies spart Zeit für die Generierung und Berechnung. Die Spiegelebenen müssen aber als Symmetrieebenen am Modell gekennzeichnet werden. Der Befehl **SYMBC** bewirkt, daß die Spiegelebene in der vorgegebenen Richtung als nicht beweglich angesehen wird (Dehnungsbehinderung). Von diesem Ausgangspunkt besitzen dann beide Seiten gleiche Dehnungen:

SYMBC, KCN, NORML, LOCAT, TOLER

TOLER: Toleranzbereich
Vorgabe: 0,0001

KCN, NORML, LOCAT: Beschreibung siehe Text

Unter der Option KCN wird die Nummer des Koordinatensystems angegeben, die die Symmetriefläche enthält. Mit der Option NORML wird die Lage der Fläche im jeweiligen Koordinatensystem angegeben. 0,1 ist normal zur X-Achse, 2 ist normal zur Y-Achse und bei 3 liegt die Symmetriefläche normal zur Z-Achse. LOCAT gibt den Abstand der Fläche zum Koordinatenursprung an. Wird unter LOCAT die Bedingung ALL eingegeben, so erfolgt die Identifizierung der Oberfläche über alle selektierte Knoten. TOLER gibt ein Toleranzband vor, im dem Knoten, die noch in das Band fallen, als symmetrisch definiert werden.

Die Verwendung der Optionen ähnelt dem PSF-Befehl zum Aufbringen von Drücken auf Elementgrenzen.

Im Beispiel soll eine Platte mit Loch modelliert werden, Bild 11-2 oben. Da die Platte spiegelsymmetrisch aufgebaut ist, wird nur ein Viertel der Platte nachgebildet. Die beiden Schnittkanten werden zu Symmetrieflächen definiert, Bild 11-2 unten.

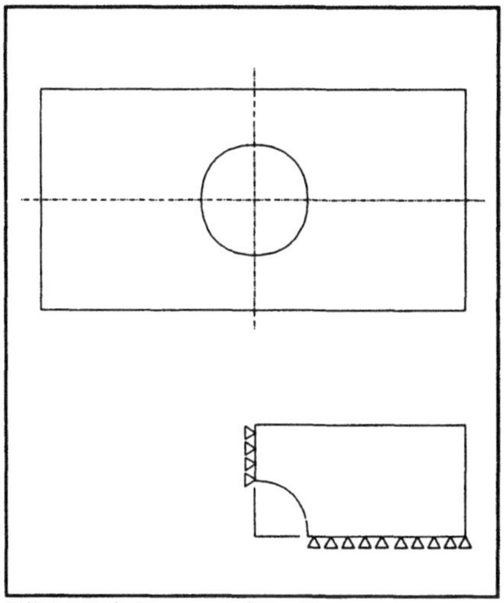

Bild 11-2 Symmetriebedingungen

Zur Definition müssen folgende Befehle eingegeben werden:

/COM Geometrieaufbau

•

•

/COM Last/Lagerbedingungen

•

/COM Symmetrie an X-Achse
/COM Normal zur Y-Achse
/COM Abstand 0
SYMBC,2,0,
/COM Symmetrie an Y-Achse
/COM Normal zur X-Achse
/COM Abstand 0
SYMBC,0,1,

•

11.11 Übungen zu Lager- und Lastbedingungen

11.11.1 Aufgabe

Ein einseitig eingespannter Stab wird mit seinem Eigengewicht und einer zusätzlichen Einzelkraft am freien Ende belastet. Außerdem wirkt auf ihn eine Linienlast. Erstellen sie das Modell nach nebenstehender Skizze und fügen Sie die Lager- und Lastbedingungen an.

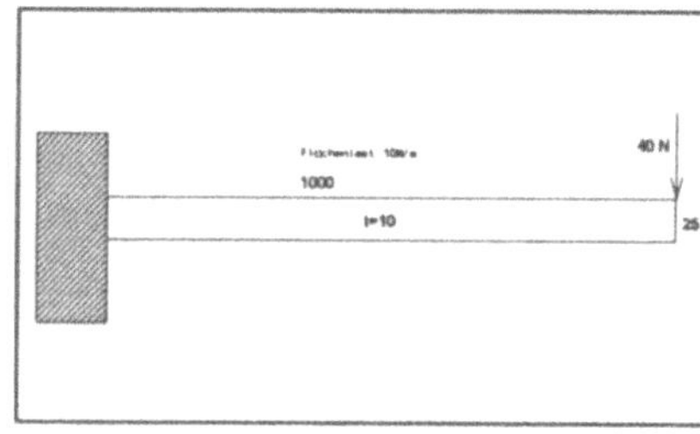

Material: Stahl, E = 210000 MPa
Dichte = 7,8 gr/cm^3
Dicke = 10 mm
Länge = 1000 mm
Höhe = 25 mm

12 Abschluß des Preprocessing

12.1 Speichern der Geometrie und Randbedingungen

12.1.1 Die Befehle AFWRITE, SAVE und CHECK

Nach Abschluß der Geometriedefinition und nach Eingabe der Randbedingungen muß der gesamte Datensatz für die Berechnung abgespeichert werden. ANSYS kennt hierzu zwei verschiedene Befehle: **AFWRITE** und **SAVE**. Mit **AFWRITE** wird eine spezielle Lösungsdatei (File27.DAT) geschrieben, die die Grundlage für den späteren Lösungsprozessor darstellt. Sämtliche Daten werden dabei geordnet und aufbereitet. Gleichzeitig wird eine Überprüfung des Datensatzes durchgeführt. Werden von ANSYS fehlende oder falsche Eingaben bemerkt, ergibt dies eine Fehlermeldung auf dem Bildschirm. Aufgerufen wird das abschließende Schreiben der Analysedatei mit dem Befehl:

AFWRITE .

Mit dem Befehl **CHECK** wird der Datensatz auf Fehler überprüft, ohne eine Analysedatei zu schreiben. Der Befehl wird ohne Optionen eingegeben:

CHECK .

ANSYS überprüft den Datensatz auf eine für die Berechnung vollständige Eingabe. Auch nach erfolgter Prüfung kann der Lösungsprozessor Fehlermeldungen bei der Berechnung erzeugen. Diese erfolgen meist bei ungenügender Lagerung des Modells. Eine beliebte Warnung von **AFWRITE** und **CHECK** ist ein fehlender Titel der Berechnung. Diese Warnung kann durch die Maus oder mit der Tastatur ohne weitere Folgen bestätigt werden.

Zum Abspeichern der Geometrie (und der Randbedingungen) wird der Befehl **SAVE** verwendet. **SAVE** speichert alle im Hauptspeicher liegenden Daten zusammen und stellt sie für einen späteren Aufruf (mit **RESUME**) zur Verfügung. **SAVE** wird bei Verlassen des Preprozessors automatisch durchgeführt, kann aber auch zwischendurch zur Datensicherung verwendet werden. ANSYS legt prinzipiell von diesem Geometriefile eine Sicherung an (FILE16.OLD). Beim Abspeichern wird dann gefragt, ob die bisherigen Dateien gelöscht werden sollen. Aufgerufen wird der Speicherbefehl mit:

SAVE .

Mit dem Befehl **CDWRITE** wird ebenfalls die gesamte Geometrie abgespeichert, jedoch in Form von PREP7 Kommandos. Dieser Befehl ist nützlich zur Übertragung von Geometriedaten in andere Rechner, da nur ASCII-Daten bewegt werden:

CDWRITE, NOUT

NOUT: Nummer der Ausgabedatei, zweistellig (FILExx.DAT)

Eingelesen wird diese erzeugte Datei mit dem bekannten /INPUT Befehl

(/INPUT,FILExx,DAT)

Nach den Erfahrungen mancher ANSYS-Benutzer sollen die mit dem **CDWRITE**-Befehl abgespeicherten Zahlenwerte nicht immer der Wirklichkeit entsprechen. Bei Zahlendarstellungen der Form aaEx0 (z. B. E10, E20) wird die Null nicht mit abgespeichert. Die Werte sind um das E10 fache zu klein (aaEx0 -> aaEx).

12.2 Übung zum Abschluß des Preprocessing

12.2.1 Aufgabe

Als Beispiel für die direkte Modellgenerierung mit Knoten und Elementen sei eine Platte mit Loch unter Druckbeanspruchung angenommen, Bild 12-1:

Folgende Kennwerte werden vorgegeben:

Material: Stahl, E-Modul 210000 MPa
$\nu = 0{,}3$

Geometrie: Scheibendicke 10 mm

Elementtyp: STIF42 2-D-Scheibe (siehe beiliegenden Auszug aus der Elementbibliothek)

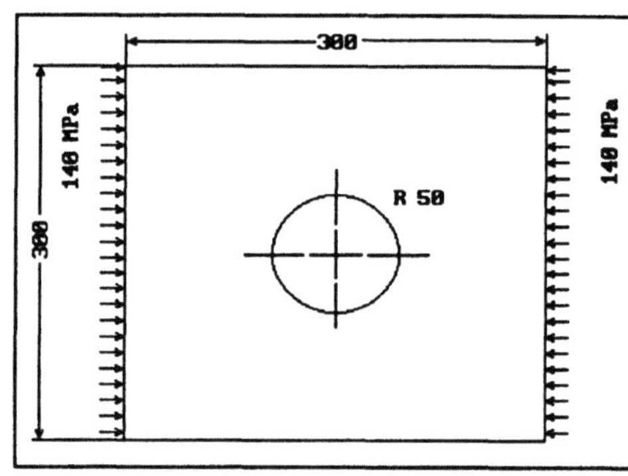

Bild 12-1 Übungsbeispiel

Modellieren Sie die Platte unter Zuhilfenahme von Symmetriebedingungen. 10 Knoten pro Seite sind für die Berechnung eine ausreichend feine Modellierung. Versehen Sie das Modell mit Lager- und Lastbedingungen. Überprüfen sie Ihre Eingabe mit dem CHECK-Befehl und speichern Sie sie ab.

Auszug aus der Elementebibliothek:

```
TWO-DIMENSIONAL ISOPARAMETRIC SOLID

ELEMENT NAME                STIF42
NO. OF NODES                4         I,J,K,L
DEGREES OF FREEDOM          2         UX,UY

REAL CONSTANTS              0         IF KEYOPT(3) = 0,1,2
                            1         THICKNESS, IF KEYOPT(3) = 3

MATERIAL PROPERTIES         7         IF PLANE STRESS -
                                       EX,EY,NUXY,APLX,ALPY,DENS,GXY
                            11        IF AXISYM OR PLANE STRAIN -
                                       EX,EY,EZ,NUXY,NUXZ,ALPX,ALPY
                                       APLZ,DENS,GXY

PRESSURE FACES              4         IJ,JK,KL,LI
TEMPERATURES                8         T(I),T(J),T(K),T(L),
                                       F(I),F(J),F(K),F(L)

SPECIAL FEATURES            PLASTICITY, CREEP, SWELLING, STRESS
                             STIFFENING, LARGE DEFLECTION

KEYOPT(1)                   0 - ELEMENT COORDIANATE SYSTEM IS PARALLEL
                                TO THE GLOBAL COORDINATE SYSTEM
                            1 - ELEMENT COORDINATE SYSTEM IS BASED ON
                                THE ELEMENT I-J SIDE

KEYOPT(2)                   O - INCLUDE MODIFIED EXTRA DISPLACEMENT SHAPES
                            1 - SUPPRESS EXTRA DISPLACEMENT SHAPES

KEYOPT(3)                   0 - PLANE STRESS
                            1 - AXISYMMETRIC
                            2 - PLANE STRAIN (Z STRAIN = 0.0)
                            3 - PLANE STRESS WITH THICKNESS INPUT

KEYOPT(5)                   0 - BASIC ELEMENT PRINTOUT
                            1 - REPEAT LINES 2 AND 3 OF SOLUTION FOR
                                ALL INTEGRATION POINTS (ADDS 8 MORE
                                LINES PER ELEMENT)
                            2 - NODAL STRESS PRINTOUT(ADDS 5 MORE
                                LINES PER ELEMENT)

KEYOPT(6)                   0 - BASIC ELEMENT PRINTOUT
                            1 - SURFACE PRINTOUT FOR FACE 1 ALSO.
                            2 - SURFACE PRINTOUT FOR BOTH FACES 1 AND 3 ALSO.
                                (SURFACE PRINTOUT VALID FOR LINEAR MATERIALS
                                ONLY)
                            3 - NONLINEAR PRINTOUT AT EACH INTEGRATION POINT
                                ALSO. (ADDS UP TO 10 MORE LINES PER ELEMENT)
                            4 - SURFACE PRINTOUT FOR FACES WITH NONZERO
                                PRESSURE

             ****************************************
```

13 Solid Modeling

13.1 Allgemeines

Bis vor ca. 10 - 15 Jahren war die Eingabe selbst komplexer Modelle nur über die Angabe der Knoten möglich. Dies erforderte einen hohen Zeitaufwand bei der Erstellung von Modellen. Der Vorteil der direkten Generierung liegt in der vorherbestimmbaren Lage der einzelnen Knoten. Mit der Verbreitung der CAD-Systeme kam der Wunsch nach einer Weiterbearbeitung / automatischen Vernetzung einer bereits in einem CAD-System erstellten Geometrie auf.

ANSYS bietet mit dem Solid-Modeling-Modul ein kleines, CAD-ähnliches System, mit dem Geometrien definiert werden können. Mit verschiedenen Befehlen wird die automatische Vernetzung gesteuert, so daß das Hauptaugenmerk nun auf dem Aufbau der Geometrie liegen kann.

Zur Berechnung werden weiterhin die geometrischen Orte (Knoten) und deren Interaktionen (Elemente) benötigt. Allerdings kann eine vorhandene Geometrie jetzt automatisch vernetzt und damit die Bildung von Knoten und Elementen automatisiert werden.

Der Aufbau einer Geometrie im Solid Modeling ähnelt der Vorgehensweise in einem CAD-System. In den Ecken einer Geometrie werden Stützpunkte gesetzt, die durch Linien verbunden werden. Mehrere Linien begrenzen eine Fläche. Durch Translations- und/ oder Rotationsoperationen entstehen aus Flächen räumliche Strukturen. Die Erstellung dieser Körper ist dabei unabhängig von Knoten und Elementen, die erst in einem späteren Schritt eingefügt werden.

13.2 Vergleich: Direktes Generieren - Solid Modeling

Im Vergleich zum direkten Generieren mit Knoten und Elementen, wird beim Solid Modeling eine Geometrie über Punkte, Linien, Flächen und Volumina aufgebaut. Diese Geometrie wird dann automatisch vernetzt, wobei eine Knoten-Elemente-Struktur entsteht.

Die bei der Generierung verwendeten Punkte sind **keine Knoten**, sondern Geometriestützpunkte (Keypoints). Knoten werden erst beim Vernetzen generiert.

Die folgende Übersicht gibt einen Vergleich im Ablauf der beiden Methoden:

Direktes Generieren	Solid Modeling

Keypoints (Punkte) definieren

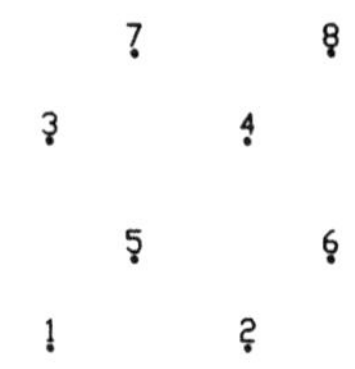

Lines erzeugen

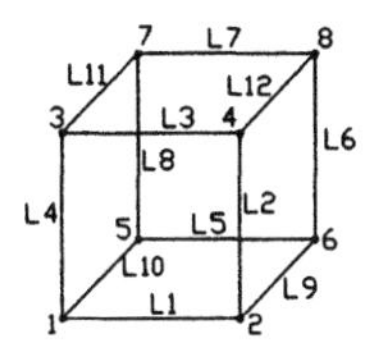

Area (Flächen) erzeugen

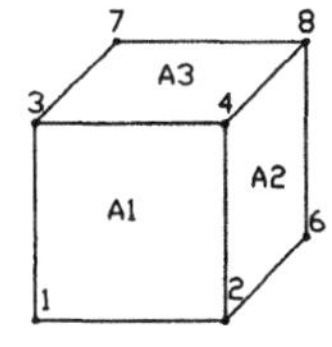

Volumes (Körper) erzeugen (nicht für ANSYS-ED)

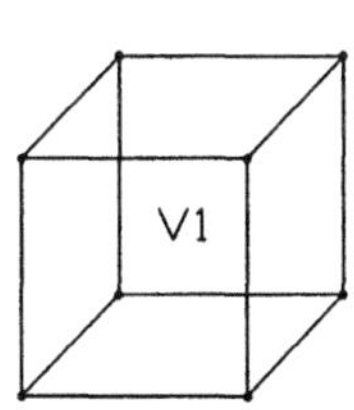

Knoten definieren

Elemente erzeugen

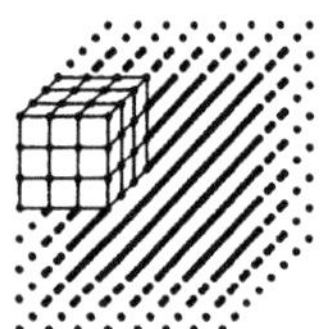

Vernetzte Geometrie wurde dabei erzeugt

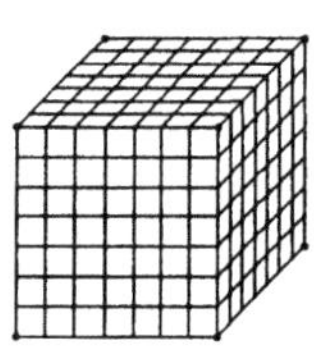

Randbedingungen auf Knoten und Elemente definieren

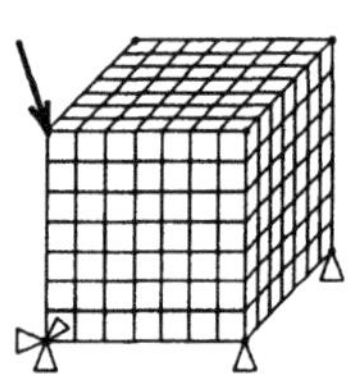

Zur Definition der Last- und Lagerbedingungen können zwei Wege beschritten werden, die zum gleichen Ergebnis führen:

Meshing
(Vernetzen über automatischen Netzgenerator)

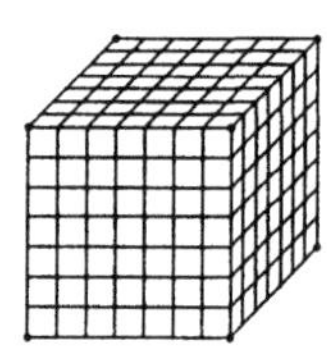

Lasten, Randbedingungen auf Knoten und Elemente definieren

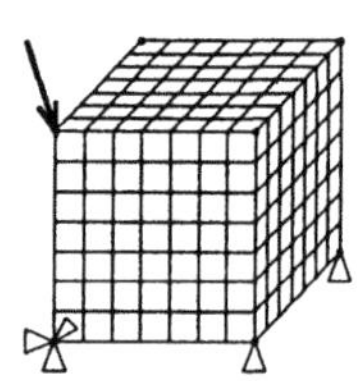

Lasten, Randbedingungen an Geometrie definieren

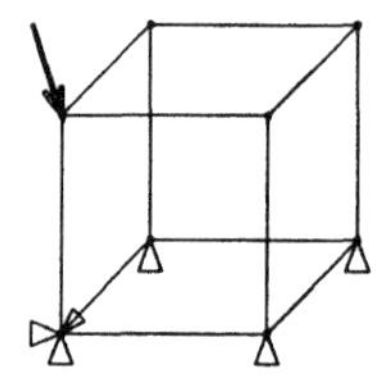

Meshing
(Vernetzen über automatischen Netzgenerator)

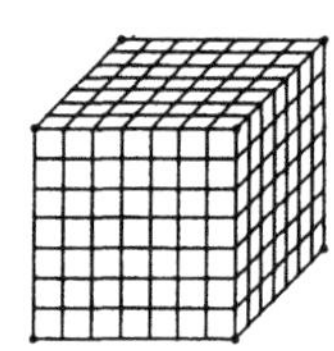

Randbedingungen auf Knoten und Elemente übertragen

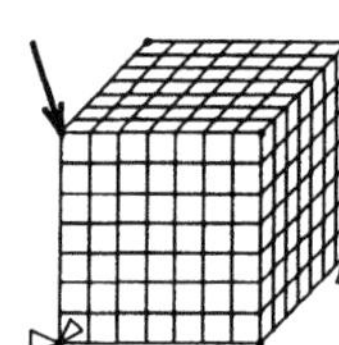

13.3 Selektieren im Solid Modeling

Ebenso wie Knoten und Elemente lassen sich auch die geometrischen Objekte im Solid Modeling (Punkte, Linien, Flächen und Volumina) nach vielfältigen Kriterien selektieren.

Da der Vorgang der Selektion dem der Selektion von Knoten und Elementen entspricht, wird hier nur eine Übersicht über die Befehle gegeben:

	Keypoint	Linien	Flächen	Volumina
Selektieren	**KPSEL**	**LSSEL**	**ARSEL**	**VLSEL**
Teilmenge selektieren	**KPRSEL**	**LSRSEL**	**ARRSEL**	**VLRSEL**
selektierte Menge erweitern	**KPASEL**	**LSASEL**	**ARASEL**	**VLASEL**
selektierte Menge reduzieren	**KPUSEL**	**LSUSEL**	**ARUSEL**	**VLUSEL**
selektierte Menge invertieren	**KPINV**	**LSINV**	**ARINV**	**VLINV**
Gesamtmenge bilden	**KPALL**	**LSALL**	**ARALL**	**VLALL**

Zusätzlich zu den aufgezeigten Selektionsmöglichkeiten lassen sich noch Selektionen durch Verknüpfungen bilden. Es ist z.B. möglich, alle Flächen, auf denen bereits selektierte Punkte liegen, ebenfalls zu selektieren. Dabei wird mit einem Schlüssel unterschieden, ob die auszuwählende Geometrie vollständig in der bereits ausgewählten Geometrie liegt oder nur teilweise. Ein Beispiel soll die Wirkung der Option verdeutlichen:

Selektion von Linien, die von selektierten Punkten ausgehen:

```
LSKP,0
/COM alle Linien werden se-
/COM lektiert, die mindestens
/COM einen selektierten Punkt
/COM beinhalten
```

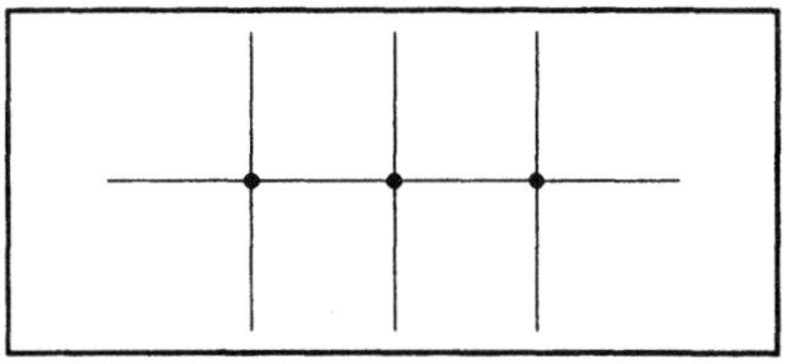

```
LSKP,1
/COM zu selektierende Linien
/COM werden von selektierten
/COM Punkten begrenzt
```

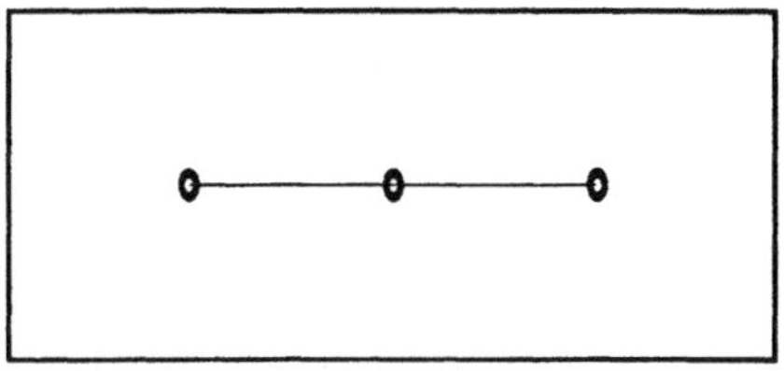

In der folgenden Übersicht sind alle Befehlskombinationen zur Selektionsverknüpfung aufgeführt:

ist vorhanden	soll selektiert werden: Knoten	Elemente	Keypoints	Linien	Flächen	Volumen
Knoten	NSEL		KPNOD			
Elemente	NELEM	ESEL				
Keypoints	NKPOI		KPSEL	LSKP		
Linien	NLINE	ELINE	KPLS	LSSEL	ARLS	
Flächen	NAREA	EAREA		LSAR	ARSEL	VLAR
Volumina	NVOLU	EVOLU			ARVL	VLSEL

13.4 Punkte / Keypoints

13.4.1 Der Befehl K

Ebenso wie bei den Knotenoperationen lassen sich Punkte definieren und löschen. Weiterhin sind Befehle verfügbar, die sich auf eine Gruppe von Punkten beziehen. Da diese Befehle auch für Linien, Flächen und Volumina vorhanden sind, wird in den entsprechenden Kapiteln auf die Punktoperationen verwiesen.

Erzeugen eines Punktes:

K, NPT, X, Y, Z

- *X, Y, Z*: Koordinaten des Punktes abhängig vom Koordinatensystem
- *NPT*: Nummer des Punktes wenn 0 oder leer wird die Nummer automatisch vergeben (Im Gegensatz zum N-Befehl, der Nummern verlangt)

Wie in ANSYS-ED üblich, werden die Z-Eingaben ignoriert und auf Null gesetzt.

Je nach eingeschaltetem Koordinatensystem werden die X-, Y-, Z- Koordinaten auch als R-, Φ-, Z-Werte gedeutet. Damit lassen sich zylindrische oder sphärische Körper ohne Koordinatentransformation aufbauen.

13.5 Punkte auffüllen

13.5.1 Der Befehl **KFILL**

Zwischen 2 Punkten lassen sich über einen Füllbefehl weitere Punkte automatisch erzeugen. Der **FILL**-Befehl für Knoten wird zum **KFILL**-Befehl erweitert:

KFILL, NP1, NP2, NFILL, NSTRT, NINC, SPACE

- *SPACE*: Verhältnis vom ersten zum letzten Punktabstand. >1 oder <1
- *NINC*: Wird zu jeder erzeugten Punktnummer addiert
- *NSTRT*: Punktnummer des ersten erzeugten Punktes
- *NFILL*: Fügt NFILL Punkte zwischen NP1 und NP2 ein
- *NP2*: Nummer des Endpunktes
- *NP1*: Nummer der Startpunktes

Da dieser Befehl sehr viele Optionen bietet, sollen die häufigsten Fälle kurz aufgezeigt werden:

K,1,...
K,4,...

erzeugt Punkt 1 und Punkt 4

KFILL,1,4

fügt die Punkte 2 und 3 gleichverteilt ein

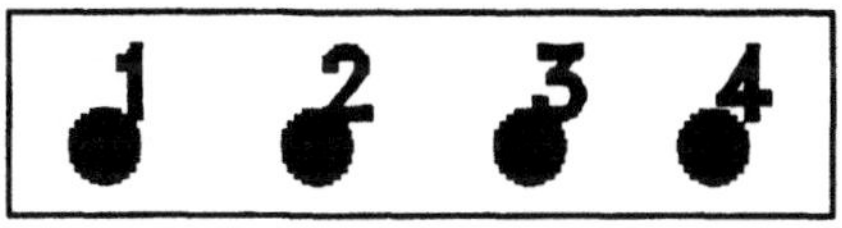

KFILL,1,4,3

fügt 3 Punkte zwischen 1 und 4 ein. Die Punkte erhalten alle die Nummer 1, d.h. der letzte eingefügte Punkt überschreibt die vorher definierten (auch den Ausgangspunkt).

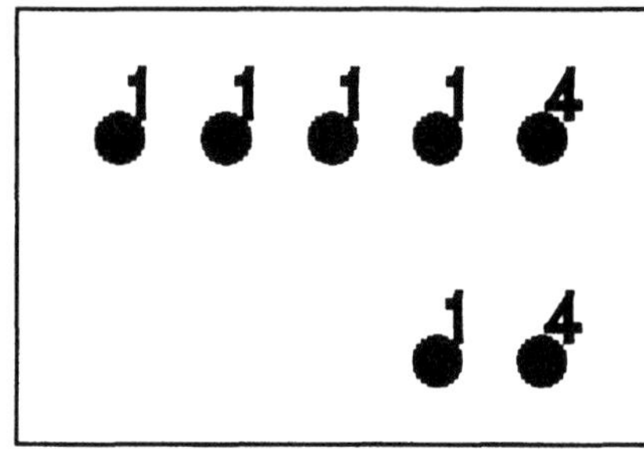

KFILL,1,4,3,2

Wie oben, jedoch erhalten alle neuen Punkte die Nummer 2. Der letzte Punkt überschreibt die gleichnumerierten.

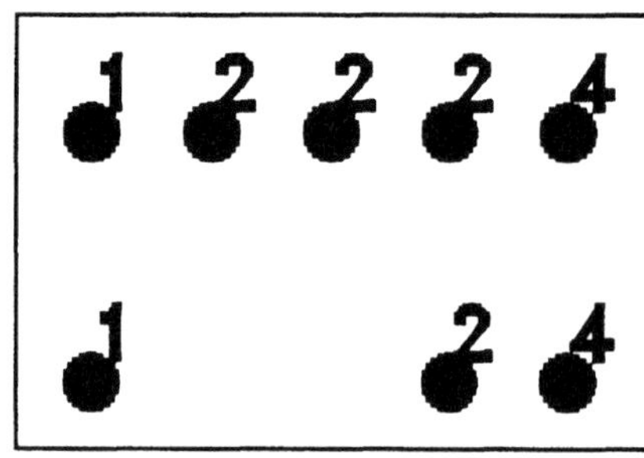

KFILL,1,4,3,2,1

fügt die Punkte 2,3,4 zwischen die Ausgangspunkte 1 und 4 gleichverteilt ein. Ausgangspunkt 4 wird durch den neu erzeugten Punkt 4 ersetzt.

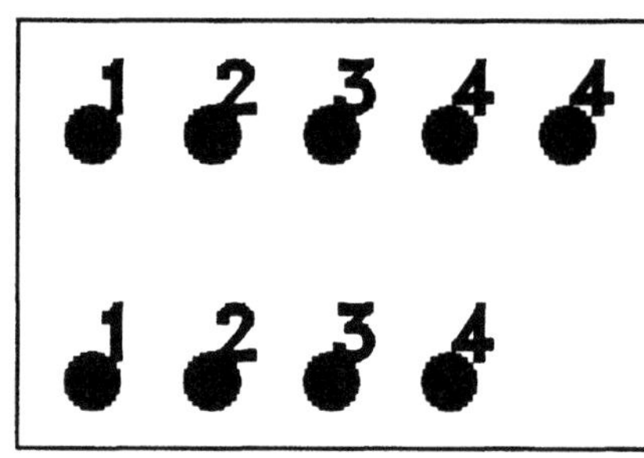

KFILL,1,4,2,2,1,.1

Das Verhältnis der Längen des letzten Abstands zum ersten Abstand beträgt 0.1

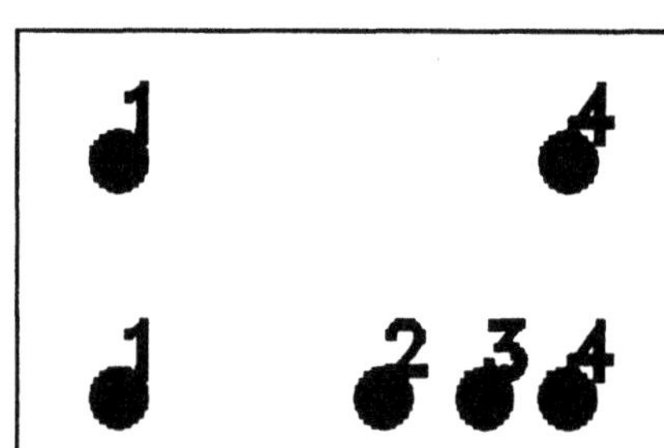

13.6 Punktmuster erzeugen

13.6.1 Der Befehl KGEN

Ebenso wie beim **NGEN**- oder **EGEN**-Befehl, lassen sich regelmäßige Punktmuster durch einfache Kopieraktionen erzeugen. Die neu entstehenden Punkte werden automatisch numeriert, wenn nicht bei KINC ein entsprechendes Inkrement zu den ursprünglichen Punktnummern angegeben wird.

KGEN, ITIME, NP1, NP2, NINC, DX, DY, DZ, KINC

- KINC: s. Text
- DX, DY, DZ: Verschiebungs-Vektor der einzelnen Muster
- NP1, NP2, NINC: Von Punkt NP1 bis Punkt NP2 im Abstand von NINC. NP1 kann auch ALL sein.
- ITIME: Wieviele Muster sollen sichtbar sein? 1 kennzeichnet das Ausgangsmuster, 2 das erste erzeugte Muster.

KINC wird den Punktnummern des zuletzt erzeugten Musters hinzugezählt, um die aktuelle Punktnummer zu erhalten. Die Optionen des Befehls **KGEN** sind ähnlich denen des **NGEN**-Befehls

```
/COM Punkte 1 und 4 erzeugen
K,1,...
K,4,...
/COM und 2,3 einfügen
KFILL,1,4
```

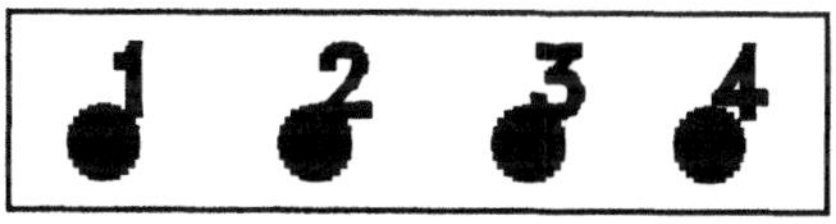


```
/COM Punkte 5 bis 12 neu
/COM generieren.
KGEN,3,1,4,1,0,1
/COM insgesamt 3 Reihen
/COM Y-Abstand ist 1 Einheit
/COM ohne KINC =
/COM fortlaufende Numerierung
```

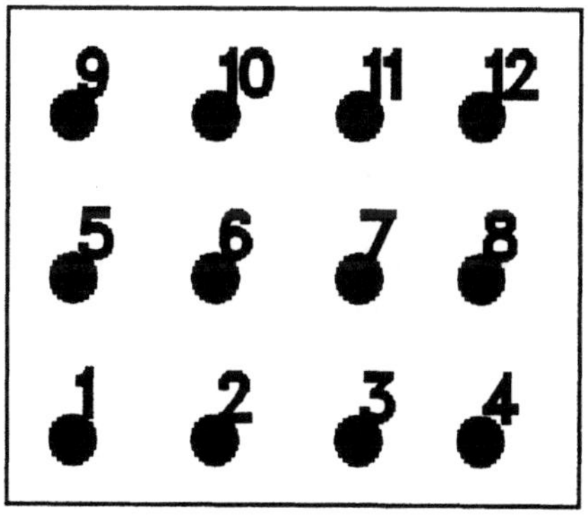

```
KGEN,3,1,4,1,0,1,0,10
/COM 8 Punkte neu generieren
/COM Punktenummer = alte
/COM Punktnummer + 10
```

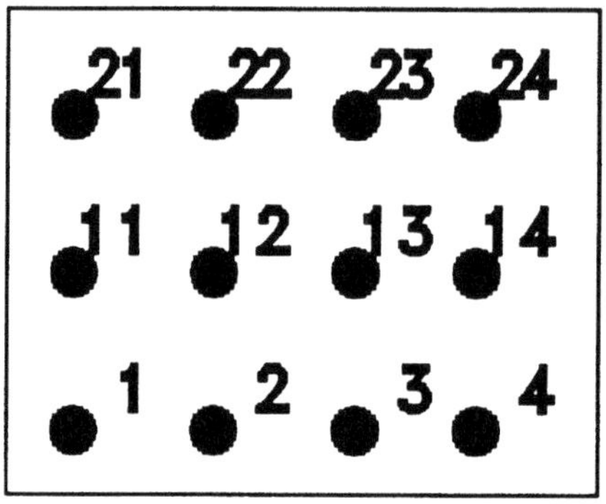

13.7 Punktmuster spiegeln

13.7.1 Der Befehl KSYMM

Punktmuster lassen sich nicht nur durch Verschieben generieren, sondern auch durch Spiegelung:

KSYMM, NCOMP, NP1, NP2, NINC, KINC

KINC: 0 = fortlaufende Numerierung, sonst Nummerninkrement

NP1, NP2, NINC: Von Punkt NP1 bis Punkt NP2 im Abstand NINC. NP1 kann auch ALL sein.

NCOMP:
0,1 = X-Symmetrie
2 = Y-Symmetrie
3 = Z-Symmetrie

Im Gegensatz zum **SYMM**-Befehl zum Spiegeln von Knoten können mit diesem Befehl keine einfachen Spiegelungen durchgeführt werden. Durch das Nummerninkrement KINC bleibt zumindest ein Knoten des ursprünglichen Knotenmusters erhalten. KINC = Null erzielt eine fortlaufende Numerierung der erzeugten Knoten.

Die einzelnen Optionen des Befehls werden in den Bildern verdeutlicht:

```
Punkte 1-3 erzeugen
K,1,...
K,2,...
K,3,...
```

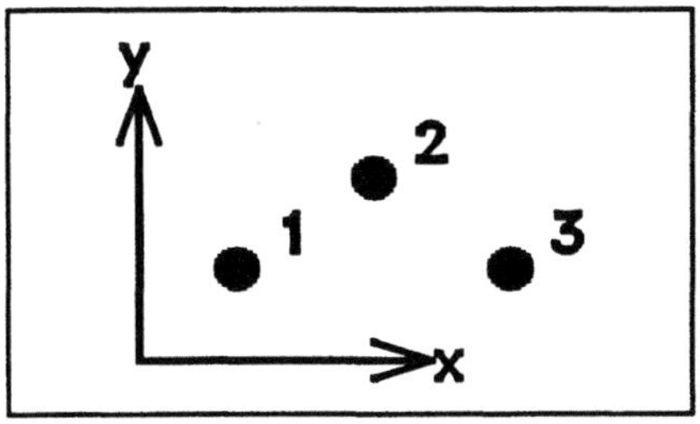


```
KSYMM,2,1,3,1,0
/COM Y-Symmetrie, da das
/COM Vorzeichen der y-Koor-
/COM dinaten geändert werden
/COM soll.
```

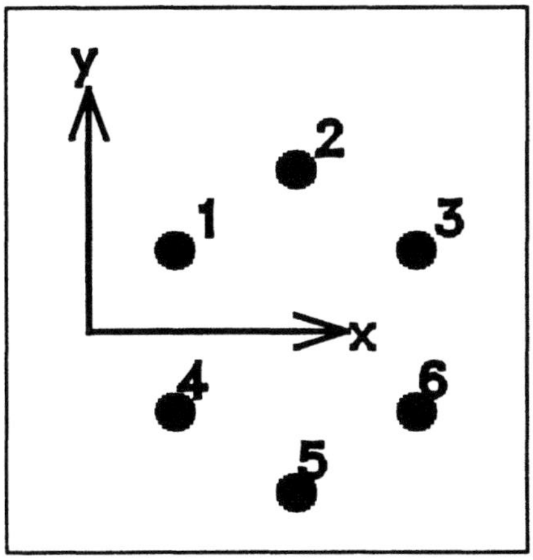


```
KSYMM,0,1,3,1,0
/COM X-Symmetrie, da das
/COM Vorzeichen der x-Koor-
/COM dinaten geändert werden
/COM soll.
```

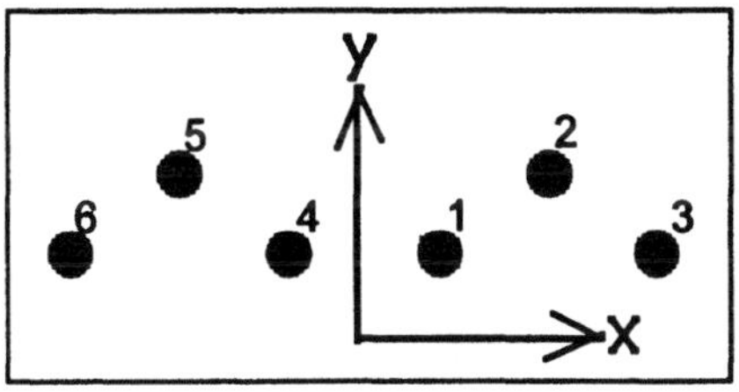

13.8 Punkte in anderes Koordinatensystem transformieren

13.8.1 Der Befehl **KTRAN**

Zur Transformation von Punktmustern in ein anderes Koordinatensystem wird der Befehl **KTRAN** benutzt. Dieser Befehl wird benötigt, um wiederkehrende Punktmuster in verschiedenen lokalen/globalen Koordinatensystemen zu generieren.

KTRAN, KCNTO, NP1, NP2, NINC, KINC

- KINC: 0 = fortlaufende Numerierung, sonst Nummerninkrement
- NP1, NP2, NINC: Von Punkt NP1 bis Punkt NP2 im Abstand NINC. NP1 kann auch ALL sein.
- KCNTO: Nummer des Zielkoordinatensystems

```
K,1,... * Punkte 1-3 erzeugen
K,2,...
K,3,...
```

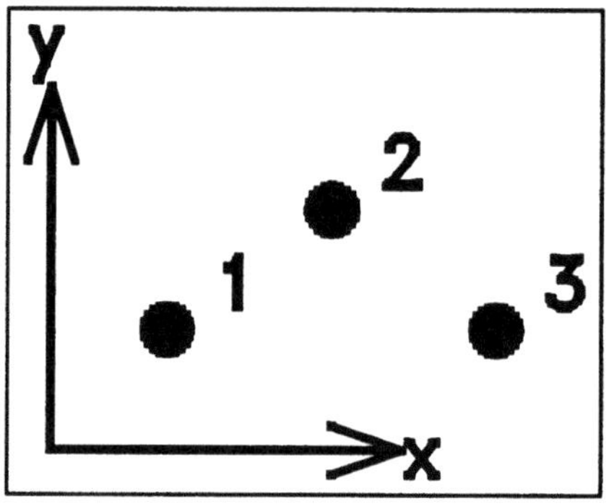


```
KTRAN,11,1,3,1,10
/COM Die Punkte mit den
/COM Nummern 1-3 wurden in
/COM das lokale Koordinaten-
/COM system mit der Nummer 11
/COM transformiert. Das
/COM Nummerninkrement beträgt
/COM 10.
```

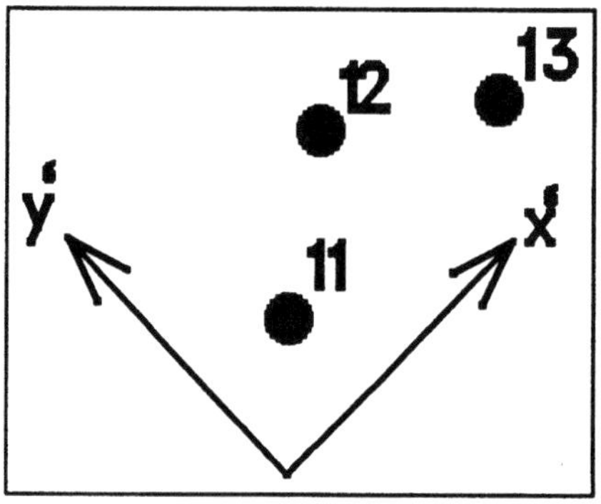

13.9 Verzerren von Punktmustern

13.9.1 Der Befehl **KSCALE**

Neben der Verschiebung und Transformation von Punktmustern, lassen sich die Muster auch in der Größe verändern. Dabei sind die Maßstäbe in den verschiedenen Achsrichtungen getrennt einstellbar:

***KSCALE**, KINC, NP1, NP2, NINC, RX, RY, RZ*

- RX, RY, RZ: Maßstab der Vergrößerung in den jeweiligen Achsrichtungen.
- NP1, NP2, NINC: Von Punkt NP1 bis Punkt NP2 im Abstand NINC. NP1 kann auch ALL sein.
- KINC: Inkrement für die neuen Punktnummern. Wenn 0, wird das alte Muster in der Größe verändert.

```
K,1,... * Punkte 1-3 erzeugen
K,2,...
K,3,...
```

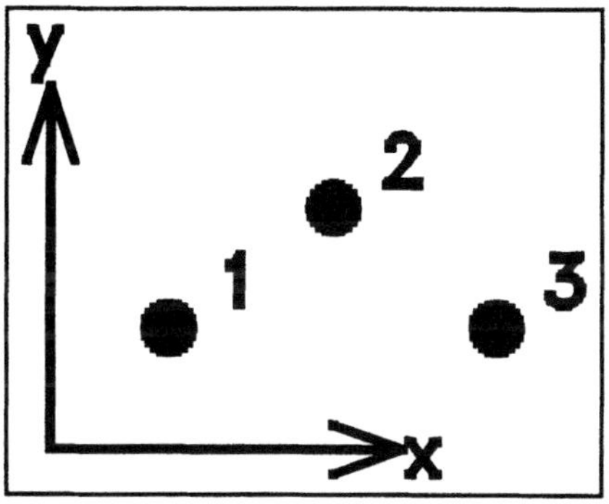


```
KSCALE,3,1,3,1,2,2
/COM Das urspruengliche
/COM Punktmuster wurde in
/COM X- und Y- Richtung um
/COM den Faktor 2 ver-
/COM groessert. Das Nummern-
/COM inkrement beträgt 3.
```

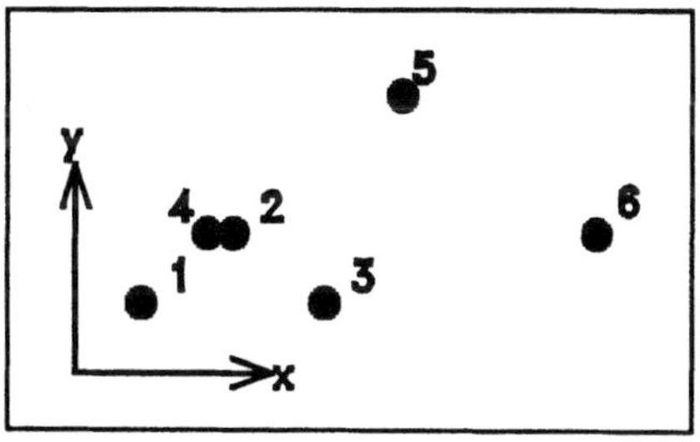

```
KSCALE,0,1,3,1,2,2
/COM Bei einem Inkrement von
/COM 0 wird das urspruenq-
/COM liche Punktmuster ver-
/COM aendert.
```

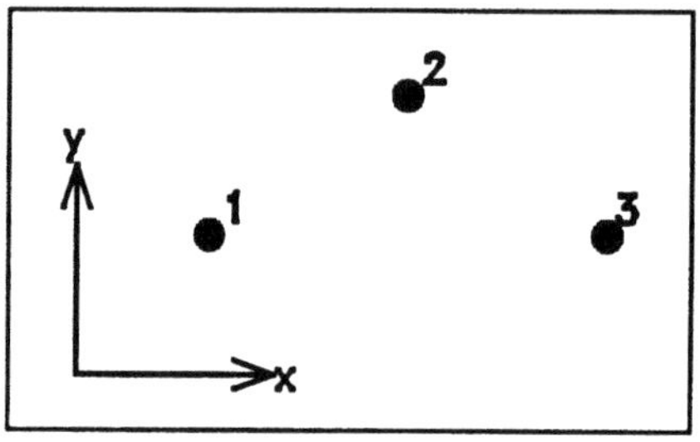

13.10 Existierende Punkte verändern

13.10.1 Der Befehl KMODIF

Existierende Punkte lassen sich auch noch nachträglich in ihrer Lage verändern. Dies kann durch Überschreiben der Punktnummer mit einer neuen Koordinate geschehen oder, wenn der Punkt bereits zur Definition einer Linie, Fläche oder Volumen benutzt wurde, durch den Befehl **KMODIF**:

KMODIF, NPT, X, Y, Z

X, Y, Z: Neue Punktkoordinaten

NPT: Nummer des Punktes, der verlagert werden soll.

```
K,1,... * Punkte 1-4 erzeugen
K,2,...
K,3,...
K,4,...
```

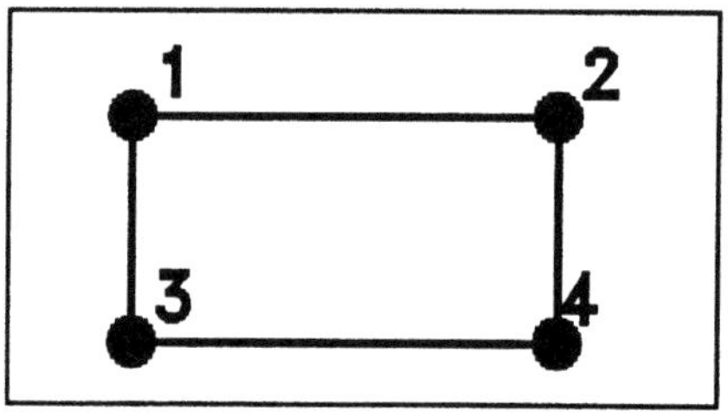


```
KMODIF,4,...
/COM Punkt 4 wird mit den an-
/COM grenzenden Linien ver-
/COM schoben.
```

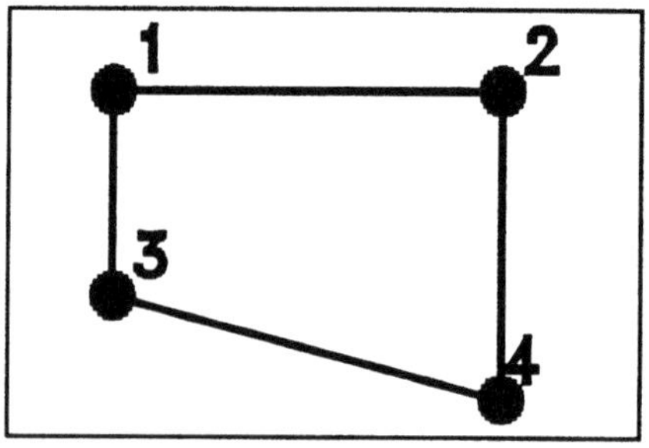

13.11 Punkte löschen

13.11.1 Der Befehl **KDELE**

Ebenso leicht, wie sich Punkte erzeugen lassen, lassen sich auch ganze Punktfelder wieder löschen. Die freigewordenen Punktnummern werden dabei von den nächsten generierten Punkten besetzt.

KDELE, NP1, NP2, NINC

Von Punktnummer NP1 bis Punktnummer NP2 im Abstand von NINC werden Punktnummern gelöscht

Punkte, an denen sich Linien befinden, können nicht gelöscht werden. Es erfolgt eine Fehlermeldung von ANSYS. Gelöscht werden können nur freie Punkte.

Da dieser Befehl dem Knotenlöschbefehl **NDELE** gleicht, entfallen hier die Beispiele.

13.12 Punkte darstellen und auflisten

13.12.1 Die Befehle **KPLOT** und **KLIST**

Um Punkte auf dem Bildschirm darzustellen, wird der allgemeine Plotbefehl mit der Punktoption benutzt. Weiterhin ist es über den **LIST**-Befehl möglich, die einzelnen Punkte mit ihren Koordinaten in Form einer Tabelle anzeigen zu lassen.

KPLOT, NP1, NP2, NINC

Punkte von Nummer NP1 bis NP2 im Abstand von NINC werden dargestellt. Für NP1 ist auch ALL zulässig.

Mit den gleichen Optionen wird der **KLIST**-Befehl verwendet:

KLIST, NP1, NP2, NINC

Punkte von Nummer NP1 bis NP2 im Abstand von NINC werden dargestellt. Für NP1 ist auch ALL zulässig.

Die Listenausgabe der Punkte kann mit der Maus durch Anklicken des EXIT-Feldes verlassen werden. In der ANSYS-ED und ANSYS 4.4A-Version ist auch die Angabe eines Kennbuchstaben durch Tastatureingabe zulässig (z.B. e für EXIT).

13.13 Punktnumerierung einschalten

13.13.1 Der Befehl /PNUM

Zur Kennzeichnung von Punkten können diese mit ihrer Nummer dargestellt werden. Über den Nummernbefehl **/PNUM** läßt sich die Nummerndarstellung für die verschiedensten Objekte ein- und ausschalten. Der Befehl entspricht dabei einem Schalter, der, um den Zustand zu ändern, explizit angesprochen werden muß.

/PNUM, LABEL, KEY

0 ≙ Numerierung ausschalten
1 ≙ Numerierung einschalten

KPOI für Punkte

In den folgenden beiden Bildern ist die Wirkung des Befehles erläutert:

```
/COM Punkte 1-6 erzeugen
K,1,...
K,2,...
K,3,...
K,4,...
K,5,...
K,6,...
/COM Punkte darstellen
KPLOT
```

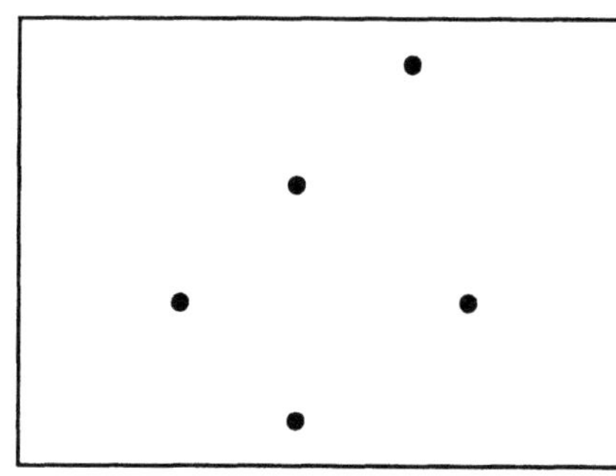

/PNUM,KPOI,0

```
/COM Numerierung einschalten
/PNUM,KPOI,1
/COM und wieder ausplotten
KPLOT
```

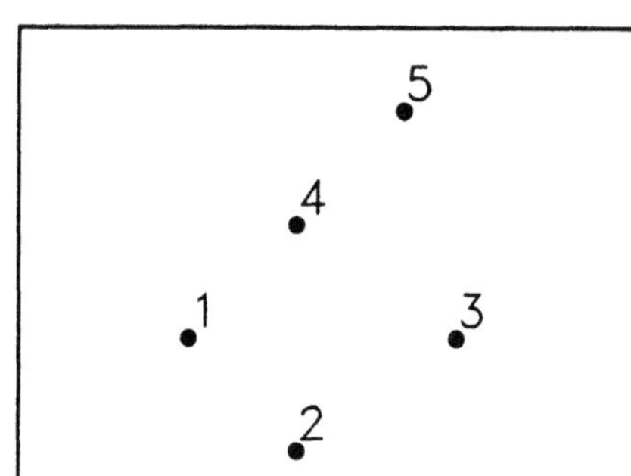

/PNUM,KPOI,1

14 Linien

Linien dienen zur Verbindung zwischen Punkten. Sie weisen dabei eine höhere Priorität als Punkte auf, d. h. Punkte, von denen Linien ausgehen, sind nicht löschbar. Zur Verschiebung dieser Punkte wird der **KMODIF**-Befehl benutzt. Die an dem Punkt angeschlossenen Linien werden ebenfalls verschoben.

14.1 Linien erzeugen

14.1.1 Der Befehl **L**

L, P1, P2, NDIV, SPACE, XV1, YV1, ZV1, XV2, YV2, ZV2

- XV2, YV2, ZV2: Auslaufvektor Ende
- XV1, YV1, ZV1: Auslaufvektor Anfang
- NDIV, SPACE: Nur verwendet im Zusammenhang mit dem automatischen Vernetzen
- P2: Endpunkt der Linie
- P1: Anfangspunkt der Linie

Linien werden durch ihren Anfangs- und Endpunkt definiert. In einem kartesischen Koordinatensystem wird dann die kürzeste Verbindung zwischen diesen beiden Punkten gelegt. In anderen Koordinatensystemen wird die Linien dabei gekrümmt berechnet. Mit den beiden Auslaufvektoren kann die Linie mit ihrer Anfangs- und Endkrümmung vorhandenen Linien angepaßt werden. Die Lage der Vektoren im Raum verdeutlicht Bild 14-1. Zu beachten sind die unterschiedlichen Richtungen der Vektoren am Anfangs- und Endpunkt.

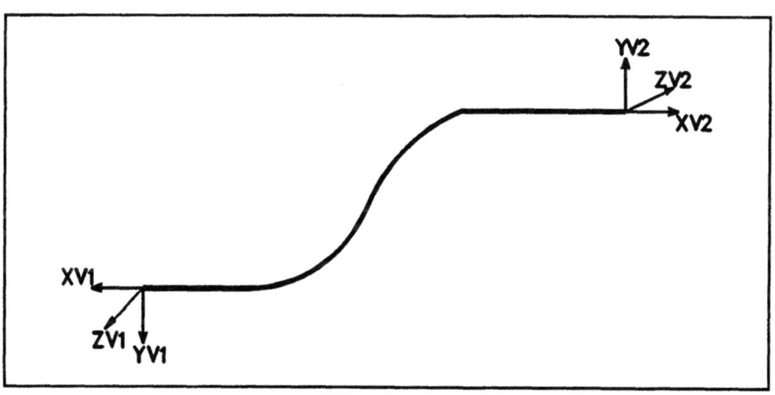

Bild 14-1 Anfangs- und Endvektoren einer Linie

14.2 Verschiedene Linienbefehle

14.2.1 Die Befehle LGEN, LSYMM, LTRAN, LMODIF

Die folgenden Generierungsbefehle sind bereits aus dem Punktgenerierungsmodul bekannt. Da die Syntax dieselbe ist, wird auf eine ausführliche Darstellung der Befehle verzichtet und auf das Kapitel 13.4 "Punkte / Keypoints" verwiesen.

LGEN, ITIME, NL1, NL2, NINC, DX, DY, DZ, KINC

LSYMM, NCOMP, NL1, NL2, NINC, KINC

LTRAN, KCNTO, NL1, NL2, NINC, KINC

LMODIF, NL1, P1, P2,,,XV1,YV1,ZV1, XV2,YV2,ZV2

14.3 Linien unterteilen

14.3.1 Der Befehl LDIV

Generierte Linien lassen sich nachträglich in mehrere Segmente unterteilen. Am Trennungspunkt wird ein neuer Punkt generiert.

LDIV, NL1, RATIO, PDIV, NDIV, KEEP

KEEP:
0 = alte Linie löschen
1 = alte Linie behalten

NDIV: Anzahl der neuen Linien

PDIV: Nummer des generierten Punktes (nur bei NDIV = 2). Ansonsten wird die niedrigste freie Nummer vergeben.

RATIO: Teilerverhältnis für NDIV = 2 voreingestellt auf 0.5.

NL1: bearbeitete Liniennummer

Zur Verdeutlichung des Trennungsbefehls für Linien folgen Auszüge aus der LOG-Datei und die zugehörigen Bildschirmbilder:

```
L,1,2 * Linie erzeugen
/COM erhaelt die Nummer 1
```

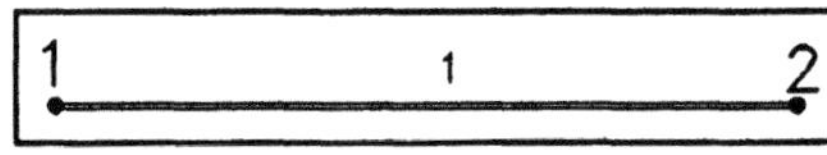

Linie original

```
LDIV,1 * Linie halbieren und
/COM Ausgangslinie loeschen
/COM uebrige Parameter fuer
/COM Halbierung sind vor-
/COM gegeben
```

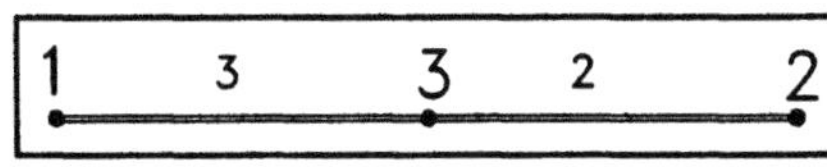

LDIV mit Faktor 2

14.4 Linien verbinden

14.4.1 Der Befehl **LCOMB**

Linien lassen sich mit dem **LCOMB**-Befehl zusammenfügen. Die Linien müssen über einen gemeinsamen Endpunkt verfügen und außerdem in diesem Punkt eine ähnliche Steigung aufweisen. Dieser Befehl kann als UNDO-Befehl zum **LDIV**-Befehl dienen. Die neu erzeugte Linie weist eine ähnliche Krümmung im Anfangs- und Endpunkt auf und kann aufgrund des neuen Verlaufs außerhalb des gemeinsamen Punktes liegen.

LCOMB, NL1, NL2, KEEP

KEEP:
0 = alte Linien und Punkt löschen
1 = alte Linien und Punkt behalten

NL2: zweites Liniensegment

NL1: erstes Liniensegment

```
L,1,2 * 2 Linien erzeugen
L,2,3
```

```
LCOMB,1,2,0  * Beide Linien
/COM zu einer Linie ver-
/COM einigen.
```

14.5 Kreuzende Linien auftrennen

14.5.1 Der Befehl LINTER

Zwei Linien, die sich kreuzen, lassen sich in vier Liniensegmente mit einem gemeinsamen Kreuzungspunkt aufspalten. Dieser Befehl kann zur Generierung von nicht ausdrücklich bemaßten Geometrien verwendet werden.

LINTER, NL1, NL2, PINT

- *PINT*: Nummer des Kreuzungspunktes, voreingestellt: niedrigste freie Nummer
- *NL2*: zweites Liniensegment
- *NL1*: erstes Liniensegment

```
/COM 2 kreuzende Linien
/COM generieren
L,1,2
/COM Linie Nr. 1
L,3,4
/COM Linie Nr. 2
```

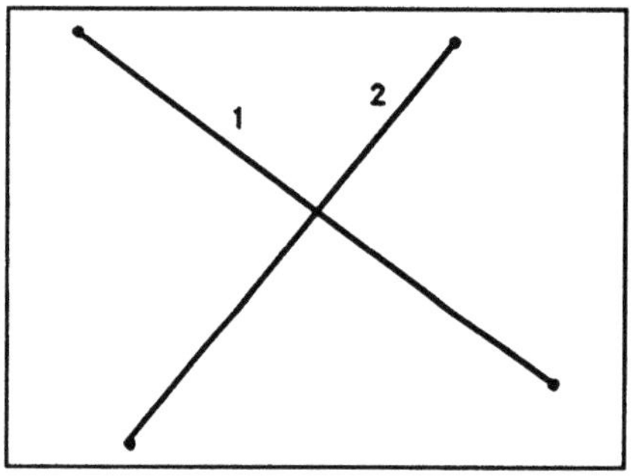

zwei kreuzende Linien

```
/COM Kreuzungspunkt
/COM generieren
LINTER,1,2
/COM Nummer des Punktes
/COM wird automatisch
/COM vergeben
```

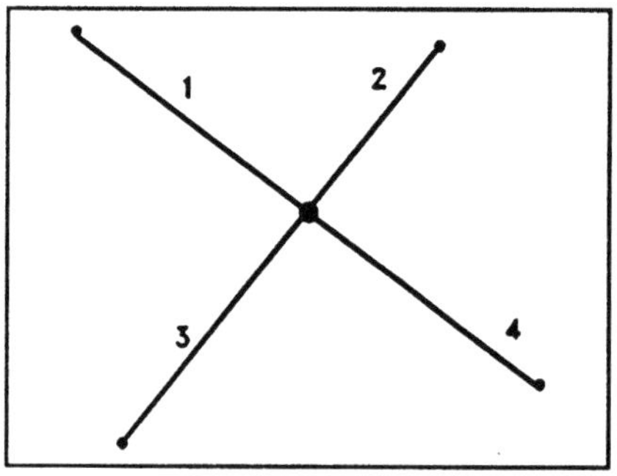

nach LINTER

14.6 Linien unter definiertem Winkel anfügen

14.6.1 Die Befehle LANG und L2ANG

Die folgende Befehlsgruppe von Linienbefehlen fügt Linien unter einem vorgebenem Winkel an vorhandene Linien an. Mit **LANG** wird eine Linie generiert, die durch einen angegebenen Punkt und mit einem vorgegebenen Winkel zu einer anderen Linie verläuft:

LANG, NL1, P3, ANG, PHIT

- PHIT: Nummer des Abzweigungspunktes oder niedrigste freie Nummer
- ANG: Abzweigungswinkel
- P3: Endpunkt der erzeugten Linie
- NL1: Nummer der Grundlinie

Bei der Eingabe des Abzweigungswinkels erzeugt 90° eine Normale auf die Grundlinie durch den Punkt P3. 0° erzeugt eine Tangente in Richtung des Endpunktes der Grundline. Bei der Generierung einer Linie wird durch die Reihenfolge der beiden Punktnummern ihr Richtungssinn festgelegt. Bei einem Winkel von 180° wird sinngemäß eine Tangente in Richtung auf den Anfangspunkt der Grundlinie durch den Punkt P3 erzeugt.

```
/COM Linie generieren
K,1,...
K,2,...
L,1,2
/COM Linie hat Nr. 1
/COM P3 generieren
K,3,...
```

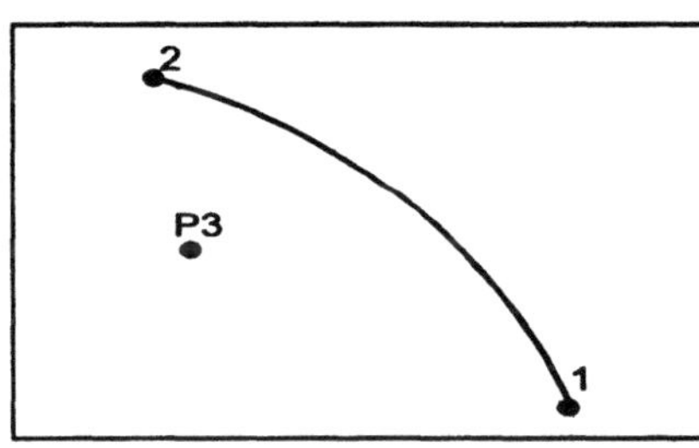


```
/COM Neue Linie soll mit
/COM 30 grd abzweigen und
/COM durch P3 gehen
LANG,1,3,30
```

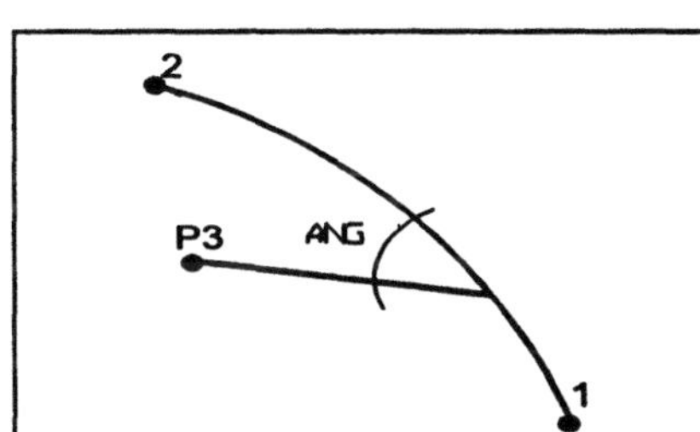

L2ANG verbindet zwei Linien unter definierten Winkeln :

L2ANG, NL1, NL2, ANG1, ANG2, PHIT1, PHIT2

- *NL1*: erste Linie
- *NL2*: zweite Linie
- *ANG1*: erster Verzweigungswinkel
- *ANG2*: zweiter Verzweigungswinkel
- *PHIT1*: Nummer des ersten Abzweigungspunktes
- *PHIT2*: Nummer des zweiten Abzweigungspunktes

Im Gegensatz zum **LANG**-Befehl wird ein zweiter Abzweigungswinkel zu einer Linie benötigt. Ist keine Verbindung mit den angegebenen Winkeln möglich, erscheint eine Fehlermeldung. Die meisten Fehler entstehen beim Eingeben des zweiten Winkels:

```
/COM 2 Linien erzeugen
K,1,...
K,2,...
K,3,...
K,4,...
L,1,2
L,3,4
```

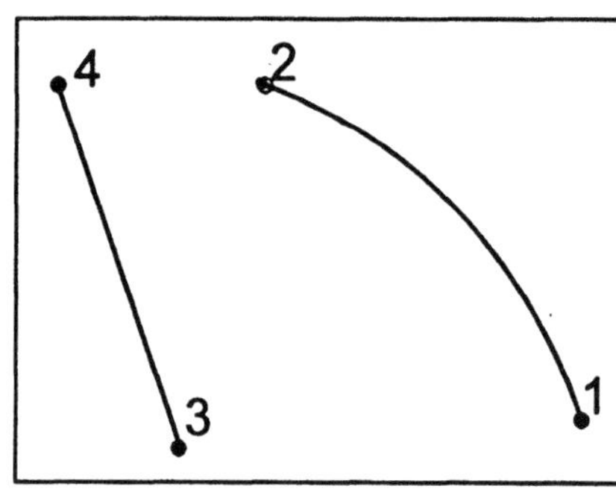


```
/COM Verbindungsstrecke
/COM berechnen lassen
L2ANG,1,2,30,130
/COM ANG1 ist spitzer Winkel
/COM ANG2 ist stumpf !!
```

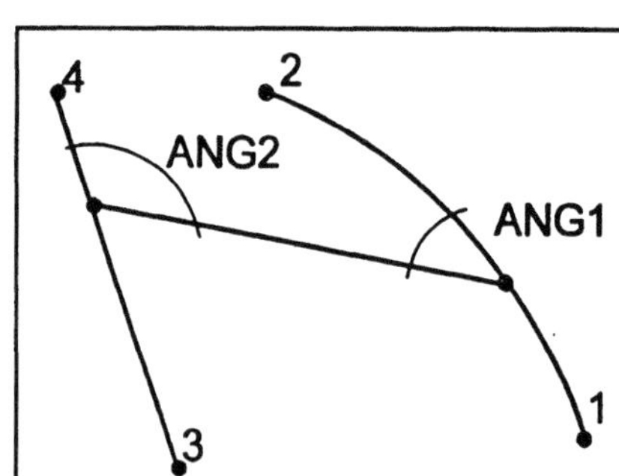

14.7 Linien verlängern

14.7.1 Die Befehle LTAN und L2TAN

Zu den Tangentenfunktionen gehören auch die Befehle, die die ursprüngliche Linie über den Anfangs- oder den Endpunkt verlängern. Dabei wird ein kubisches Liniensegment mit derselben Steigung wie die Ausgangslinie bis zu einem Punkt oder einer zweiten Linie eingesetzt. **LTAN** verlängert eine Linie bis zu einem Punkt, mit **L2TAN** können zwei Linien durch eine neu generierte Linie verbunden werden:

LTAN, NL1, P3, XV3, YV3, ZV3

XV3, YV3, ZV3: Krümmungsvektor der Linie im Endpunkt P3

P3: Nummer des Endpunktes

NL1: Nummer der Linie

Auch hier ist wieder der Richtungssinn der Ausgangslinie zu beachten, da der Befehl versucht, vom Endpunkt der Grundlinie zu verlängern. Soll vom Ausgangspunkt der Linie verlängert werden, so ist die Liniennummer negativ einzugeben.

```
/COM Linie und Punkt erzeugen
K,1,...
K,2,..
K,3,..
L,1,2
```

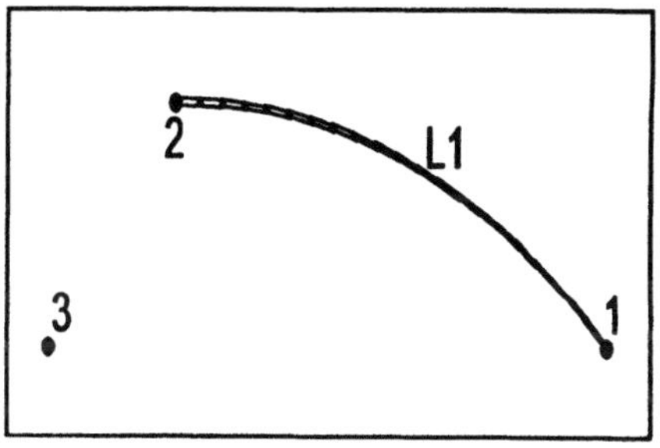


```
/COM Linie soll definiert
/COM durch P3 gehen
LTAN,1,3,0,-1,0
/COM Fuer die Tangenten:
/COM Lokales Koordinaten-
/COM system in 3
```

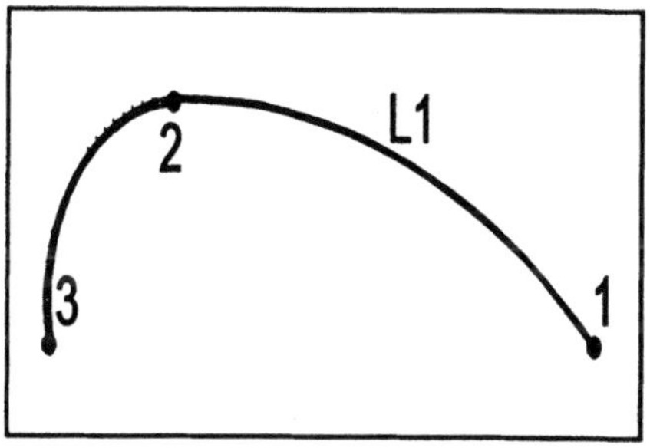

Zwei Linien beliebiger Krümmung können durch eine generierte Linie verbunden werden. Die neu erzeugte Linie ist 3ten Grades und enthält die Steigungen der Linienendpunkte.

L2TAN, NL1, NL2

- *NL2*: Nummer der zweiten Linie
- *NL1*: Nummer der ersten Linie

Wie schon bei **LTAN** kann durch Eingabe einer negativen Liniennummer der Verlängerungspunkt gewechselt werden.

```
/COM Punkte definieren
K,1,...
K,2,...
K,3,...
K,4,...
/COM Linien generieren
L,1,2
L,3,4
```

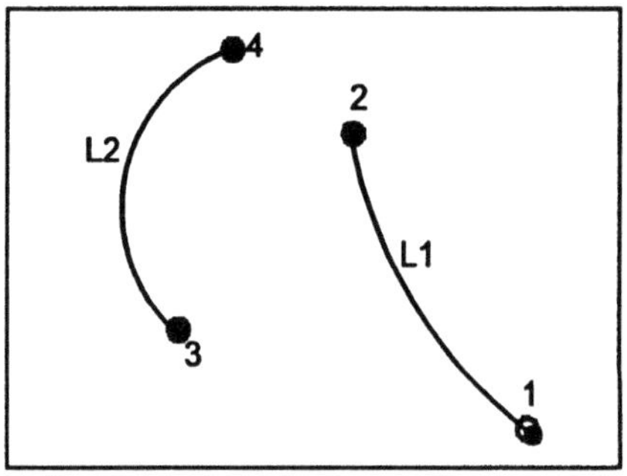


```
/COM Linien verbinden
L2TAN,1,2
/COM Es werden die Endpunkte
/COM beider Linien verbunden
```

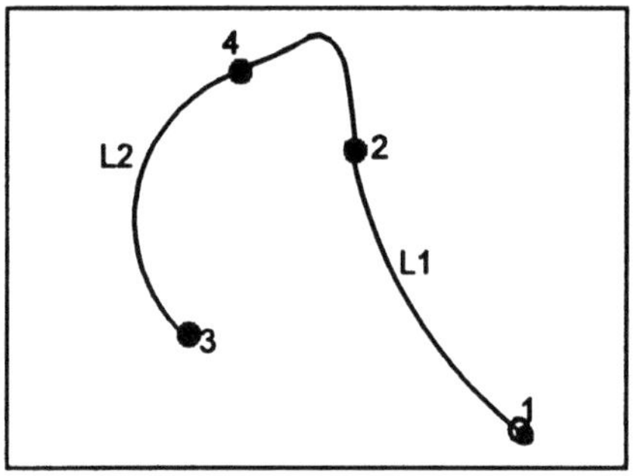


```
/COM Linien verbinden
L2TAN,1,-2
/COM durch das Minuszeichen
/COM wird der Anfangspunkt
/COM von Linie 2 mit dem
/COM Endpunkt von Linie 1
/COM verbunden
```

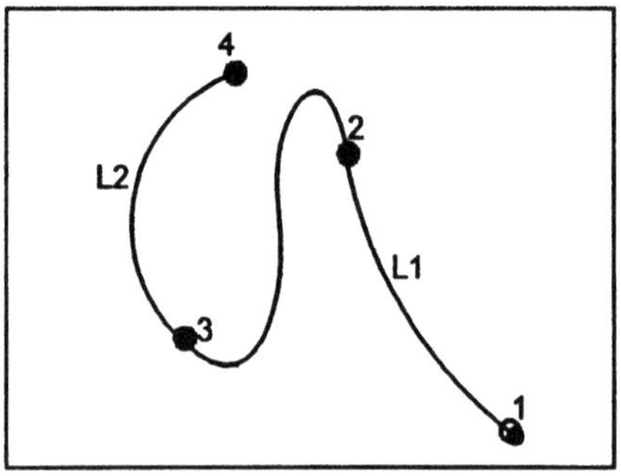

14.8 Kreisbögen generieren

Zur Erzeugung von bogenförmigen Liniensegmenten werden zwei Befehle zur Verfügung gestellt: **LARC** und **CIRCLE.** Mit **LARC** wird ein Kreisbogen definiert, der 90° nicht überschreiten sollte. Mit **CIRCLE** werden größere Winkel realisiert, wobei alle 90° ein neuer Kreisbogen mit einem neuen Punkt generiert wird. Speziell bei den Kreisbefehlen ist die Handhabung etwas unkomfortabel und man vermißt die einfachen Generierungsmöglichkeiten von CAD-Systemen.

14.8.1 Der Befehl **LARC**

LARC, P1, P2, PC, RAD, NDIV, SPACE

- NDIV, SPACE: Werden nur bei der automatischen Netzgenerierung benutzt
- RAD: Radius des Kreisbogens. Wenn negativ, öffnet sich der Bogen von PC weg.
- PC: Punkt der mit P1 und P2 die Bogenebene und die Öffnungsseite des Bogens definiert.
- P2: Endpunkt des Bogens
- P1: Anfangspunkt des Bogens

Zur Definition eines Kreisbogens werden außer dessen Anfangs- und Endpunkt auch noch der Radius benötigt. Der Punkt PC gibt dabei die Krümmungsrichtung an und sollte eindeutig rechts oder links der Eckpunkte liegen.

In Bild 14-2 sind sämtliche Eingabegrößen für den **LARC**-Befehl aufgezeichnet. PC gibt nicht den Mittelpunkt an, sondern dient zur Bestimmung der Krümmungsrichtung des Bogens.

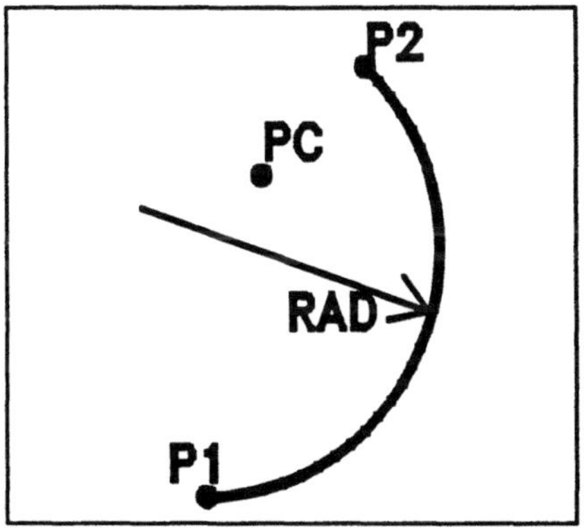

Bild 14-2 LARC-Befehl

14.9 Kreis erzeugen

14.9.1 Der Befehl CIRCLE

Der Befehl **CIRCLE** ist einer der mißglücktesten Befehle im ganzen ANSYS Befehlssatz. Durch die vielen Punkte, die zur eindeutigen Bestimmung des Kreises eingegeben werden müssen, wird die Generierung von Modellen unnötig aufwendig.

CIRCLE, *PCENT, RAD, PAXIS, PZERO, ARC, NSEG*

- NSEG: Anzahl der Liniensegmente (<90° pro Segment)
- ARC: Bogenlänge in Grad eingestellt sind 360°
- PZERO: Punkt, der eine Fläche normal zum Kreis sowie die 0° Position zusammen mit PAXIS und PCENT bestimmt
- PAXIS: Punkt, der mit PCENT die Achse des Kreises definiert
- RAD: Radius des Kreises
- PCENT: Mittelpunkt des Kreises (in der Kreisebene)

Die Graphik in Bild 14-3 verdeutlicht die Lage der Definitionspunkte, die für den **CIRCLE**-Befehl benötigt werden. Da PAXIS nicht in der Kreisebene liegt, ist die Generierung eines lokalen Koordinatensystems sinnvoll.

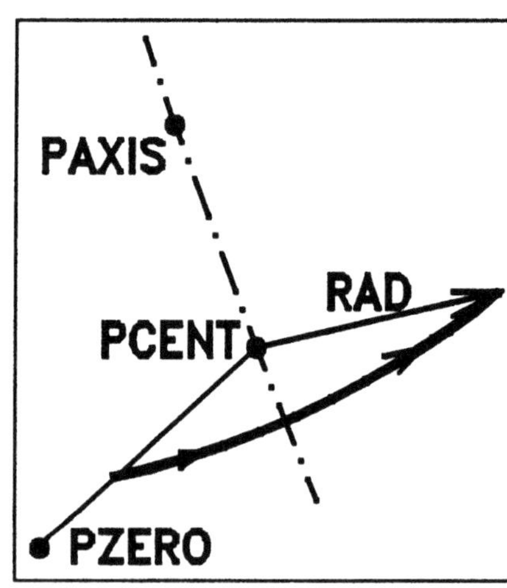

Bild 14-3 CIRCLE-Befehl

14.10 Beliebige Kurve erzeugen

14.10.1 Der Befehl SPLINE

Im Befehlssatz von ANSYS wurde eine Splinefunktion integriert. Diese erzeugt Kurven dritter Ordnung durch bis zu 6 angegebene Punkte. Zusätzlich sind in diesem Befehl Anfangs- und Endsteigungen einstellbar.

SPLINE, P1, P2, P3, P4, P5, P6, XV1, YV1, ZV1, XV6, YV6, ZV6

XV6, YV6, ZV6: Tangentenvektor des Endpunktes

XV1, YV1, ZV1: Tangentenvektor des Anfangspunktes

P1 … P6: Bestimmungspunkte für die Kurve

Ebenso wie beim Linienbefehl **L** werden die Anfangs- und Endpunktsteigungen über einen Richtungsvektor eingegeben. Die Definition der Achsrichtungen ist im Bild 14-4 gegeben.

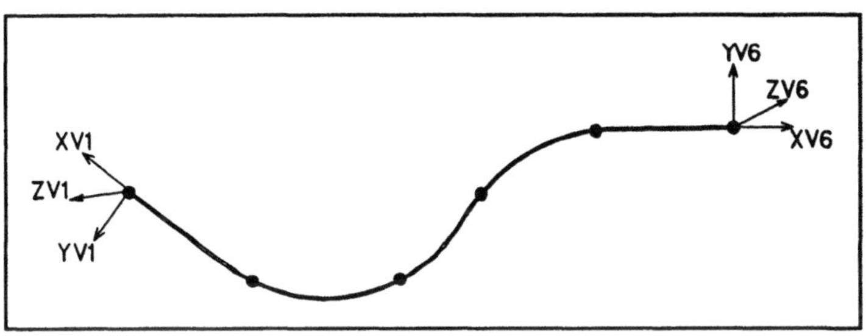

Bild 14-4 Spline-Befehl

```
/COM 6 Punkte fuer Splines
/COM generieren
K,1,...
K,2,...
K,3,...
K,4,...
K,5,...
K,6,...
```

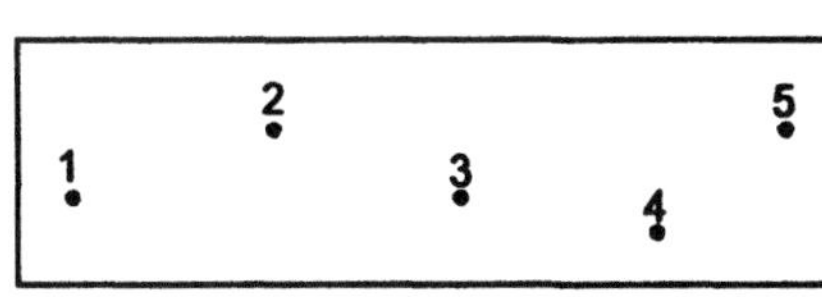


```
/COM mit dem Spline-Befehl
/COM verbinden
SPLINE,1,2,3,4,5
```

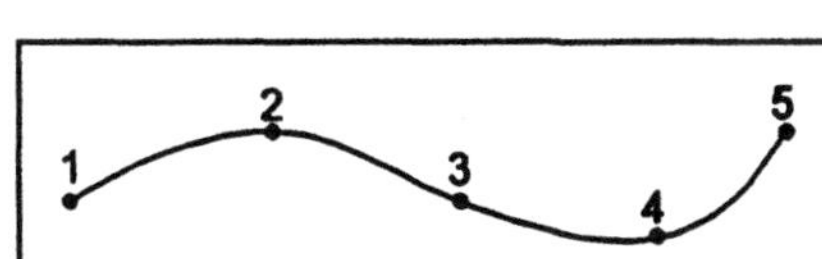

14.11 Übergang ausbilden

14.11.1 Der Befehl **LFILLT**

Zwischen zwei sich kreuzenden Linien kann ein Kreisbogen eingefügt werden. Voraussetzung ist ein gemeinsamer Punkt der beiden Linien. Dieser kann mit dem Befehl **LINTER** gebildet werden. Es werden der Anfangs- und der Endpunkt des Kreisbogens neu generiert. Optional kann der Kreismittelpunkt ebenfalls generiert werden. Er wird dann mit der eingegebenen Nummer versehen.

LFILLT, NL1, NL2, RAD, PCENT

- *PCENT*: Nummer des Kreismittelpunkts (optional)
- *RAD*: Radius des Einfügekreises
- *NL2*: Nummer des 2. Liniensegmentes
- *NL1*: Nummer des 1. Liniensegmentes

Zwischen die Linien 1 und 2 soll ein Übergang mit einem definierten Radius gelegt werden:

```
/COM Punkte generieren
K,1,...
K,2,...
K,3,...

/COM Linien generieren
L,1,2
L,2,3
```

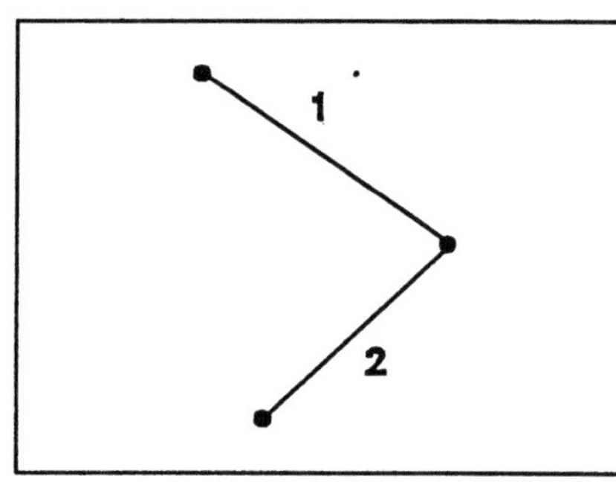


```
/COM Fillet generieren
LFILLT,1,2,4
/COM Radius des Einfuege-
/COM bogens = 4
```

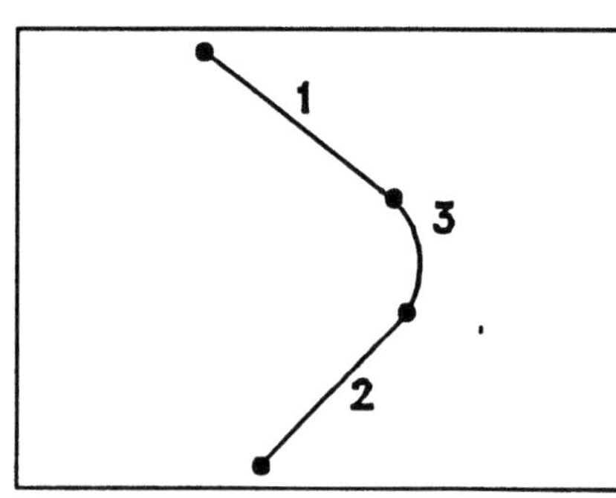

14.12 Schnittkante erzeugen

14.12.1 Der Befehl LAINT

Schneiden sich zwei Flächen, so bildet die Schnittkante eine Linie. Diese Linie kann über den Befehl **LAINT** als kubische Funktion gebildet werden. Weiterhin ist es bei einer vollständigen Überschneidung der beiden Flächen möglich, diese an der Trennlinie aufzuspalten (vergl. **LINTER**). Auf diese Weise können Übergänge von zwei gekrümmten Flächen unter Zuhilfenahme weiterer Befehle gebildet werden

LAINT, NA1, NA2, PINT1, PINT2, KASUB

- KASUB: 0 = Flächen belassen; 1 = Flächen aufspalten
- PINT2: Nummer des Endpunktes
- PINT1: Nummer des Anfangspunktes
- NA2: Nummer der 2. schneidenden Fläche
- NA1: Nummer der 1. schneidenden Fläche

Der Anfangs- und der Endpunkt der Schnittlinie werden vom System markiert. Die Nummern der Punkte können eingegeben oder automatisch vergeben werden.

```
/COM 2 Flaechen generieren
/COM muessen sich teilweise
/COM schneiden
.
.
.
```

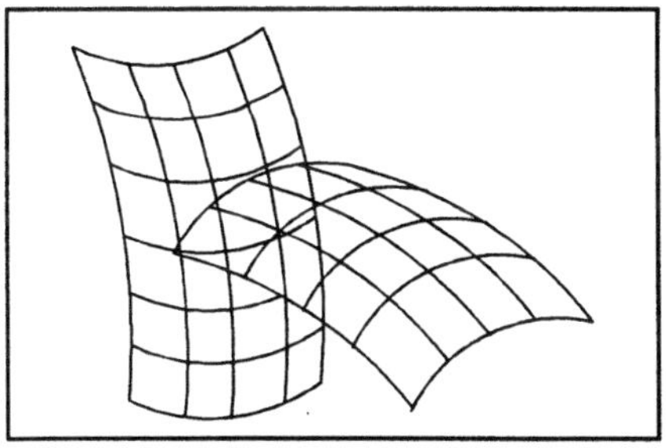

```
/COM Schnittlinie erzeugen
LAINT,1,2,,,1
/COM Automatische Nummern-
/COM vergabe, Flaechen
/COM werden an der Schnitt-
/COM linie getrennt
```

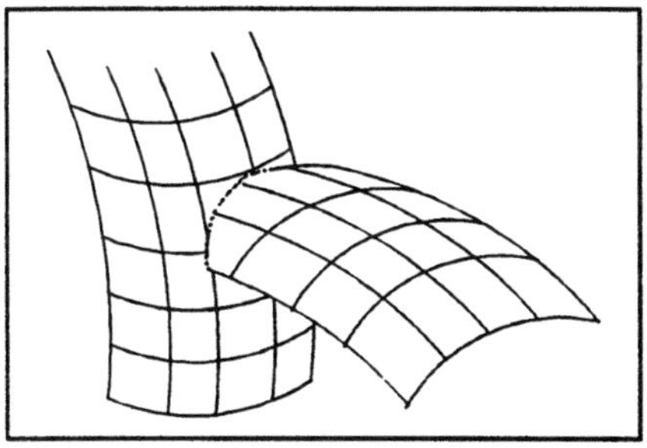

14.13 Flächenparallele erzeugen

14.13.1 Der Befehl LAREA

Ein weiterer Linienbefehl erzeugt kubische Kurven, die parallel zu einer Fläche liegen.

LAREA, P1, P2, NAREA

- *NAREA*: Nummer der Fläche
- *P2*: Nummer des Endpunktes
- *P1*: Nummer des Anfangspunktes

Bei diesem Befehl ist darauf zu achten, daß der Anfangs- und Endpunkt innerhalb einer Fläche parallel zur Ausgangsfläche liegen. Sehr oft ist diese Bedingung nicht erfüllt; es kommt zu einer Fehlermeldung.

```
/COM Flaeche und Start-
/COM Endpunkt generieren
.
.
K,1,...
K,2,...
```

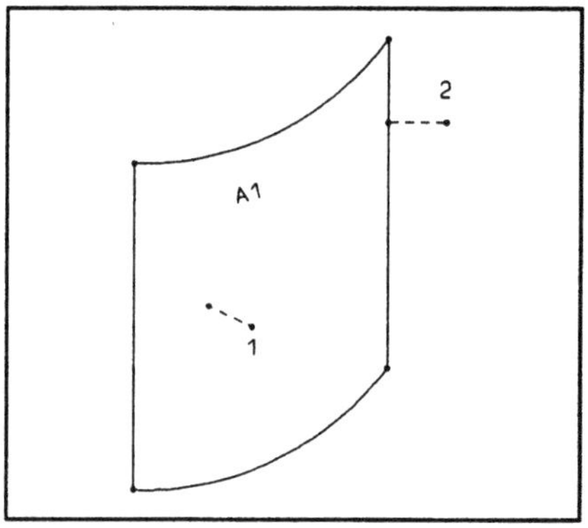


```
/COM Flaechenparallele
/COM erzeugen
LAREA,1,2,1
/COM Zwischen 1 und 2
/COM parallel zur
/COM Flaeche 1
```

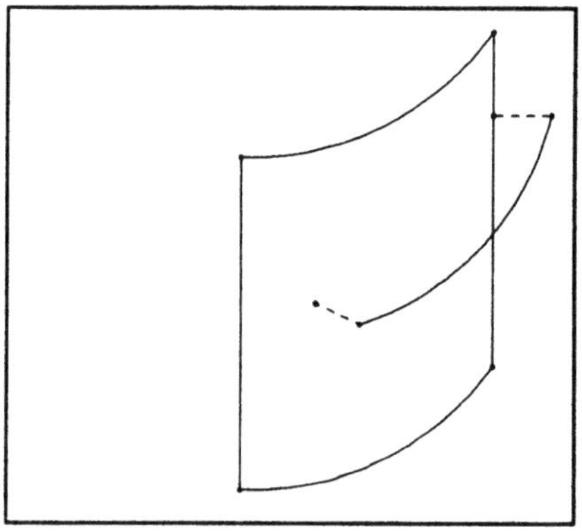

14.14 Linien darstellen und löschen

14.14.1 Die Befehle **LPLOT, LLIST** und **LDELE**

Ähnlich den Darstellungsbefehlen für Punkte, werden auch die Plot-, Print- und Löschbefehle für Linien aufgerufen. Der Befehlsrumpf bleibt derselbe, lediglich das Kürzel **K** für Keypoint ändert sich in **L** für Line. Beim Einschalten der Liniennummern auf dem Bildschirm wird als Schlüsselwort LINE eingegeben. Es ist daher ausreichend, nur die Syntax darzustellen:

LPLOT, *NL1, NL2, NINC*

LLIST, *NL1, NL2, NINC*

LDELE, *NL1, NL2, NINC, KSWP*

/PNUM, *Line, 1*

14.15 Übungen mit Linien

14.15.1 Aufgabe

Erstellen sie die untenstehende Frontplatte aus Linien und Punkten.

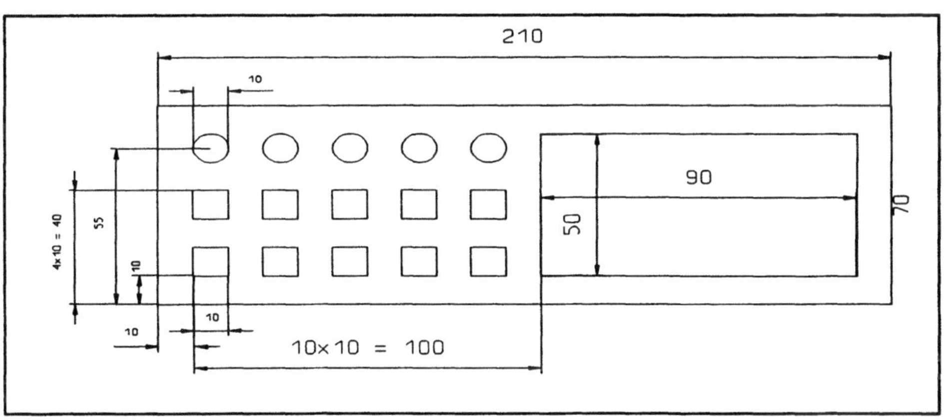

14.15.2 Aufgabe

Generieren Sie das nebenstehende Lochbild eines Bleches. Die Quadrate haben die Seitenlänge 10 Einheiten, der Durchmesser des Kreises ist beliebig.

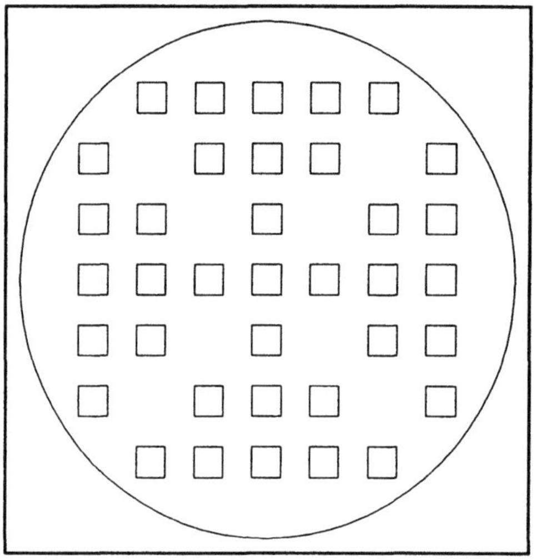

14.15.3 Aufgabe

Generieren Sie mit Punkt- und Linienbefehlen den nebenstehenden Hebel einer Maschine. Die beiden Radien R500 sind keine Tangenten an die Kreise sondern gehen von der 0° und der 180° Position der Kreise aus. Die Linien des anderen Arms gehen ebenfalls von Punkten aus.

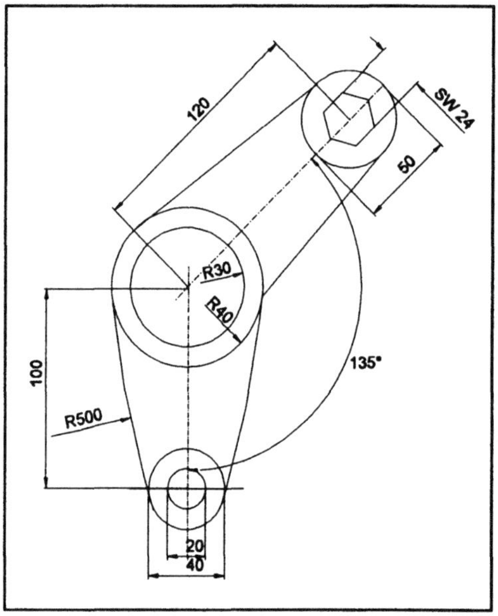

15 Flächen / Areas

Eine Stufe höher in der Priorität als Linien stehen Flächen. ANSYS unterscheidet regelmäßige Flächen , die durch 4 Punkte definiert werden, und unregelmäßige Flächen, die durch ihre Begrenzungslinien charakterisiert werden (bis 50 Linien). Im Unterschied zu den regelmäßigen Flächen können die unregelmäßigen Flächen nicht als Fläche dargestellt werden. Flächen können auch durch Drehen oder Verschieben von Linienmustern erzeugt werden.

15.1 Regelmäßige Flächen erzeugen

15.1.1 Der Befehl A

Eine regelmäßige Fläche in ANSYS ist durch genau 4 Eckpunkte gekennzeichnet. Diese Flächen werden in ANSYS ähnlich wie Elemente in der Flächenfarbe dargestellt:

A, P1, P2, P3, P4

Vier Eckpunkte einer Fläche. Die Reihenfolge muß eine geschlossene Kontur ergeben. Bei Dreiecksflächen (entartete Vierecke) muß ein Punkt doppelt eingegeben werden.

Die nebenstehende Grafik, Bild 15-1, stellt gültige A-Flächen für ANSYS dar. Viele 4-knotigen Elemente besitzen eine dreieckige Option. Diese wird durch die doppelte Eingabe einer Punktnummer gebildet. Sobald der eingeschlossene Winkel an einem Knoten einen gewissen Betrag über- oder unterschreitet, erfolgt eine Warnmeldung von ANSYS. Der Anwender wird über eventuell falsche Berechnungsergebnisse informiert, die ihre Ursachen in ungünstigen Elementformen haben.

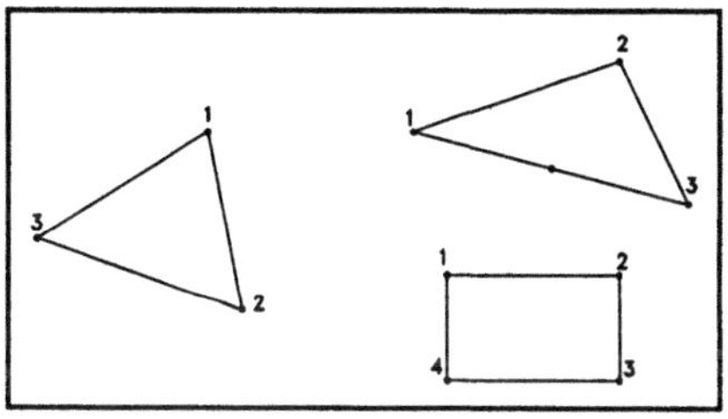

Bild 15-1 A-Flächen

15.2 Unregelmäßige Flächen erzeugen

15.2.1 Der Befehl AL

Erzeugen von unregelmäßigen Flächen:

AL, L1, L2, ..L10

Bis zu 10 Linien, die die Begrenzung einer Fläche bilden.
Der Linienzug muß geschlossen sein
Oder L1 = ALL

Bei direkter Eingabe von Liniennummern ist auf einen zusammenhängenden Linienzug zu achten. Müssen zur Definition einer Fläche mehr als 10 Linien verwendet werden, so sind diese zu selektieren und der **AL**-Befehl mit der Option L1 = ALL aufzurufen.

Alle Flächen in der nebenstehenden Grafik, Bild 15-2, sind gültige AL-Flächen in ANSYS. Diese Flächen dürfen eine beliebig geformte Umrandung aufweisen, jedoch keine innenliegenden Flächen. Solche Flächen sind dann in mehrere Einzelflächen aufzuspalten.

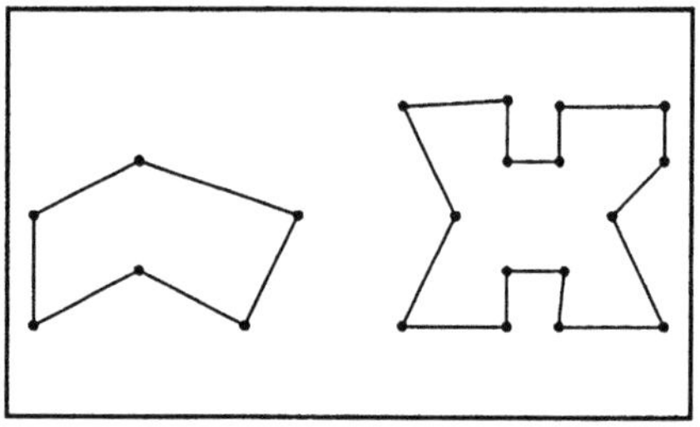

Bild 15-2 AL-Flächen

Da AL-Flächen bei der Berechnung Schwierigkeiten bereiten, versucht man bei der Modellerstellung möglichst regelmäßige 4knotige Flächen zu verwenden. Meistens kann dies durch Aufspaltung in kleinere Flächen erzielt werden.

In Bild 15-3 werden Beispiele für Flächenaufteilungen mit vier Knoten bei unregelmäßigen Konturen gegeben. Im oberen Beispiel muß die Kontur aufgespalten werden, da sie innenliegende Flächen enthält.

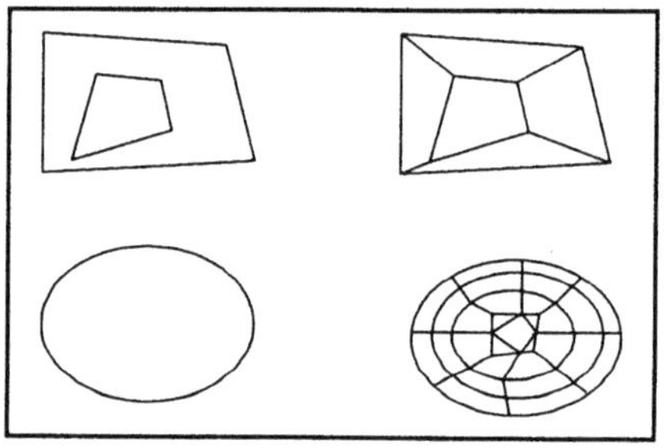

Bild 15-3 Flächenaufteilungen

15.3 Verschiedene Flächenbefehle

15.3.1 Die Befehle **AGEN, ARSYM, ATRAN, AFILLT**

Folgende Befehle haben die gleiche Bedeutung wie im Linienmodul, so daß nur die Syntax angegeben wird:

AGEN, ITIME, NA1, NA2, NINC, DX, DY, DZ, KINC

ARSYM, NCOMP, NA1, NA2, NINC, KINC

ATRAN, KCNTO, NA1, NA2, NINC, KINC

AFILLT, NA1, NA2, RAD (nur mit A - Flächen)

15.4 Fläche durch Rotieren erzeugen

15.4.1 Der Befehl **AROTAT**

Durch Rotation von Liniensegmenten werden Flächen gebildet. Die dabei entstehenden Flächen werden als regelmäßige Flächen (A-Flächen) behandelt. Da bei diesem Befehl Flächen im Raum entstehen, ist dieser Befehl in der ANSYS-ED-Version nicht verfügbar.

AROTAT, NL1, NL2, ..NL6, PAX1, PAX2, ARC, NSEG

- NSEG: Anzahl Segmente
- ARC: Bogen in ° (360°)
- PAX1, PAX2: PAX1 und PAX2 definieren die Rotationsachse
- NL1, NL2, ..NL6: Bis zu 6 Linien können gleichzeitig rotiert werden

Voreingestellt wird ein Vollkreis gezeichnet, der mit der Option ARC auf den gewünschten Winkel verändert werden kann. NSEG gibt die Anzahl der Segmente ein, wobei für je 90° eine Fläche gebildet wird. Bei einer Drehung um 360° entstehen 4 Flächen. Die Drehrichtung wird mit den beiden Achsdefinitionspunkten PAX1 und PAX2 festgelegt. Sie entspricht der Rechten-Hand-Regel des Achsvektors PAX1 - PAX2.

```
/COM Linienzug erzeugen
L,...
L,...
L,..
/COM Achspunkte erzeugen
K,,...
K,,...
```

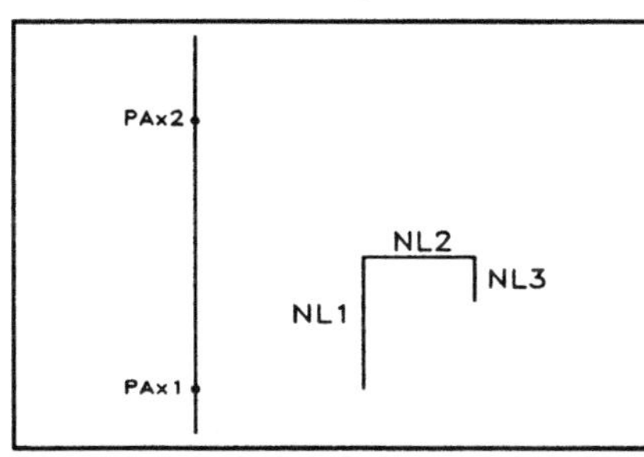


```
/COM Flaeche durch Rotieren
/COM erzeugen
AROTAT,L1,L2,L3,,,,PX1,PX2,45
/COM fuer L1-L3 und PX1 und
/COM PX2 sind die Linien- und
/COM Punktnummern einzusetzen
```

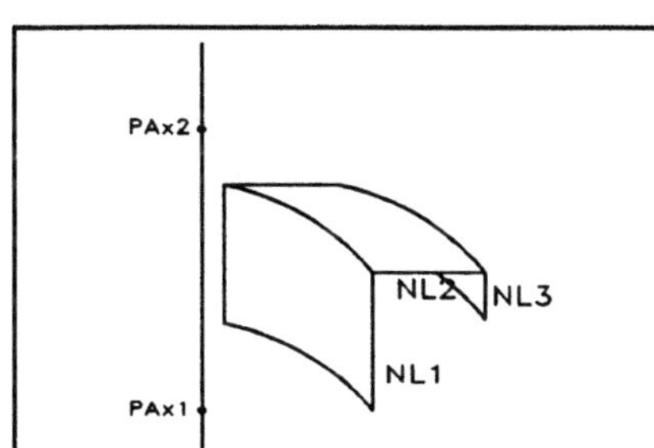

15.5 Fläche durch Verschieben erzeugen

15.5.1 Der Befehl ADRAG

ADRAG, NL1, NL2, ..NL6, NP1, NP2, ..NP6

Bis zu 6 Linien, die den Verschiebungspfad angeben. (NP1 … NP6)

Bis zu 6 Linien, die verschoben werden. Die Linien müssen zusammenhängend sein. (NL1 … NL6)

Im Gegensatz zum **AROTAT**-Befehl ist dieser Befehl in der ANSYS-ED-Version verfügbar. Z-Koordinaten werden dabei auf 0 gesetzt.

Der zusammenhängende Linienzug wird entlang des definierten Pfades verschoben. Der Pfad kann eine Folge beliebiger Linien sein, auch Splines. Jedes verschobene Linienelement erzeugt eine Fläche.

```
/COM Linienzug als Kontur
/COM erzeugen
L,..
L,..
.
/COM Linienzug als Pfad
/COM erzeugen
L,...
L,..
```

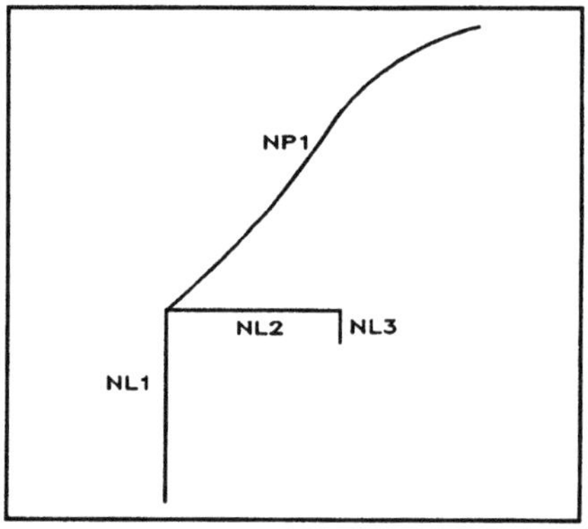


```
/COM Linien NL1-NL2 entlang
/COM des Pfades NP1 schieben
ADRAG,NL1,NL2,NL3,,,,NP1
/COM fuer NL1-NL3 und NP1
/COM muessen die entsprechen-
/COM den Liniennummern einge-
/COM tragen werden
```

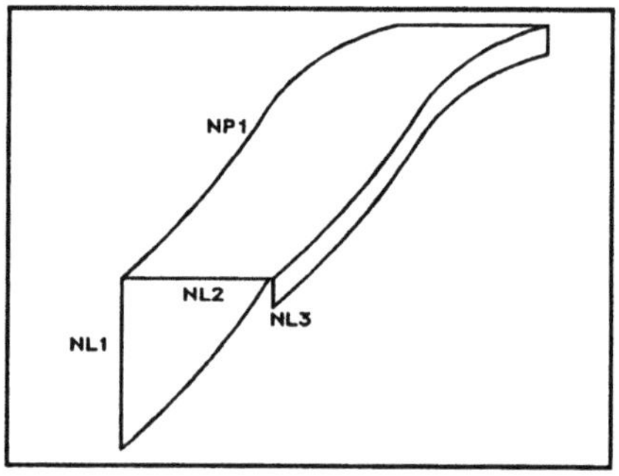

15.6 Fläche unterteilen

15.6.1 Der Befehl **ASUB**

In einer regelmäßigen Fläche kann durch Angabe von vier Flächenpunkten eine kleinere Fläche generiert werden:

ASUB, NA1, P1, P2, P3, P4

P1, P2, P3, P4: Vier Eckpunkte einer Fläche, die in der Fläche NA1 liegen müssen.

NA1: Nummer der erzeugenden Fläche.

```
/COM Flaeche erzeugen
K,1,...
K,2,...
K,3,...
K,4,...
A,1,2,3,4
/COM A1 ist eine Regelfläche
```

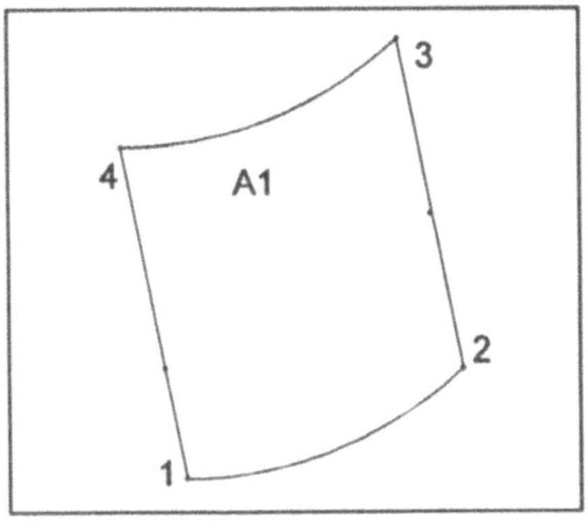


```
/COM Flaeche unterteilen
/COM Punkte generieren
K,5,...
K,6,...
/COM K5 und K6 muessen
/COM auf den Linien liegen.
/COM eventuell Linien unter-
/COM teilen
ASUB,1,1,2,5,6
/COM P1,P2,P5 und P6 liegen
/COM auf der Flaeche A1 und
/COM bilden wieder eine
/COM Regelflaeche
```

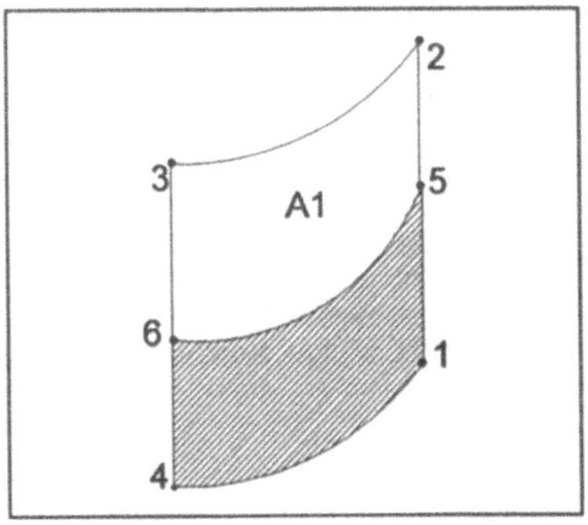

15.7 Parallelfläche erzeugen

15.7.1 der Befehl **AOFFST**

Eine neue Fläche kann auch im Abstand zu einer gegebenen Fläche erzeugt werden. Da alle drei Dimensionen benötigt werden, ist dieser Befehl in der ANSYS-ED-Version nicht verfügbar:

AOFFST, NAREA, DIST, KINC

- *KINC*: Nummerninkrement für die Punkte in der neuen Fläche
- *DIST*: Abstand der Flächen
- *NAREA*: Nummer der Ausgangsfläche (oder ALL für alle selektierten Flächen)

```
/COM Flaeche erzeugen
A,1,2,3,4
```

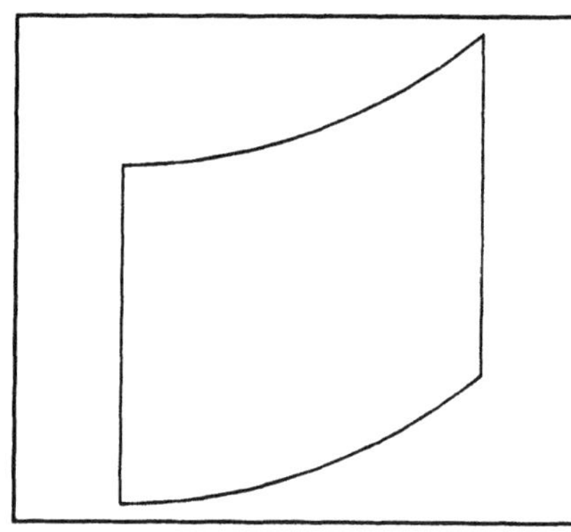

```
/COM Parallelflaeche erzeugen
AOFFST,1,30,100
/COM Flaeche Nr.1
/COM im Abstand 30
/COM neue Nummern =
/COM alte Nummern + 100
```

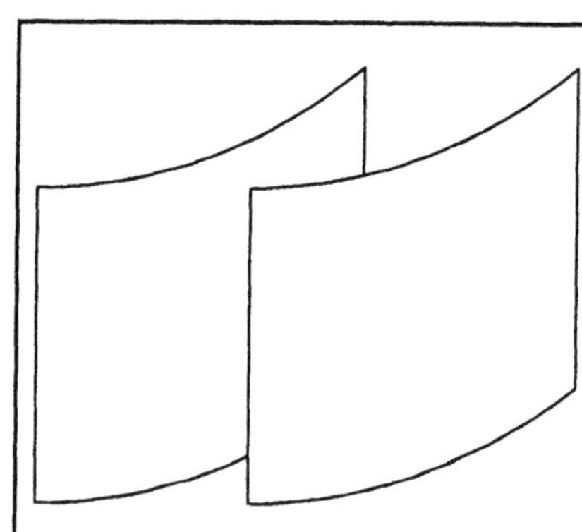

15.8 Flächen anzeigen, löschen und auflisten

15.8.1 Die Befehle **APLOT, ADELE, ALIST**

Zur Darstellung und zum Löschen von Flächen werden die abgewandelten Punktbefehle benutzt. Deshalb hier nur die Syntax:

APLOT, NA1, NA2, NINC

ALIST, NA1, NA2, NINC

ADELE, NA1, NA2, NINC, KSWP

/PNUM, AREA, 1

15.9 Übungen mit Flächen

15.9.1 Aufgabe

Unterteilen Sie das Viertel einer Lochplatte mit Flächen. Für die spätere Vernetzung sollen die Flächen genau vier Ecken besitzen. Bedenken Sie daß für die spätere Vernetzung mehrere Flächen benötigt werden, um die Vernetzung besser steuern zu können.

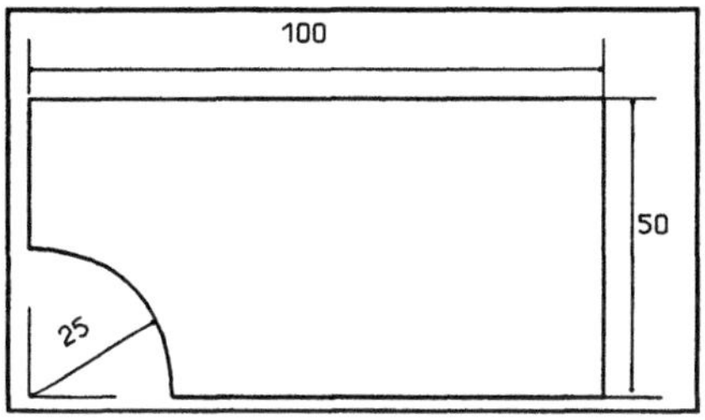

16 Volumina / Volumes

Wie schon bei den Flächen, wird auch bei den Körpern zwischen regelmäßigen (definiert durch 8 Eckpunkte) und unregelmäßigen Körpern unterschieden. Unregelmäßige Körper (**VA**) werden im Gegensatz zu regelmäßigen Körpern (**V**) durch bis zu 50 Begrenzungsflächen definiert. Unregelmäßige Körper werden nur mit Dreieckselementen (Tetraedern) vernetzt. Da diese zu einer hohen Anzahl von Elementen führen (mit einer dementsprechend langen Rechenzeit) und außerdem sich in der Berechnung zu steif verhalten, sollte versucht werden, das Modell aus Quadern zu erzeugen. Alle Befehle mit Volumina sind in der ANSYS-ED-Version nicht verfügbar.

16.1 Körper erzeugen

16.1.1 Der Befehl **V**

Der Befehl **V** erzeugt aus 8 Punkten regelmäßige Volumina (Quader).

V, P1, P2, P3, P4, P5, P6, P7, P8

8 Eckpunkte eines Quaders oder
P1 = Pick für die Selektion mit der Maus

Die 8 Eckpunkte müssen in einer zusammenhängenden Reihenfolge eingegeben werden. Zuerst alle Punkte, die eine Fläche umschließen, danach die Punkte der gegenüberliegenden Fläche im gleichen Umlaufsinn.

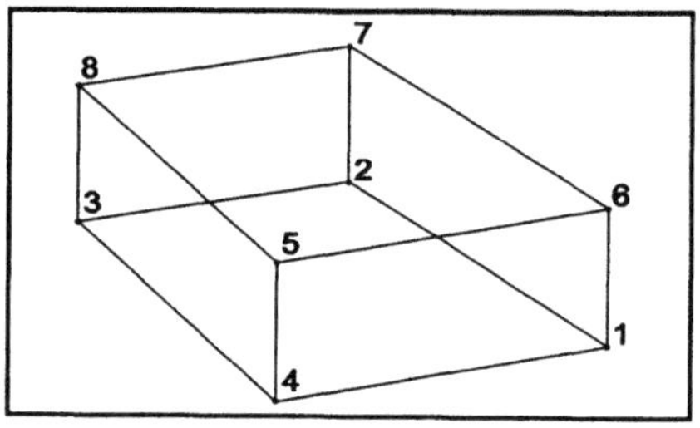

16.2 Unregelmäßige Volumina

16.2.1 Der Befehl **VA**

Ebenso wie bei den Flächen können auch Volumina beliebig umrandet sein. ANSYS kann ein durch bis zu 50 Flächen eingeschlossenes Volumen noch richtig erkennen. eine Vernetzung mit Quadern ist bei diesen Volumina nicht möglich.

VA, A1, A2, ..A10

Direkteingabe von bis zu zehn Flächen die
einen Körper umschließen, ansonsten mit
A1 = ALL bis zu 50 selektierte Flächen.

16.3 Volumen generieren und verändern

16.3.1 Die Befehle VGEN, VSYMM, VTRAN, VROTAT, VDRAG, VPLOT, VLIST

Die folgenden Befehle sind aus dem Linien- oder Flächenmodul bekannt, so daß nur die Syntax angegeben wird:

VGEN, ITIME, NV1, NV2, NINC, DX, DY, DZ, KINC

VSYMM, NCOMP, NV1, NV2, NINC, KINC

VTRAN, KCNTO, NV1, NV2, NINC, KINC

VROTAT, NA1, NA2, ..NA6, PAX1, PAX2, ARC, NSEG

VDRAG, NA1, NA2, ..NA6, NP1, NP2, ..NP6

VPLOT, NV1, NV2, NINC

VLIST, NV1, NV2, NINC

VDELE, NV1, NV2, NINC

/PNUM,VOLU,1

Alle diese Befehle sind in der ANSYS-ED-Version nicht verfügbar. Ein Beispiel entfällt deshalb.

17 Geometrieerzeugung extern / Transfer

Da das Solid-Modeling-Modul im Prinzip ein kleines CAD-System darstellt, liegt es nahe, die Erzeugung der Geometrie vollständig auf einem reinen CAD-System vorzunehmen. Die Vorteile sind eine Vielfalt von speziellen Zeichen- und Manipulierbefehlen, die in ANSYS nicht verfügbar sind. Nachteilig ist, daß die Vernetzung im ANSYS-Preprozessor stattfinden muß. Es gibt allerdings auch schon CAD-Systeme, die Geometrien eigenständig vernetzen können, so daß in ANSYS nur noch die Lasten aufgebracht werden müssen. Danach kann die Berechnung erfolgen.

ANSYS bietet für den Geometrietransfer verschiedene Schnittstellen an. Neben der externen DXF-Schnittstelle (auf Verlangen für AutoCAD) bietet die interne IGES-Schnittstelle ein genormtes Protokoll für den Datenaustausch mit anderen Systemen an. Außerdem ist noch ein ANSYS-ASCII-Format für Berechnung auf verschiedenen Hardwareplattformen verfügbar. In den folgenden Beispielen sollen die CAD-Systeme AutoCAD als Beispiel für die DXF-Schnittstelle und PROREN als Beispiel für den Umgang mit der IGES-Schnittstelle dienen. Die besprochenen Probleme sind allgemeingültig, lediglich CAD-systemspezifische Befehle müssen für andere Systeme angepasst werden.

17.1 Datenaustausch PROREN-ANSYS

Die Datenübertragung der Proren-Geometriedaten in ANSYS wird über die gemeinsame IGES-Schnittstelle abgewickelt. IGES (Initial Graphics Exchange Specification) ist ein neutrales Übertragungsformat, das von National Bureau of Standards der USA entwickelt wurde. ANSYS unterstützt in der 4.4 Version die IGES- Version 3.0 im ASCII-Format. Die IGES-Schnittstelle in Proren ist bis zur Version 1.3 implementiert. Durch diese Beschränkung werden von Proren nur Punkte und Linien definiert. Die Flächenzuordnung muß in ANSYS erfolgen.

In Proren wird nach der Geometrieerzeugung auf der Tastatur der Befehl: **IGESAUS** aufgerufen. Da die Vorgaben sinnvoll gewählt wurden, sollten sie übernommen werden. Proren erstellt nun ein File mit dem Namen **IGESAUS.IW** im aktuellen Verzeichnis.

Zur Weiterverarbeitung in ANSYS muß das File in **FILE14.DAT** umbenannt und in das gewünschte Verzeichnis kopiert werden. ANSYS bietet für die Übersetzung der IGES-Befehle die vorgefertigte Userroutine AUX15 an. Der gesamte Übersetzungsablauf sollte in eine Batchdatei geschrieben werden, die in ANSYS einfach aufgerufen werden kann. Diese Ablaufdatei für die Konvertierung muß folgenden Inhalt aufweisen:

```
/COM Uebersetzungsroutine Proren-ANSYS
/COM Uebersetzer aufrufen
/AUX15

/COM Eingabe-, Ausgabedateien definieren
FILE,15,14
/COM Konvertiert von File14.DAT in File15.DAT

/COM Angabe der Art und Aufruf der Konvertierung
IGES

/COM Ende der Datei
FINISH
```

Nach dem Abspeichern der Datei muß in einem ANSYS-Lauf die Konvertierungsdatei mit **/INPUT,<Dateiname>,<Ext.>** gestartet werden. Dies kann nur in der obersten Ebene (nicht im Pre- oder Postprozessor) ausgeführt werden. Nach dem Aufruf des Preprozessors werden die Geometriedaten aus FILE15.DAT mit **/INPUT,15** eingelesen. Sie können dann mit den üblichen ANSYS-Befehlen dargestellt und weiterbearbeitet werden.

17.2 Datenaustausch AutoCAD-ANSYS

Für die Geometrieübergabe von AutoCAD nach ANSYS wird die DXF- Schnittstelle beider Programme benutzt. Hierzu wird in AutoCAD der Befehl **DXFOUT** eingeben, der die Zeichnung aufbereitet und in eine Datei mit der Endung .DXF schreibt.

Der DXF-ANSYS-Übersetzer ist nicht in ANSYS integriert, sondern ein eigenständiges Programm, das separat aufgerufen werden muß. Das Programm ist beim deutschen Supporter erhältlich. Es erzeugt ein File15.DAT, das im ANSYS-Preprozessor mit dem Befehl **/INPUT,15** eingelesen wird. Gestartet wird der Übersetzer mit **DXF2ANS** in jweiligen Unterverzeichnis. Nach der Eingabe des Dateinamens (ohne die Endung .DXF) werden die zu übersetzenden Layer abgefragt. Als Antwort werden ALL, oder einzelne Layernummern (durch Kommata getrennt z.B. 1,3,5,7) oder nur die Return-Taste angenommen. Einer Bestätigung durch die Return-Taste entspricht die Konvertierung aller Layer. Danach wird die Konvertierung gestartet und die Datei File15.DAT angelegt. Diese Geometriedaten werden dann, wie oben beschrieben, in ANSYS eingelesen.

18 Vernetzen der Geometrie

Die bisher erstellte Geometrie ist für die Berechnung mit einem Finite-Elemente-Programm unbrauchbar. Es wurden keine Knotenpunkte (sondern nur Geometriepunkte) und keine Elemente definiert. Somit kann die zur Berechnung notwendige Elementmatrix nicht erstellt werden. Die Überführung einer Geometrie in eine Knoten / Elementestruktur wird Vernetzen genannt und von ANSYS zum Teil automatisch durchgeführt.

Vorbedingung für das Vernetzen ist ein definierter Elementtyp. Es empfiehlt sich, auch die Real- und Materialkonstanten am Anfang einer Berechnung zu definieren, um spätere Fehlermeldungen zu vermeiden.

Die Vernetzung kann vollständig automatisch oder unter Kontrolle des Anwenders erfolgen. Auf jeden Fall werden zuerst die Vernetzungsparameter eingestellt und in einem weiteren Schritt die Vernetzung gestartet.

18.1 Kontrolle der Elementgröße

18.1.1 Der Befehl **ELSIZE**

Die einfachste Kontrolle der Vernetzung besteht in der Angabe der Elementgröße. Durch detailliertere Angaben können einzelne Bereiche feiner vernetzt oder sogar auf einen Punkt hin konzentriert werden.

Der **ELSIZE**-Befehl bestimmt die Anzahl der Teilungen von Linien oder die Größe eines Elementes. Dieser Befehl wird als Abschluß der anderen Steuerungsbefehle verwendet, da er vorherige Definitionen von Streckenteilungen und Elementgrößen nicht überschreibt. Nach diesem Befehl kann die Vernetzung mit einem **MESH**-Befehl gestartet werden.

ELSIZE, SIZE, NDIV, KSHAPE, KSTR

KSTR:
0 = Mittelknoten der Elemente folgen der Kontur
1 = Mittelknoten der Elemente bilden gerade Linie mit Eckknoten

KSHAPE:
0 = gebrauche charakteristische Elementgestalt

1 = gebrauche Dreieckselemente
2 = gebrauche Viereckelemente

NDIV: Anzahl der Teilungen für Linien (wenn Size = 0)

SIZE: Eckenlänge eines Elements

Die Auswahl einer bestimmten Elementgestalt ist lediglich eine Empfehlung an das System. Gibt der Elementtyp nur Tetraeder vor (z.B. STIF92) so kann das System keine Quader erzeugen. Elemente, die als Vierecke oder Quader definiert werden, lassen sich in Dreiecke bzw. in Tetraeder umwandeln.

18.2 Linien für die Vernetzung unterteilen

18.2.1 Der Befehl **LDVS**

Neben dem **ELSIZE**-Befehl kann die Vorbereitung der Vernetzung für Linien auch mit dem **LDVS**-Befehl erfolgen. Dabei kann die Unterteilung, bzw. die Elementgröße für jede Linie verschieden bestimmt werden.

LDVS, NL1, SIZE, NDIV, SPACE, KFORC

KFORC:
Für NL1 = ALL
modifiziere Linien mit:
0 = keine Teilungen/unvernetzt
1 = alle selektierten
2 = weniger Teilungen als angegeben
3 = mehr Teilungen als angeben

SPACE:
Verhältnis der ersten zur letzten Teilungsgröße. Vorgabe 1 entspricht einer gleichmäßigen Teilung

NDIV:
Anzahl der Teilungen pro Liniensegment
Bei SIZE = ANGLE wird die Anzahl als Winkel interpretiert
-1 und KForc = 1 = > setze alle Teilungen zurück

SIZE:
Angabe der zukünftigen Elementgröße oder des Teilungswinkels (NDIV = ANGLE)

NL1:
Nummer der Linie, kann auch ALL sein

In der Bildschirmdarstellung wird die über **LDVS** beeinflußte Linie gestrichelt gezeichnet. In jeder Unterbrechung der Linie setzt das System beim späteren Vernetzen einen Knoten. Die jeweilige Strichlänge entspricht der Seitenlänge eines Elements. Mit diesen Vorgaben versucht das System das Innere von Flächen und Volumina zu vernetzen, um eine Knoten-Elemente-Struktur aufzubauen. Durch die Darstellung der unterteilten Linie kann der Anwender die Vernetzung nach seinen Wünschen steuern und kontrollieren.

Über die Option KFORC lassen sich bereits unterteilte Linien beeinflussen.

18.3 Elementgröße in Punktumgebung

18.3.1 Der Befehl KSCON

KSCON steuert die Vernetzung in der Nähe eines Punktes. Dabei werden in Punktnähe kleine Unterteilungen erzeugt, die mit steigender Entfernung größer werden. **KSCON** gilt nur für Flächen und darf nur einmal in einer nichtvernetzten Fläche verwendet werden. Mehrere Konzentrationspunkte in einer Fläche sind daher mit dem **KSCON**-Befehl nicht zulässig.

KSCON, NPT, DELR, KCTIP, NTHET, RRAT

- *RRAT*: Verhältnis der Elementgröße der zweiten Reihe zur ersten Reihe. Voreinstellung ist 0.75
- *NTHET*: Anzahl der Elemente am Punkt. Ca. alle 30° ein Element
- *KCTIP*: Für Rißspitzenelemente = 1, sonst 0
- *DELR*: Radius der ersten Elementreihe um den Konzentrationspunkt
- *NPT*: Nummer des Konzentrationspunktes. Sind die übrigen Optionen leer, wird die Verdichtung an diesem Punkt zurückgenommen

Im Beispiel sollen die Elemente um Punkt 1 sehr klein werden, da hier hohe Spannungsgradienten zu erwarten sind.

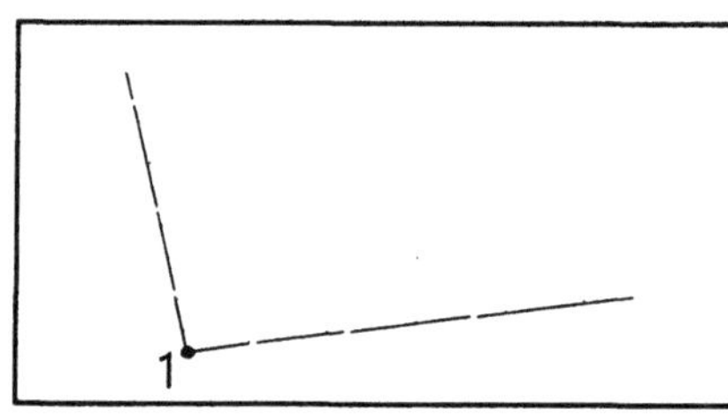


```
KSCON,1,1,,4,1.5
```

Der Radius der ersten Elementreihe beträgt 1mm. Der am Punkt eingeschlossene Winkel wird in vier Teile unterteilt. Die weiteren Elementreihen sind 1.5 mal größer als die vorgehende Reihe.

Zur Vernetzung werden die eingegebenen Werte verwendet. Die Elemente werden radial zum Konzentrationspunkt angeordnet. Der Spannungsverlauf kann durch die Verkleinerung der Elemente am Punkt 1 genügend genau wiedergegeben werden.

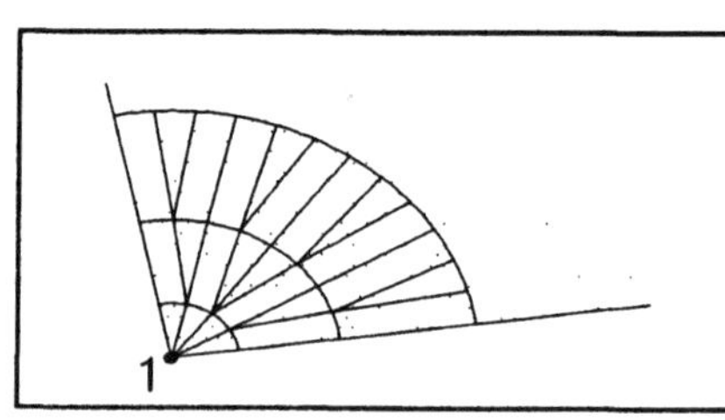

Da sich dieser Befehl auf Flächenelemente bezieht, wird er bei Verwendung eines anderen Elementtyps ausgefiltert.

18.4 Elementgröße an vorgegebenen Punkt

18.4.1 Der Befehl KDVS

Im Gegensatz zu **KSCON** ist **KDVS** für 2- und 3-D-Elemente gleichermaßen geeignet. Dieser Befehl gibt lediglich die Größe des am nächsten zum Punkt gelegenen Elementes vor. Die Unterteilung des Restes der Linie muß mit dem Befehl **LDVA** erfolgen.

KDVS, NPT, SIZE, FACT

- FACT: Faktor zur Veränderung einer bereits definierten Größe
- SIZE: Größe des Elementes am Punkt
- NPT: Nummer des Punktes (oder ALL)

Durch die nachträgliche Korrektur der Elementgröße über die Option FACT eignet sich dieser Befehl für das adaptive Vernetzen. Anhand der relativen Fehlerenergie kann dann das erzeugte Netz an diesem Punkt verfeinert werden, um genauere Ergebnisse zu erzielen.

18.5 Elementanzahl bei Linien anpassen

18.5.1 Der Befehl LDVA

LDVA, KUNSL, REXT, RINT

- RINT: max. Verhältnis der Unterteilungen entlang der Linie. Vorgabe = 1.5
- REXT: Verhältnis der gewünschten zur errechneten Unterteilung. Vorgabe = 1.5
- KUNSL:
  0 = nur selektierte Linien bestimmen die minimale Anzahl der Unterteilungen
  1 = alle Linien bestimmen die minimale Anzahl der Unterteilungen (siehe Text)

Mit dem Befehl **KDVS** wird lediglich die Elementgröße in der Umgebung eines Punktes definiert. Am anderen Punkt wird eine minimale Anzahl von Unterteilungen (mit entsprechender Elementgröße) entweder aus allen davon abgehenden Linien, oder aus allen selektierten abgehenden Linien bestimmt. Die daraus resultierende Elementgröße gilt als Vorgabe für das andere Ende der unvernetzten Linie. **LDVA** paßt die Unterteilungen der Linien zwischen diesen beiden Größen an.

In der Praxis bedeutet dies, daß der **LDVA**-Befehl keine Linien für die Vernetzung vorbereiten kann, die nur an einem Ende mit einer Angabe über die zukünftige Elementgröße versehen sind. Gehen von beiden Endpunkten einer Linie bereits unterteilte Linien ab (oder ist an einem Punkt die Elementgröße mit **KSCON** bestimmt), kann **LDVA** die Linienunterteilung vornehmen. Die Optionen des Befehls steuern dabei die Abweichungen zu den Vorgaben, wenn bei der Anpassung Kompromisse zwischen Anzahl und Elementgröße an den Enden getroffen werden müssen.

Als Vorgehensweise empfiehlt es sich, die Linien mit gleichverteilten Elementgrößen zu selektieren und mit dem **LDVS**-Befehl für die Vernetzung vorzubereiten. Verkleinerungen auf einen Punkt hin werden dann mit dem **KDVS**-Befehl eingegeben. Die Linien, die dann von solchen Punkten ausgehen, treffen dann im anderen Endpunkt auf Linien, deren Elementgröße bereits gesetzt wurde. Der **LDVA**-Befehl kann nun für die Verbindungslinien die nötigen Unterteilungen ohne Fehlermeldung vollziehen.

18.6 Starten der Vernetzung

18.6.1 Der Befehl **MESH**

Die eigentliche Aktion des Vernetzens wird mit folgenden Befehlen ausgeführt:

KMESH, NP1, NP2, NINC	Vernetzen von Punkten
LMESH, NL1, NL2, NINC	Vernetzen von Linien
AMESH, NA1, NA2, NINC	Vernetzen von Flächen
VMESH, NV1, NV2, NINC	Vernetzen von Volumina

Die jeweiligen Optionen bedeuten eine Anfangsnummer, eine Endnummer und einen Nummernabstand. Die Anfangsnummer kann dabei auch die Option ALL sein, die alle bisher nicht vernetzten Körper vernetzt.

Diese Befehle starten die Vernetzung für mehrere Punkte, Linien, .. . Sollte das in der Hierarchie tiefer stehende Geometrieelement noch nicht vernetzt sein, so wird dieses automatisch zuerst vernetzt. Danach schließt sich dann die eigentlich mit dem Befehl gestartete Vernetzung an.

18.7 Löschen eines Netzes

18.7.1 Der Befehl CLEAR

Zum Löschen eines Netzes, das mit einem **MESH**-Befehl erzeugt wurde, werden die **CLEAR**-Befehle benutzt:

KCLEAR, NP1, NP2, NINC	Löschen eines Punktnetzes
LCLEAR, NL1, NL2, NINC	Löschen eines Liniennetzes
ACLEAR, NA1, NA2, NINC	Löschen eines Flächennetzes
VCLEAR, NV1, NV2, NINC	Löschen eines Volumennetzes

Liniennetze können nicht gelöscht werden, wenn noch Volumen- oder Flächennetze existieren.

18.8 Beispiele zur Venetzungssteuerung

Mit diesen Befehlen werden die Linien für die zukünftigen Elementgrößen unterteilt. Nach dem Vernetzen lassen sich diese Unterteilungen nur nach dem Löschen der erzeugten Knoten-Elemente-Struktur ändern. Dies erfordert jedoch eine erneute Vernetzung mit dem **MESH**-Befehl und somit Zeit.

Strecken sollten am Anfang (bis entsprechende Erfahrung vorhanden ist) nicht zu fein vernetzt werden. 10 Elemente pro Linie sind meist mehr als ausreichend. Im Allgemeinen wird man, wenn die Zeit zum Probieren vorhanden ist, mit 5 Teilungen pro Strecke anfangen. Dies gilt nicht für spezielle Probleme in denen steile Spannungsgradienten über einer Streckenlänge zu erwarten sind. Dies erfordert entweder eine hohe Unterteilungszahl oder eine ungleichmäßige Verteilung der Elementgröße. Dieser Allgemeinplatz soll nur ein Anhaltspunkt sein, um in einer vernünftigen Zeit die Vernetzung vollziehen zu können.

Da die Vernetzungsbefehle am Anfang nur Fehlermeldungen produzieren, soll anhand eines Beispiel eine vordefinierte Vernetzung durchgeführt werden:

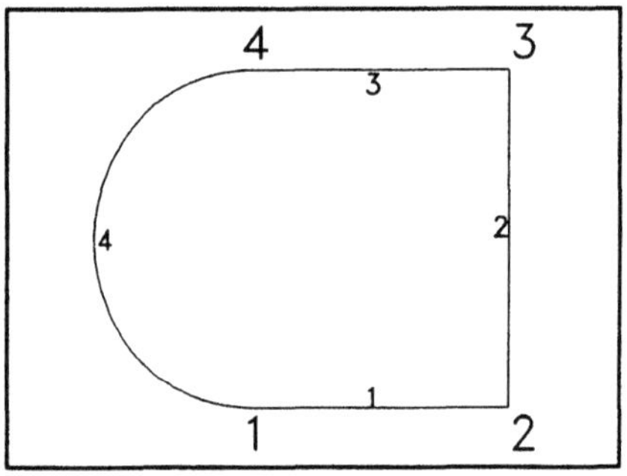

Dies ist die Ausgangsfigur, die vernetzt werden soll. Zur Vernetzungsvorbereitung wird der **LDVS**-Befehl eingeben:

LDVS,2,,3

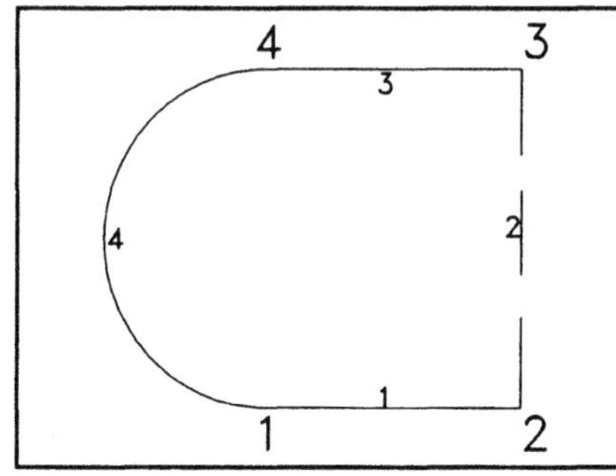

Linie 2 soll mit 3 Elementen vernetzt werden.

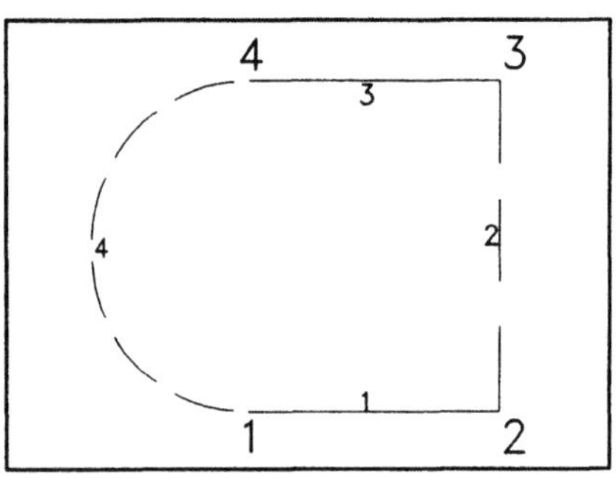

Am Bogen (Linie 4) sollen Elemente im Abstand von 30° plaziert werden:

LDVS,4,30,ANGLE

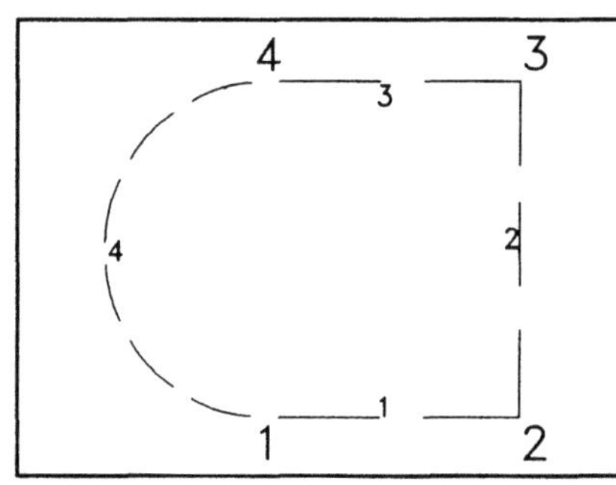

Die noch nicht für die Vernetzung vorbereiteten Linien sollen zwei Elemente erhalten:

LDVS,ALL,,2,,2

Unterteilt wurden alle unvernetzten Linien, die weniger als 2 Teilungen enthielten.

Zum Löschen der Unterteilungen wird der LDVS-Befehl mit folgenden Optionen eingegeben:

LDVS,ALL,,-1,,1

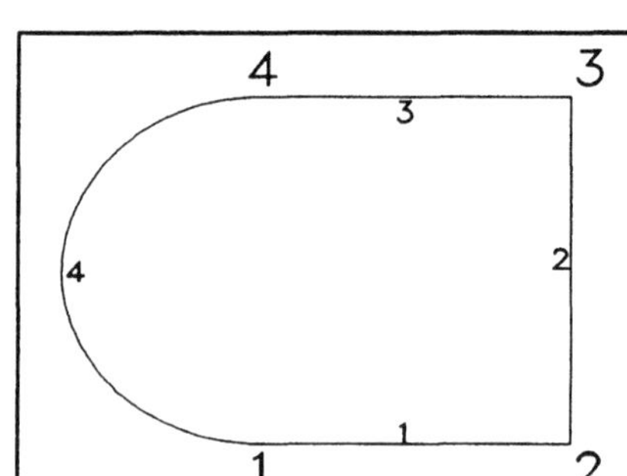

Die Konzentration der Elemente um einen Punkt wurde durch eine Kombination der Befehle erreicht:

Hier wieder die Ausgangsfigur. Das Netz soll auf den Punkt 2 hin dichter werden. Die Länge der Linien 1 -2 und 2 - 3 beträgt 10 Längeneinheiten.

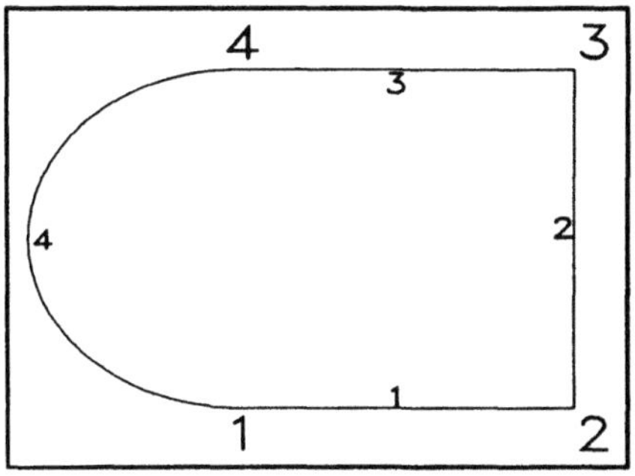

Die Elementgröße um Punkt 1 wird mit 1 vorgegeben. Die Linie 2 wird 3 mal, die Linie 1 wird 2 mal unterteilt. Danach werden mit **LDVA** die Teilungen angepasst. Fehlermeldungen, da noch nicht alle Linien unterteilt sind, sollten ignoriert werden.

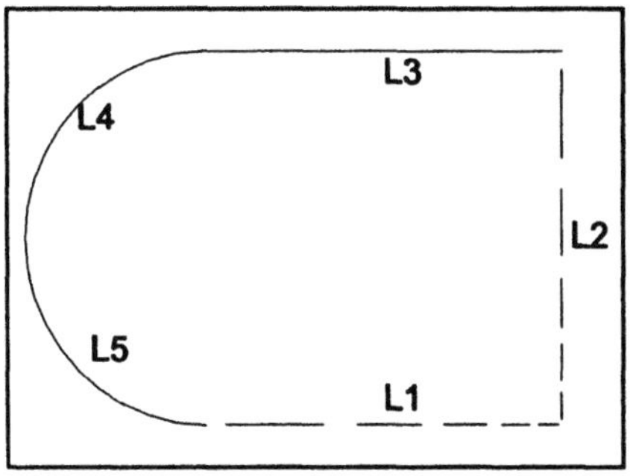


```
KDVS,2,1
LDVS,1,,2
LDVS,2,,3
LDVA
```

Linie 3 soll vier Unterteilungen erhalten:

```
LDVS,3,,4
```

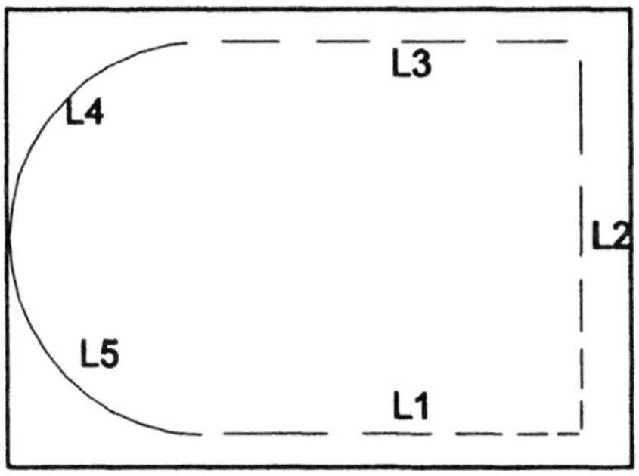

und als letztes den Kreisbogen unterteilen:

```
LDVS,4,,2
LDVS,5,,2
```

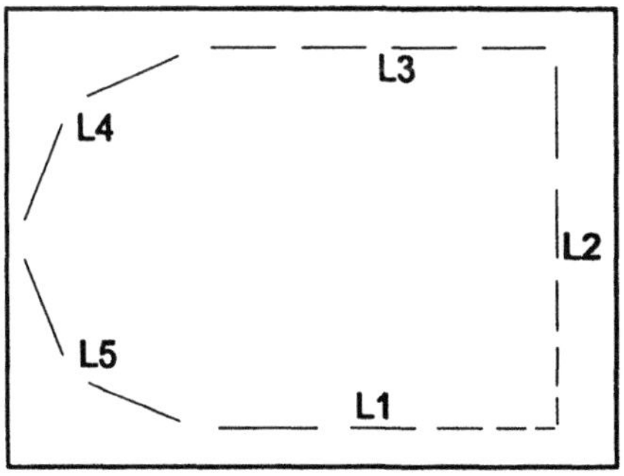

Mit dem Mesh-Befehl wird die Vernetzung eingeleitet:

```
AMESH,1
```

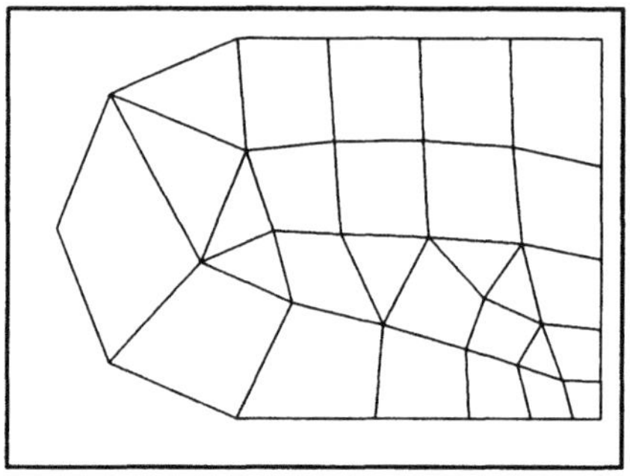

Das Löschen erfolgt mit dem Clear-Befehl:

```
ACLEAR,1
```

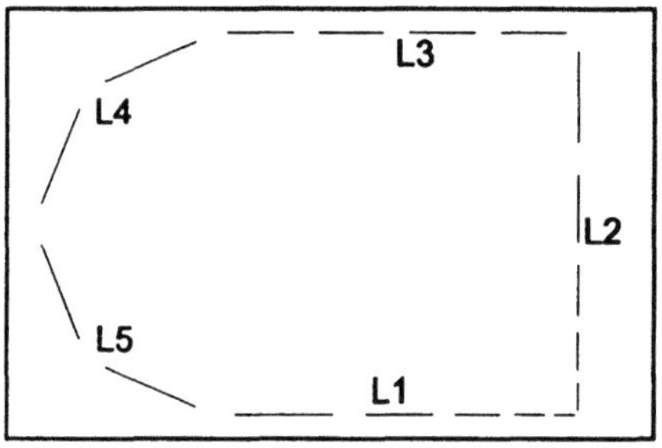

18.9 Knoten und Elemente vom Solid Model lösen

18.9.1 Der Befehl MODMESH

Mit dem **MODMESH**-Befehl kann die Beziehung zwischen dem geometrischem Modell und der Knoten-Elemente-Struktur gelöst werden. Einzelne Knoten oder Elemente können dann gelöscht oder verschoben werden. Dieser Befehl sollte vorsichtig angewendet werden, denn nach einem erfolgten **MODMSH**-Befehl können z.B. die an einem geometrischen Modell definierten Lager- und Lastbedingungen nicht mehr auf Knoten und Elemente übertragen werden. Auch können sämtliche Befehle, die sich am geometrischen Modell orientieren, nicht mehr ausgeführt werden (z.B. **ACLEAR**). Für die Unentwegten trotzdem die Syntax des Befehles:

MODMSH, LAB

Detach : löst Solid- und Finite-Modell voneinander
Stat : gibt den Status des Befehls

18.10 Übungen zur Netzgenerierung

18.10.1 Aufgabe

Verwenden Sie die Lochplatte aus dem Beispiel 15.9.1 und vernetzen Sie das Viertel. Bedenken Sie, daß die Spannung am Lochrand wahrscheinlich ansteigt und deshalb feiner vernetzt werden muß. Versuchen Sie nur mit Vierecken zu vernetzen. Dabei werden Sie Warnhinweise durch zu verzerrte Elemente bekommen. Ignorieren Sie für das Beispiel die Meldungen. Probieren Sie verschiedene Möglichkeiten der Vernetzungssteuerung.

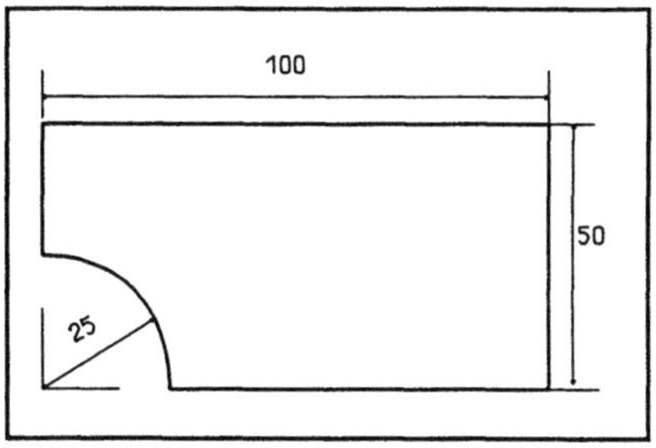

19 Last- / Lagerbedingungen am Solid Model

Ebenso wie an Knoten können die Lager- und Lastbedingungen auch an das Solid Model appliziert werden. Der Vorteil ist die Unabhängigkeit von der Netzgestaltung. Wird das Netz feiner gelöscht und feiner vernetzt, werden mit einem Befehl sämtliche Umgebungsbedingungen wieder auf die einzelnen Knoten und Elemente übertragen.

19.1 Kräfte am Solid Model

19.1.1 Der Befehl **KF**

Der **F**-Befehl für Kräfte an Knoten hat eine Entsprechung im Solid Model:

KF, NPT, LAB, FORCE, CFORCE

- FORCE, CFORCE: Real und Imaginärteil der Kraft
- LAB: Richtung der Krafteinwirkung FX, FY, FZ, MX, MY, MZ
- NPT: Nummer des Punktes, an dem die Kraft angreift

19.2 Drücke /Pressungen am Solid Model

19.2.1 Die Befehle **LPSF** und **APSF**

Außer Kräften können auch Drücke / Pressungen auf Linien oder Flächen aufgebracht werden. LPSF definiert eine Linienpressung, APSF eine Flächenpressung:

LPSF, NL1, PRESS,, KCN, SLDIR, ..

- KCN, SLDIR: Die weiteren Optionen wurden beim **PSF**-Befehl besprochen
- PRESS: Wert der Pressung
- NL1: Liniennummer oder ALL für alle selektierten Linien

Der Befehl **APSF** appliziert auf eine bereits erzeugte Fläche Zug- oder Druckkräfte:

APSF, NA1, PRESS,, KCN, SLDIR, ..

- KCN, SLDIR, ..: Die weiteren Optionen wurden beim **PSF**-Befehl besprochen
- PRESS: Wert der Pressung
- NA1: Flächennummer oder ALL für alle selektierten Flächen

19.3 Lagerbedingungen am Solid Model

19.3.1 Der Befehl KD

Entsprechend dem **D**-Befehl für Knoten setzt der **KD**-Befehl die Lagerbedingung für Punkte (Keypoints) fest.

***KD**, NPT, LAB, DISP, CDISP, KYFLD*

- KYFLD:
  - 0 = Lagerbedingung gilt nur für den dem Punkt entsprechenden Knoten
  - 1 = Lagerbed. wird auf alle Knoten zwischen Punkten mit KYFLD=1 übertragen
- DISP, CDISP: Real und Imaginäranteil der Verschiebung
- LAB: Richtungsangabe UX, UY, UZ, ROTX, ROTY, ROTZ, ALL
- NPT: Nummer des Punktes oder ALL

Mit der Option KYFLD können Verschiebungen entlang einer Linie/Fläche definiert werden. Dazu werden die Endpunkte mit KYFLD = 1 markiert. ANSYS interpoliert die Verschiebungen der Endpunkte für den durch die Vernetzung entstehenden Knoten. Wird einem Punkt die Option KYFLD = 0 zugeordnet, so gilt die Verschiebung nur für den Punkt und dem zugehörigen Knoten, nicht aber für Knoten in der Nachbarschaft.

19.4 Symmetriebedingungen am Solid Model

19.4.1 Die Befehle LSBC und ASBC

Bei der direkten Generierung eines Modells aus Knoten und Elementen wurden Symmetrieeigenschaften desselben ausgenutzt. Derselbe Vorgang gilt auch für die Erstellung eines Modells als Solid Model. Zur Übertragung von Symmetrieeigenschaften auf das Solid Model werden zwei Befehlsgruppen für Linien (**LSBC**) und für Flächen (**ASBC**) zur Verfügung gestellt.

LSBC, NL1, NA1

NA1: Fläche, die NL1 beinhaltet und normal zur Symmetrieebene liegt

NL1: Linie , die Symmetrielinie darstellt
ALL ist für alle selektierten Linien zulässig

ASBC, NA1

NA1: Nummer der Symmetriefläche

Mit den vorigen Befehlen wurden die Lager- / Lastbedingungen auf Punkte und Linien aufgebracht. Für eine Finite-Elemente-Berechnung müssen diese Bedingungen auf die jeweiligen Knoten und Elemente transferiert werden. Zur Kontrolle können die Bedingungen des Solid Models tabellarisch angezeigt oder für neue Lastschritte auch gelöscht werden.

19.5 Bedingungen auf Knoten und Elemente transferieren

19.5.1 Der Befehl SBCTRA

SBCTRA

Dieser Befehl wird auch automatisch bei einem **LWRITE, SFWRITE** oder **AFWRITE**-Befehl ausgeführt. Die auf die Punkte/Linien und Flächen applizierten Last- und Lagerbedingungen werden auf die entsprechenden Knoten übertragen. Sind entsprechende Optionen bei den Punkten gesetzt worden, erhalten auch Knoten, die neben Punkten liegen, entsprechende Last-/Lagerbedingungen.

19.6 Bedingungen am Solid Model auflisten

19.6.1 Der Befehl SBCLIST

SBCLIST, CNAME, N1, N2, NINC

Von Nummer N1 bis N2 (Punkt, Linie, Fläche je nach CName) im Abstand von NInc wird angezeigt

Typ, der angezeigt werden soll:
KD, KF, LSBC, LABC, LPSF, ASBC,.. ALL

19.7 Last- / Lagerbedingungen am Solid Model löschen

19.7.1 Der Befehl SBCDELE

SBCDELE, CNAME, N1, LAB

Richtung, die gelöscht werden soll. Bezeichnungen siehe bei den einzelnen Generierungsbefehlen

Nummer des Punktes, Linie, Fläche an der gelöscht werden soll

Zu löschende Lager / Lastbedingung:
KD, KF, LSBC, LSPF, ASBC ...

19.8 Übungen zu Last- / Lagerbedingungen am Solid Model

19.8.1 Aufgabe

Bereiten Sie nebenstehende Lochplatte für eine Analyse auf. Bilden Sie die Geometrie mit Linien und Flächen nach. Der Elementtyp für die Berechnung soll STIF42 sein. Applizieren sie die Umgebungsbedingungen ans Solid Model und Übertragen Sie die Last- und Lagerbedingungen auf das Knoten/Elemente.Modell. Den Abschluß der Generierungsphase bildet der Befehl AFWRITE.

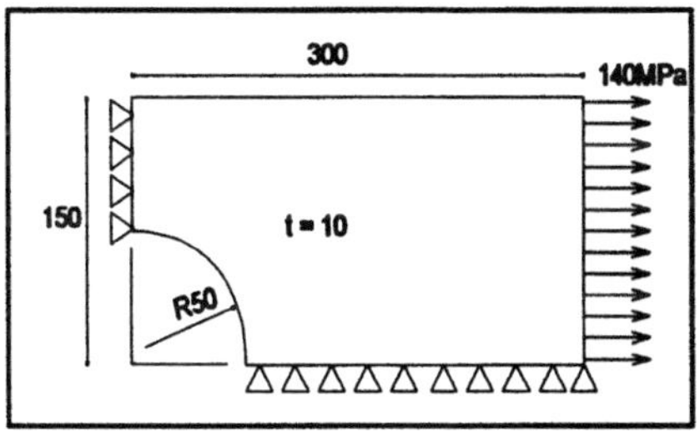

20 Zusätzliche Befehle

20.1 Doppelte Objekte verschmelzen

Zum Verständnis des folgenden Befehls muß der Ablauf der Translations- und Rotationsbefehle für die Generierung von Flächen und Volumina genauer untersucht werden.

Aus einem Linienzug, der längs einer Linie verschoben werden soll, wird das erste Teilsegment genommen und eine neue Fläche erzeugt. Mit der Erzeugung der Fläche entstehen auch neue Punkte und Linien. Dieser Vorgang wiederholt sich bei den anderen Liniensegmenten. Da jedes Liniensegment für sich betrachtet wird, entstehen doppelte Linien und Punkte. Obwohl diese Linien am gleichen geometrischen Ort liegen, gehören sie zu verschiedenen Flächen. Die Flächen haben keine gemeinsame Nahtstelle.

Mit einem Verschmelzungsbefehl werden alle Punkte, Linien etc., die am gleichen geometrischen Ort liegen, gelöscht und die neuen Nummern den jeweiligen Flächen, Linien zugeordnet. Durch diese Maßnahme werden zwei Flächen mit einer Nahtlinie verbunden, die zu beiden Flächen gehört.

Es empfiehlt sich nach jedem Flächengenerierungsbefehl durch Verschieben oder Rotieren von Linien den Befehl **NUMMRG** aufzurufen, der das Verschmelzen durchführt.

20.1.1 Der Befehl **NUMMRG**

NUMMRG, LABEL, TOLER

TOLER: Fangtoleranz (voreingestellt $1*10^{-4}$)

LABEL:
KPOI für Punkte, Linien,..
ALL für alle Labels, z.B. bei Elementen, Knoten, Real Constants

21 Die Lösungsphase

21.1 Starten des Gleichungslösers

21.1.1 Der Befehl **/INPUT,27**

In der Lösungsphase werden die Matrizen für die einzelnen Knoten geformt und aufgelöst. Dies geschieht automatisch, so daß der Gleichungslöser nur aufgerufen zu werden braucht. Dies geschieht mit dem Befehl:

/INPUT,27

Die Eingabe wird mit diesem Befehl auf das ASCII-File FILE27.DAT (das der Preprozessor mit dem **AFWRITE**-Befehl erzeugt hat) umgeschaltet. Nach dem Übergeben des Befehls an das Programm werden verschiedene interne Berechnungsergebnisse angezeigt (zulässige Wavefront, Minimumwert des Gleichungslösers etc.). Zur besseren Kontrolle der Vorgehensweise empfiehlt es sich, das Menü mit dem Befehl **/MENU,OFF** auszuschalten. Der Vorteil der besseren Kontrolle wird mit dem Nachteil einer nicht vorhandenen Dokumentation erkauft. Bei ausgeschaltetem Menü werden die einzelnen Berechnungsschritte auf dem Bildschirm angezeigt, die sonst in die Datei FILEOUT.DAT geschrieben werden.

Nicht zulässige Betriebszustände werden wie gewohnt auf dem Bildschirm angezeigt. Zusätzlich werden Fehler in die Fehlerdatei FILE19.DAT geschrieben. Mögliche Fehler können z.B. eine Überschreitung der max. zulässigen Wavefront sein.

21.2 Beenden des Gleichungslösers

21.2.1 Der Befehl **FINISH**

Nach der Berechnung der Ergebnisse wird der Benutzer aufgefordert wieder zur BEGIN-Ebene zurückzuschalten. Dies geschieht mit dem Befehl:

FINISH

Die errechneten Ergebnisse werden in einem nicht lesbaren Format in der Datei FILE12.DAT abgelegt. Diese Datei wird vom Postprozessor zur weiteren Auswertung benötigt.

Weitere Berechnungsergebnisse sind in der Datei FILEOUT.DAT gespeichert. Diese Datei liegt im ASCII-Format vor, kann also jederzeit ausgedruckt werden. Bei einem erneuten Lösungslauf wird diese Datei überschrieben und die neuesten Ergebnisse abgespeichert.

21.3 Steuerung des Ergebnisausdrucks

21.3.1 Der Befehl **ITER**

Die Menge der abgelegten Ergebnisse wird mit Kommandos im Preprozessor gesteuert. Zentrale Bedeutung kommt dabei dem Befehl **ITER** zu, der den Ausdruck der verschiedenen Berechnungsergebnisse kontrolliert. Voreingestellt beschränkt sich der Ausdruck auf das äußerste Minimum (min. - max. Werte der Spannungen und Verschiebungen).

ITER, NITER, NPRINT, NPOST

NPOST: Jede wievielte Iteration soll für den Postprozessor gespeichert werden?

NPRINT: Jede wievielte Iteration soll ausgedruckt werden? **Ist Nprint = 0, wird in diesem Lastschritt nichts ausgedruckt !**

NITER: Anzahl der Iterationen pro Lastschritt

Folgende Tabellen werden bei eingeschaltetem Ausdruck (über Nprint = 1) im FILE-OUT.DAT angelegt:

Feststehende Lastbedingungen	1 x pro Lastschritt
Zusätzliche Lastbedingungen	1 x pro Lastschritt
Verschiebungslösungen	1 x pro Iteration
Spannungslösungen	1 x pro Iteration
Knotenkräfte	1 x pro Iteration
Reaktionskräfte	1 x pro Iteration

Jede dieser angelegten Tabellen kann separat über Befehle gesteuert werden. Es folgt hier nur der Hinweis auf **Kapitel 3.3.15 (Load Option Modul) im User's Manual** der 4.4 Vollversion.

22 Postprocessing

22.1 Allgemeines

Im Postprozessor werden die berechneten Daten für den Anwender aufbereitet. Während früher Listen von Spannungen und Verschiebungen der einzelnen Knoten die einzigen Unterlagen waren, wird heute die graphische Aufbereitung bevorzugt. Sie gestattet es, die kritischen Bezirke zu lokalisieren, um die Anzahl der in Frage kommenden Knoten einzugrenzen. Durch die graphische Aufbereitung sind auch Spannungsverteilungen innerhalb eines Modells darstellbar. Über den Vergleich mit dem ursprünglichen Modell werden Geometrieverlagerungen anschaulich.

Für weitergehende Auswertungen besteht die Möglichkeit, einzelne Spannungen/Dehnungen zueinander in Beziehung zu setzen, um detailliertere Aussagen über das Modellverhalten treffen zu können.

All diese Auswertemöglichkeiten entbinden den Benutzer jedoch nicht, sich eigene Gedanken über den Wahrheitsgehalt der Berechnung zu machen. Dies kann im ersten Schritt über die Abschätzung der Größenordnung bis hin zu vergleichenden Handrechnungen erfolgen. In vielen Fällen wird es auch nötig sein, das Berechnungsergebnis an der Struktur mit vergleichenden Messungen zu verifizieren. Denkbar ist auch das Berechnen des Modells mit verschiedenen Elementtypen, um die berechneten Daten mit einer verschiedenartigen Berechnung zu vergleichen. Auch die Interpretation der Ergebnisse kann das Programm nicht abnehmen. Speziell bei der Auswertung ist daher das Fachwissen und die Erfahrung eines für strukturmechanische Aufgabenstellungen geschulten Ingenieurs gefragt.

Aus diesen Gründen wird für eine Analyse nach der Finite-Elemente-Methode rund ein Drittel der aufgewendeten Zeit für die Auswertung und Verifikation der berechneten Ergebnisse aufgewendet.

22.2 Allgemeiner Postprocessor POST1

22.2.1 Der Befehl /POST1

Im Gegensatz zum Postprozessor POST26, der für Auswertungen von zeitlich veränderlichen Variablen angepaßt wurde, ist der allgemeine Postprozessor POST1 für statische Berechnungen ausreichend. Gestartet wird der Postprozessor mit dem Befehl:

/POST1

von der Beginnebene aus.

22.3 Einlesen von Ergebnissen

22.3.1 Der Befehl SET

Nach dem Aufruf des Postprozessors müssen die vom Lösungsprozessor abgespeicherten Daten (auf Datei FILE12.DAT) eingelesen werden. Da eine Analyse mehrere Lastschritte und / oder Iterationen umfassen kann, muß genau spezifiziert werden, welcher Teil der Berechnungsergebnisse bearbeitet werden soll. Voreingestellt kann immer nur ein Lastschritt mit einer Iteration ausgewertet werden. Bei einer Auswertung von mehreren statischen Ergebnissen wird auf Kap. 9 "Überlagerte Lastfälle" verwiesen. Sollen zeitlich veränderliche Daten bearbeitet werden, muß der Postprozessor POST26 aufgerufen werden.

Zum Einlesen der berechneten Ergebnisse wird der Befehl **SET** aufgerufen:

SET, LSTEP, ITER, NSECT, KIMG, TIME

Wird kein Lastschritt angegeben, so wird der Lastfall mit der nächsthöheren Zeit eingelesen

Nur für komplexe Analysen Speichert Real- oder Imaginärteil

Für nichtbearbeitete Ergebnisse von zyklischen Analysen

Nummer der Iteration innerhalb eines Lastschrittes, voreingestellt ist die letzte Iteration

Nummer des Lastschritts, voreingestellt ist Lastschritt Nr. 1

Bei einer rein statischen Analyse, die keine Iterationen erfordert, kann der **SET**-Befehl ohne Parameter aufgerufen werden. Durch die Voreinstellungen werden die Werte der letzten Berechnungen des ersten Lastschritts eingelesen und für den Postprozessor verfügbar gemacht. Jeder erneute Aufruf von **SET** überschreibt die im Speicher vorhandenen Werte.

Mit dem **SET**-Befehl werden nur die Verschiebungen der einzelnen Knoten, sowie folgende Knotenspannungen eingelesen: SX, SY, SZ, SXY, SYZ, SXY. Vergleichsspannungen werden aus diesen Werten errechnet. Auf welche Daten tatsächlich im Verlauf der Auswertung zugegriffen werden kann, ergibt sich aus den jeweiligen Elementbeschreibungen. ANSYS unterscheidet mehrere Ebenen von Berechnungsergebnissen. In den ersten Ebenen werden die Knotenspannungen sowie die Knotenkräfte aufgeführt.

Voreingestellt sind die Berechnungsergebnisse bis zur Ebene 3 verfügbar. Weitergehende Ergebnisse müssen per Befehl im Postprozessor ausdrücklich verlangt werden.

22.4 Zusätzliche Auswertungen einschreiben

22.4.1 Die Befehle **POSTR, PONF, PORF**

Zusätzlich zu den oben genannten Spannungen werden im Lösungslauf weitere Berechnungen durchgeführt und abgespeichert. Im Gegensatz zu den oben genannten Spannungen wurden diese Berechnungsergebnisse nur innerhalb der Elementgrenzen durchgeführt und mit dem zugehörigen Element abgespeichert. Die genaue Beschreibung der zusätzlich berechneten Positionen sind in der Elementebibliothek beim jeweiligen Element unter der Überschrift **"Postdata Items"** nachzulesen.

Wie bereits erwähnt werden im Lösungslauf voreingestellte Ergebnisse bis zur Ebene 3 im FILE12.DAT zur Verfügung gestellt. Der Schreibvorgang für Ergebnisse in anderen Ebenen muß bereits im **Preprozessor** eingestellt werden. Verantwortlich sind dafür die Befehle **POSTR** und **PONF** für Ergebnisse der Gruppe 4 und **PORF** für Ergebnisse der Gruppe 5.

Zur Verdeutlichung noch einmal in Kurzform:
Die im folgenden beschriebenen Befehle sind Schalter, die die Datenmenge in der Ergebnisdatei kontrollieren. Sie müssen daher **vor** dem Lösungslauf im Preprozessor eingegeben und mit dem Befehl **AFWRITE** (bzw. **LWRITE**) gespeichert werden.

POSTR kontrolliert die Ausgabe der Elementspannungen in Gruppe 4 in FILE12.DAT :

POSTR, *FREQ, ITYP1, KED1, ITYP2, KED2,...KED5*

KED1: Schreibtiefe, voreingestellt ist Gruppe 3

ITYP1: Elementtypnummer (definiert mit dem ET-Befehl)

FREQ: In welchen Iterationen soll geschrieben (1 = jede, 2 = jede zweite,) werden?

PONF überwacht die Ausgabe der Knotenkräfte pro Element in Gruppe 4:

PONF, *FREQ, ITYP1, ITYP2, .. ITYP10*

ITYP1, ITYP2, .. ITYP10: Elementtypnummer

FREQ: In welchen Iterationen soll geschrieben werden? Voreingestellt wie POSTR.

Die Reaktionskräfte, die in Gruppe 5 geschrieben werden, werden mit dem **PORF**-Befehl kontrolliert:

PORF, FREQ

In welchen Iterationen soll geschrieben werden? Voreingestellt wie NPOST.

22.5 Zusätzliche Ergebnisse einlesen

22.5.1 Der Befehl STRESS

Voreingestellt werden diese zusätzlichen Informationen für den Postprozessor nicht zur Verfügung gestellt. Sie müssen explizit in den Speicher geladen werden:

STRESS, LAB, JSTIF, ITEM

- ITEM: Nummer des gewünschten Ergebnisses (aus der Elementebibliothek)
- JSTIF: Elementnummer (STIF...)
- LAB: benutzerdefinierter Name

Der neu definierte Name darf max. vier Buchstaben lang sein und darf kein bereits von ANSYS vordefinierter Name sein. Da theoretische Erklärungen meist etwas unhandlich sind, folgt ein Beispiel:

```
.
.
/COM Pressungen an den Elementflächen einlesen
/COM an Fläche 1
STRESS, PFL1, 42, 57
/COM an Fläche 2
STRESS, PFL2, 42, 58
/COM an Fläche 3
STRESS, PFL3, 42, 59
/COM an Fläche 4
STRESS, PFL4, 42, 60
SET
.
.
```

Mit dem **STRESS**-Befehl werden nur neue Bezeichnungen definiert, zur Verfügung gestellt werden diese Namen erst nach Ausführung des **SET**-Befehls, der diese Bezeichner mit den aktuellen Daten verbindet. Der **STRESS**-Befehl muß daher immer vor dem **SET**-Befehl ausgeführt werden.

22.6 Darstellung der Geometrieverlagerung

22.6.1 Der Befehl PLDISP

Unter dem Einfluß von äußeren Kräften und Momenten wird sich die Geometrie in ihrer Form verändern. Die neue Geometrie läßt sich mit dem Befehl **PLDISP** darstellen:

PLDISP, KUND

0 = Nur die veränderte Geometrie wird dargestellt

1 = Die ursprüngliche vernetzte Form wird zum Vergleich unterlegt,

2 = Nur die äußeren Umrandungen der unverformten Strukur werden unterlegt,

Anhand von Grafiken sollen die verschiedenen Möglichkeiten dargestellt werden:

```
/COM Postproz. aufrufen
/POST1
/COM Werte einlesen
SET
/COM Darstellung der ver-
/COM schobenen Geometrie
PLDISP,0
/COM oder PLDISP
```

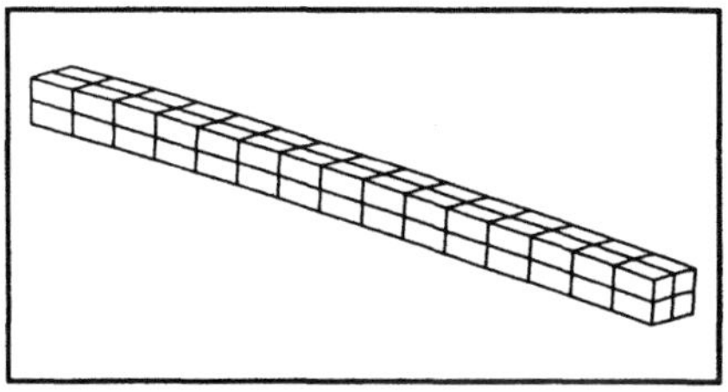

Darstellung mit unterlegten Elementen:

```
/COM Darstellung mit unter-
/COM legten Elementen der
/COM Ausgangsgeometrie
PLDISP,1
```

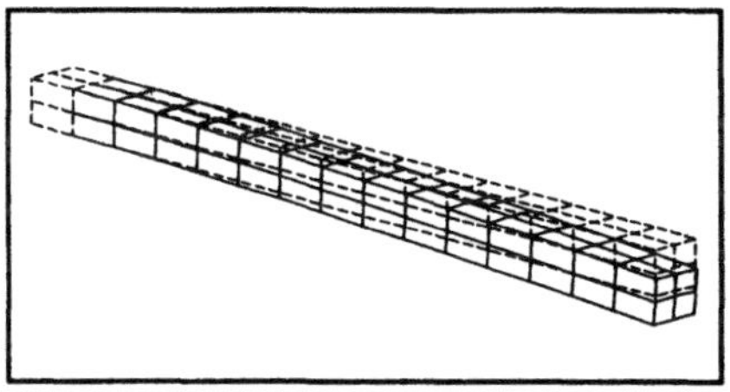

Darstellung mit unterlegter Ausgangskontur:

```
/COM Darstellung mit unter-
/COM legter Ausgangsgeometrie
PLDISP,2
```

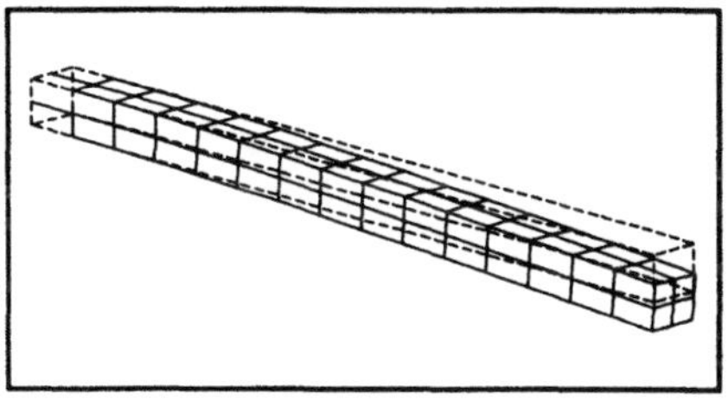

22.7 Verschiebungen auflisten

22.7.1 Der Befehl **PRDISP**

Eine Listenausgabe der Verlagerungen der einzelnen Knoten erfolgt über den Befehl:

PRDISP .

Im folgenden Beispiel wurde ein eingespannter Biegestab mit einer Einzellast am freien Ende beansprucht.

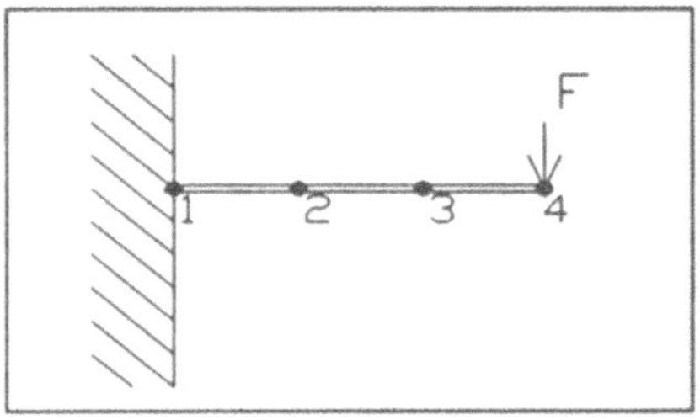

Die einzelnen Verschiebungen werden nach Eingabe des Befehls **PRDISP** wie folgt ausgegeben:

```
PRINT NODAL DISPLACEMENTS

           ***** POST1 NODAL DISPLACEMENT LISTING *****

 LOAD STEP      1  ITERATION=       1  SECTION=  1
 TIME=    0.00000E+00      LOAD CASE=  1

 THE FOLLOWING X,Y,Z DISPLACEMENTS ARE IN GLOBAL COORDINA-
TES

   NODE       UX              UY                ROTZ
      1  0.00000000E+00  0.00000000E+00  0.00000000E+00
      2  0.00000000E+00 -0.76190476      -0.14285714E-01
      3  0.00000000E+00  -2.6666667      -0.22857143E-01
      4  0.00000000E+00  -5.1428571      -0.25714286E-01

MAXIMUMS
NODE          0               4                 4
VALUE    0.00000000E+00  -5.1428571      -0.25714286E-01
```

Die einzelnen Werte werden in eingegebenen Längeneinheiten angegeben. ROTZ ist die Winkelverschiebung in Radiant. Die Ausgabe der Verschiebungen kann nur in den Freiheitsgraden erfolgen, in denen das Element definiert ist.

Grundsätzlich sollte bei jeder Analyse zuerst die deformierte Struktur analysiert werden. So werden Fehler beim Aufbringen von Lasten (falsche Kraftrichtung) schon im Ansatz erkannt. Da an der Seite des Verschiebungsplots auch die maximale Auslenkung angezeigt wird, kann diese mit einer Überschlagsrechnung verglichen werden. Unrealistische Ergebnisse können durch einen erneuten Berechnungslauf mit einer korrigierten Eingabe berichtigt werden.

22.8 Darstellung der verschiedenen Spannungen

22.8.1 Die Befehle PLNSTR und PRNSTR

Der folgenden Befehle zur Darstellung von Spannungsverläufen in Elementen gilt nur für Flächen- und Volumenelemente. Bei Stab- und Balkenelementen muß auf das Kapitel 23 verwiesen werden.

Über den allgemeinen Befehl **PLNSTR** lassen sich die verschiedenen Spannungsverläufe über der Geometrie graphisch darstellen:

PLNSTR, LAB, KAVG

KAVG:
0 = Mittelwert eingeschaltet
1 = Mittelwert ausgeschaltet (Beschreibung im Text)

LAB:
Name der darzustellenden Knotenspannung
(SX ... SIGE oder mit STRESS definierte Namen)

Die verschiedenen Optionen erlauben eine ungemittelte oder eine gemittelte Darstellung der Knotenspannungen. In der Voreinstellung (KAVG = 0) werden die Knotenspannungen über die Elementgrenzen gemittelt.

Stoßen bei einem Knoten zwei oder mehr Elemente zusammen, so werden die elementbezogenen Spannungen an diesem Knoten gemittelt, Bild 22-1. Mit diesem Verfahren lassen sich fließende Übergänge erzielen, hohe Spannungsgradienten werden jedoch nicht erfaßt. Das Ergebnis wird durch die gemittelten Spannungsspitzen verfälscht.

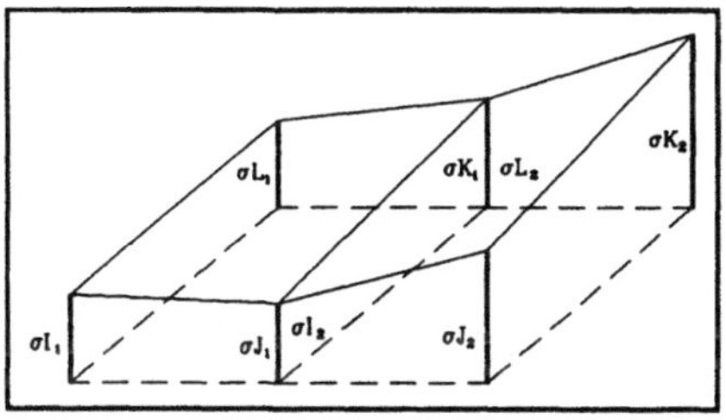

Bild 22-1 gemittelte Spannungen

Mit KAVG = 1 werden die Knotenspannungen nur im jeweiligen Element errechnet und dargestellt. Mit dieser Option lassen sich Spannungspitzen lokalisieren, Bild 22-2. Speziell beim Aufbau eines Modells mit mehreren Elementtypen sollte diese Möglichkeit gewählt werden, da an den Anschlußstellen meist Spannungsspitzen auftreten.

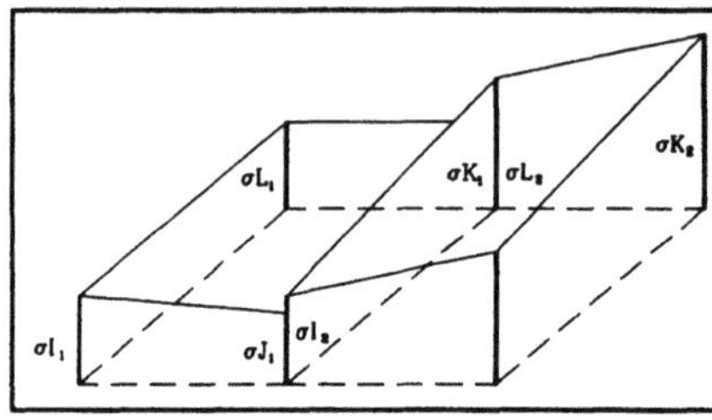

Bild 22-2 reale Spannungen

Die Darstellung der Spannungen innerhalb der Elementgrenzen erlaubt eine Abschätzung über die Feinheit des Netzes. Treffen an den Elementgrenzen stark unterschiedliche Spannungen zusammen, kann der exakte Verlauf nicht dargestellt werden. Eine Verfeinerung des Netzes ist an dieser Stelle notwendig. Dies gilt nicht für Orte bei denen eine sprunghafte Änderung des Querschnitts erfolgt. Hier wird der Spannungsverlauf immer einen Sprung aufweisen. Diesen und ähnliche Fälle sind aber durch einen festigkeitstheoretischen Hintergrund des Anwenders erkennbar und bilden dann keine Quelle für Fehlinterpretationen mehr.

Die Spannungen zwischen Minimal- und Maximalwert werden dabei in 9 Teilbereiche (abhängig vom eingestellten Grafiktreiber) aufgespalten und diese in verschiedenen Farben auf dem Bildschirm dargestellt. Durch Anklicken des Feldes VIEW in unteren Teil des Seitenmenüs lassen sich die den Farben zugeordneten Spannungen anzeigen. Diese Voreinstellung läßt sich durch die Wahl der Grenzen und die Anzahl der angezeigten Farben verändern.

Gültige Namen für die Option LAB im Befehl **PLNSTR** sind dabei die vordefinierten Abkürzungen. Diese beinhalten die Knotenspannungen in den verschiedenen Achsrichtungen (SX, SY, SZ) sowie die verschiedenen Schubspannungen quer zu den Achsrichtungen (SXY, SYZ, SXZ). Weiterhin sind vom Programm die drei Hauptspannungen vordefiniert (SIG1, SIG2, SIG3).

Vergleichsspannungen können nach der Gestaltänderungshypothese nach MISES (SIGE) oder nach der Normalspannungshypothese von Tresca (SI) ausgegeben werden. Zur Erinnerung:

$$SIGE \triangleq \sigma_v = \frac{1}{\sqrt{2}} \sqrt{(\sigma_I - \sigma_{II})^2 - (\sigma_{II} - \sigma_{III})^2 - (\sigma_{III} - \sigma_I)^2}$$

$$SI \triangleq \sigma_v = \sigma_I - \sigma_{III}$$

Mit dem Befehl **PRNSTR** können die Knotenspannungen auch in Listenform ausgegeben werden:

PRNSTR, LAB

ALL = Spannungen
COMP = Spannungen in den Achsrichtungen und Scherspannungen
PRIN = Hauptspannungen und Vergleichsspannungen

die Ausgabe der Spannungen erfolgt knotenweise. In der Voreinstellung werden die Spannungen für einen Knoten in jedem angrenzenden Element ausgerechnet und dann über die Elementgrenzen gemittelt.

Zur Verdeutlichung zur gemittelten und ungemittelten Spannungsausgabe sollen folgende Bildschirmbilder dienen:

Abgebildet ist der Verlauf der Vergleichsspannung SIGE in der Umgebung eines Loches. Der Spannungsverlauf erstreckt sich über mehrere Elemente und ist gemittelt dargestellt:

PLNSTR,SIGE

In der ungemittelten Darstellung wird deutlich, daß die Spannungsverteilung in jedem Element unterschiedlich ist. Bei genügend feinem Netz lassen sich die Unterschiede der Spannungen über die Elementgrenzen hinweg bis auf eine Farbstufe hinunterdrücken. In vorliegenden Beispiel sollte sich eine weitere Berechnung mit einer feineren Netzunterteilung in diesem Bereich anschließen, um den Verlauf der Spannungsgrenzen besser verfolgen zu können.

PLNSTR,SIGE,1

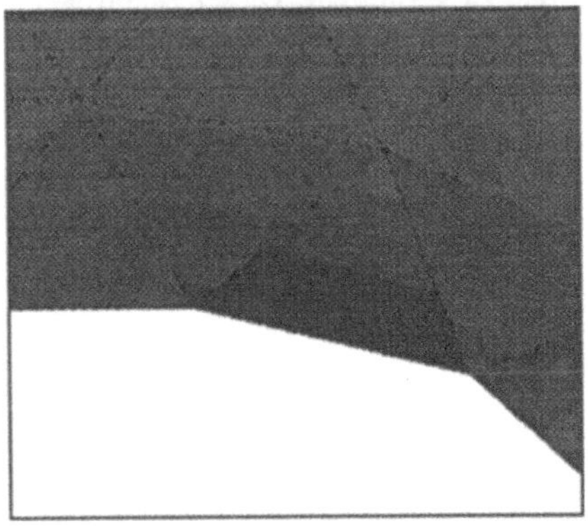

22.9 Lage der Spannungen bei Schalenelementen

22.9.1 Der Befehl **SHELL**

Speziell bei Schalenelementen ist die Lage der dargestellten Spannungen in der Schale wichtig. Um diese variieren zu können, muß der Befehl **SHELL** benutzt werden:

SHELL, LAB

Ort der berechneten Spannungen
gültig sind TOP, MID, BOT.

Die Option weist für den angebenen Ort die Knotenspannungen den jeweiligen Berechnungsergebnissen zu. Die Knotenspannungen können dann wie gewohnt über die Befehle **PLNSTR** und **PRNSTR** ausgewertet werden. Standardmäßig ist für Schalenelemente die Option **MID** eingestellt. Die Lage bei Spannungsauswertungen wird bei Schalenelementen in der Legende zur Bildschirmdarstellung (über das Feld VIEW) oder bei Plots (automatisch beigefügt) eingetragen.

22.10 Vektordarstellungen

22.10.1 Die Befehle **PLVECT** und **PRVECT**

Manche Auswertungen erfordern die Darstellung von Hauptspannungen oder Verschiebungen nach Richtung und Länge. Für diese Art der Darstellung wird, ausgehend von der Elementmitte oder einem Knoten, ein Pfeil mit Richtung und variabler Länge dargestellt. Zusätzlich wird neben der Länge auch die Farbe geändert, um einen schnellen Eindruck der jeweiligen Höhe zu vermitteln. Dieser Befehl kann ebenso für die Bildschirmanzeige **(PLVECT)** oder für eine Listenausgabe **(PRVECT)** verwendet werden. Beide Befehle besitzen dieselben Parameter:

PLVECT, LAB1, LAB2, LAB3, LABP

LABP: neu zugeordnete Bezeichnung

LAB3: nicht benutzt

LAB2: Nur bei Lab1 = PDIR
Eingabe von
SIG1, SIG2, SIG3

LAB1: DISP für Verschiebungen
PDIR für Hauptspannungen

Zusätzlich zu den vordefinierten Namen lassen sich auch bis zu drei mit **STRESS** definierte Spannungen darstellen. Diesen kann ein neuer Name zugeordnet werden, der durch andere Befehle weiterbearbeitet werden kann. Der neue Vektor wird aus den eingegebenenSTRESS-Items gebildet. LAB1 bildet die X-Richtung, LAB2 die Y⌐-und LAB3 die Z-Richtung bei 3dimensionalen Anwendungen. Bei 2D-Analysen entfällt mit LAB3 die Z-Komponente des Vektors.

22.11 Koordinatensystem bei der Auswertung

Bei fast allen Elementen ist das Elementkoordinatensystem parallel zum globalen, kartesischen Koordinatensystem. Auch die Auswertung und Darstellung erfolgt in der Voreinstellung in diesem Koordinatensystem. In den meisten Fällen ist diese Vorgabe richtig, es kann jedoch in bestimmten Anwendungen zu einer Verfälschung der Spannungsangabe kommen.

Im nebenstehenden Beispiel, Bild 22-3, wird ein Rohr unter Innendruck belastet. Auf der X-Achse des globalen kartesischen Koordinatensystems wird bei der Ausgabe der Spannung SX die Radialspannung im entsprechenden Element angezeigt. Auf der Y-Achse entspricht jedoch die Spannung SX der Tangentialspannung des jeweiligen Elements. Im Abschnitt zwischen den Achsen erfolgt hier die Angabe der Spannung SX als Mischung zwischen Radial- und Tangentialspannung.

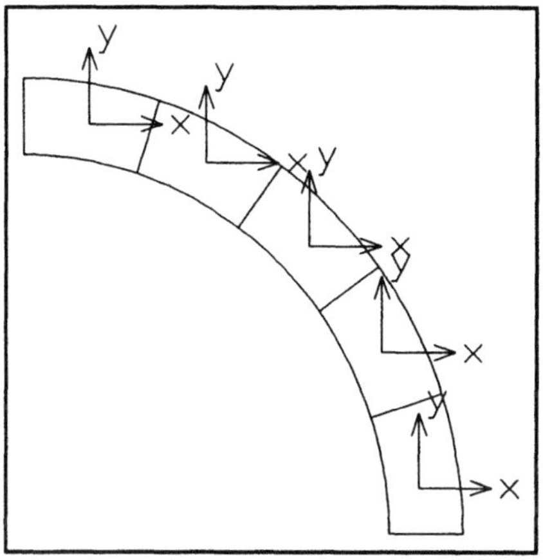

Bild 22-3 Ko. system normal

Eine Lösung des Problems liegt in der Umschaltung des Koordinatensystems, Bild 22-4. Mit **CSYS,1** wird in das Polarkoordinatensystem umgeschaltet. Die X-Richtung entspricht hierbei dem Radius, entsprechend gibt die Y-Richtung den Winkel an. Eine erneute Darstellung der Radialspannung SX ergibt nun das gewünschte Ergebnis.

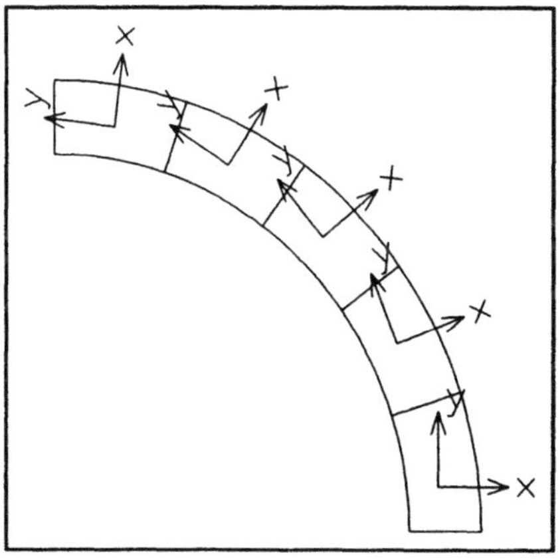

Bild 22-4 Ko.system gedreht

22.12 Verlassen des Postprozessors

Der Befehl **FINISH**

Wie alle Prozessoren in ANSYS wird auch der Postprozessor mit dem Befehl **FINISH** verlassen:

FINISH

Nach dem Eingeben des Befehls schaltet ANSYS auf die BEGIN-Ebene zurück. Der Anwender kann zwischen den verschiedenen Prozessoren und zusätzlichen Bearbeitungsmöglichkeiten auswählen.

22.13 Übungen zum Postprocessing

22.13.1 Aufgabe

Ermitteln Sie die maximale Auslenkung von Knoten in der Aufgabe 19.8.1. Wie hoch ist die maximale Vergleichsspannung (SIGE) in gemittelter und ungemittelter Darstellung? Wie verformt sich die Platte?

23 Auswertung von Stab- und Balkenelementen

23.1 Darstellung von Knotenkräften

Speziell für Stab- und Balkenelemente, die keine Darstellung von Spannungsverläufen erlauben, sind Befehle zur Anzeige von Knotenkräften (als elementbezogene Kräfte oder Reaktionskräfte) zur Auswertung unerläßlich.

Weitergehende Informationen sind selbstverständlich auch in der Ergebnisprotokolldatei (FILEOUT.DAT) entnehmbar. Z.B. Biegespannungen an den Rändern, Spannung der neutralen Faser etc..

23.2 Reaktionskräfte auflisten

23.2.1 Der Befehl **PRRFOR**

Mit dem Befehl **PRRFOR** können die Reaktionskräfte in den Lagerpunkten kontrolliert werden. Da diese Kräfte meist analytisch berechenbar sind, ist hier eine erste Kontrolle über die Gültigkeit des berechneten Ergebnisses gegeben. Der Aufruf erfolgt mit:

PRRFOR

Als Beispiel ist der Ausdruck der Reaktionskräfte eines einseitig eingespannten Biegebalkens mit einer Einzelkraft am Balkenende angegeben:

```
            ***** POST1 REACTION FORCE LISTING *****

 LOAD STEP      1  ITERATION=      1  SECTION=  1
 TIME=    0.00000E+00      LOAD CASE=   1

 THE FOLLOWING X,Y,Z FORCES ARE IN GLOBAL COORDINATES

   NODE          FX                 FY                 MZ
     1     0.00000000E+00     100.00000           10000.000

 TOTAL     0.00000000E+00     100.00000           10000.000
```

Wie zu erwarten war, muß die Einspannstelle des Balkens eine Querkraft und das Moment aufnehmen. Die Reaktionskraft auf die Einzelkraft verläuft in positiver Y-Richtung, das die Kraft den Balken nach unten biegt.

23.3 Auflisten der elementbezogenen Knotenkräfte

23.3.1 Der Befehl **PREFOR**

Für die Anzeige der elementbezogenen Knotenkräfte wird der Befehl **PREFOR** eingeben:

PREFOR

Für das Beispiel des Biegestabs folgt:

```
         ***** POST1 ELEMENT NODE FORCE LISTING *****

  LOAD STEP     1  ITERATION=     1  SECTION=  1
  TIME=    0.00000E+00      LOAD CASE=  1

  THE FOLLOWING X,Y,Z FORCES ARE IN GLOBAL COORDINATES

 ELEMENT=    1       FX                FY                 MZ
       1   0.00000000E+00  -100.00000        -10000.000
       2   0.00000000E+00   100.00000         8888.8889

 ELEM=    2       FX                FY                 MZ
       2   0.00000000E+00  -100.00000        -8888.8889
       3   0.00000000E+00   100.00000         7777.7778

 ...

 ELEM=    8       FX                FY                 MZ
       8   0.00000000E+00  -100.00000        -2222.2222
       9   0.00000000E+00   100.00000         1111.1111

 ELEM=    9       FX                FY                 MZ
       9   0.00000000E+00  -100.00000        -1111.1111
      10   0.00000000E+00   100.00000        0.51670668E-10
```

Im Beispiel werden die Schnittkräfte an den einzelnen Knoten der Elemente deutlich dargestellt. Außerdem bewirkt die Rechenungenauigkeit, daß an der Einspannstelle das elementbezogene Moment nicht zu Null wird.

23.4 Schnittreaktionen an Knoten

23.4.1 Die Befehle **SPOINT** und **NFORCE**

Mit den folgenden Befehlen können Schnittkräfte bzw. Kräfte und Momente an einzelnen Knoten angezeigt werden. Da sich die Knoten im Kräfte- und Momentengleichgewicht befinden, ergeben sich nur an den Krafteinleitungspunkten von Null verschieden Werte. Voreingestellt liegt der Summierungspunkt für die Berechnung im Ursprung des globalen Koordinatensystems. Durch Verschieben des Summationspunktes (**SPOINT**) und Entfernen der überflüssigen Elemente (durch Selektion) erhält man nach Aufruf von **NFORCE** die zum Knoten zugehörigen Schnittkräfte:

SPOINT, NODE, X, Y, Z

- X, Y, Z: Globale kartesische Koordinaten des Summierungspunktes.
- NODE: Knotennummer, wenn Null wird X, Y, Z benutzt.

Die Summierung und Anzeige wird gestartet mit:

NFORCE

Beispiel zur Anzeige von Schnittkräften:

```
/COM Schnittkraftbestimmung an Knoten 2
SPOINT,2

/COM Links von Knoten 2  Elemente ausblenden
ESEL, ELEM, 1, 100
EUSEL,ELEM, 1

/COM Schnittkraefte anzeigen
NFORCE
```

23.5 Darstellen des Kraft- und Momentenverlaufs

23.5.1 Der Befehl **PLLS**

Mit dem Befehl **PLLS** kann der Kraft- oder Momentenverlauf über ein Element graphisch angezeigt werden. Dazu sind die Werte für die gewünschten Kräfte oder Momente an den Endknoten notwendig. Diese Werte werden nicht mit dem **SET**-Befehl eingelesen. Sie müssen als zusätzliches Post-Data-Item mit dem **STRESS**-Befehl eingelesen werden. Es ist darauf zu achten, daß zwei neue Namen für die Post-Data-Items definiert werden, jeweils einen für den Anfangs- und den Endknoten.

Danach werden mit dem **SET**-Befehl die zusätzlich definierten Berechnungsergebnisse mit eingelesen. Der **PLLS**—Befehl wird mit folgenden Optionen aufgerufen:

PLLS, LABI, LABJ

Name für das Stress-Item am Knoten I

Name für das Stress-Item am Knoten J

ANSYS geht von den in der Grafik dargestellten Schnittgrößen am freigeschnittenen Element aus. Zu beachten sind die zum allgmeinen Maschinenbau veränderten Richtungen der Schnittkräfte und des Moments am Knoten J. In der ED-Version von ANSYS ist es nicht möglich, das Vorzeichen der Schnittreaktion umzudrehen, auf eine weitergehende Bearbeitung der Daten wird daher verzichtet.

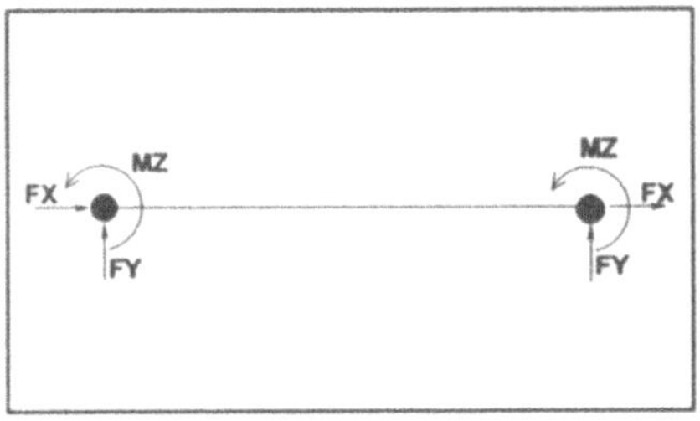

Die Anzeige erfolgt elementbezogen. Die Werte für jeden Knoten werden skaliert am Knotenendpunkt ausgegeben. Für die Darstellung wird von den Knotenwerten über das Element interpoliert. Die Graustufen um das Element zeigen die Höhe des Wertes an. Der nebenstehende Bildschirmausdruck zeigt den Querkraftverlauf an.

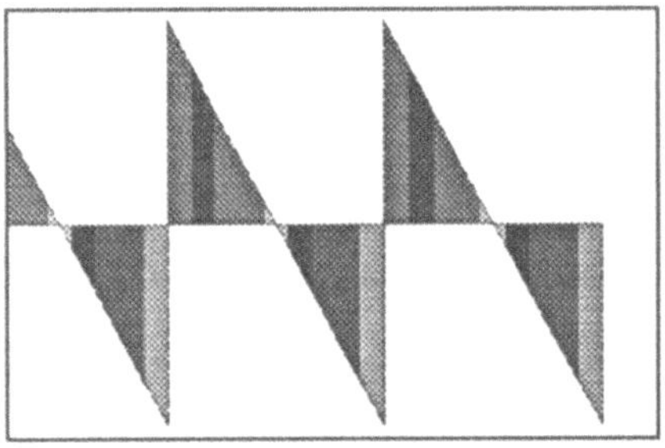

23.6 Übungen zur Auswertung von Stäben und Balken

23.6.1 Aufgabe

Ein fahrbarer Werkstattkran mit nebenstehender Geometrie muß ein Werkstück von 2t am eingezeichneten Kraftangriffspunkt heben. Aufgebaut ist die Verstrebung aus I-Trägern nach DIN 1025 mit folgenden Werten:

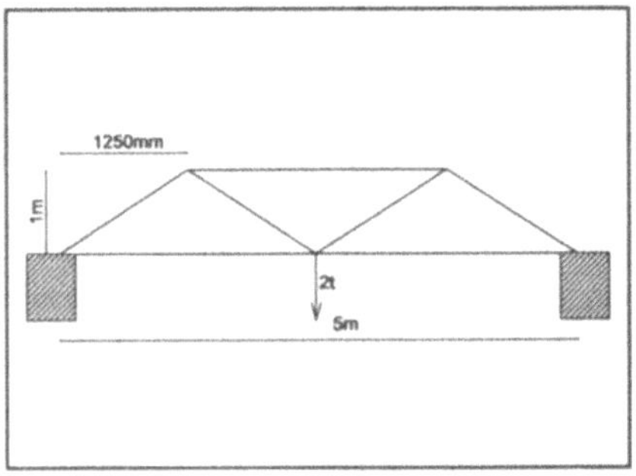

Höhe: 160 mm, IZZ: 935 cm^4, Fläche: 22.8 cm^2
Modellieren Sie den Kran mit STIF3 und berechnen Sie die max. Durchbiegung der Konstruktion sowie die Biegespannungen in den einzelnen Balken.

24 Pfaddarstellungen

24.1 Definieren eines Pfades

24.1.1 die Befehle **PLPATH** und **PRPATH**

Für manche Analysen ist es wichtig, den Verlauf der Spannungen über eine Strecke auswerten zu können. Dies gilt z. B. für Rohre, bei denen der Spannungsverlauf über die Rohrwandung dargestellt werden soll:

PLPATH, NODE1, NODE2, LAB

- *LAB*: Name der darzustellenden Spannung (SX, SY,..)
- *NODE2*: Endknotennummer
- *NODE1*: Anfangsknotennummer

Für die Darstellung wird unter Berücksichtigung des Darstellungskoordinatensystems **DSYS** ein Pfad von Knoten 1 zu Knoten 2 gelegt. Die angegebenen Spannungen werden in einem Schaubild über der Pfadlänge dargestellt, Bild 24-1.

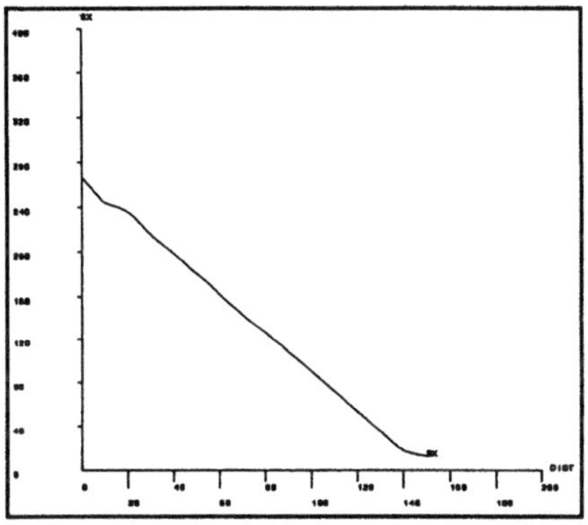

Bild 24-1 Spannung SX

Die Darstellung des Spannungsverlaufs wird mit dem Befehl **/GRAPH** gesteuert. Die Optionen und ihre Verwendung sind in der Online-Hilfe oder in der Dokumentation nachzuschlagen. Möglich ist die Darstellung eines Liniengitters oder logarithmischer Skalierung der Achsen.

Analog zu den anderen Befehlen können die Spannungen längs eines Pfades auch in Listenform ausgegeben werden:

PRPATH, NODE1, NODE2, LAB

SX, SY, SZ ,SXY..
SIG1, SIG2, SIG3, SIGE,..
UX, UY,..
ROTX, ROTY,..

Endknotennummer

Anfangsknotennummer

24.2 Übungen zu Pfadbefehlen

24.2.1 Aufgabe

Ein Stahlrohr mit einem Innendurchmesser von 25mm (Außendurchmesser 30mm) soll mit einem Druck von 20 bar beaufschlagt werden. Zeigen Sie den Verlauf der Tangential- und Vertikalspannung in der Rohrwandung.

Hinweis: Nutzen Sie für das Modell die Symmetrieebenen des Rohres aus.

25 Fehlerenergie / Genauigkeit der Berechnung

25.1 Fehlerabschätzung

Die Methode der Finiten Elemente ist von ihrer Natur her ein Verfahren, das Probleme durch Aufteilen in kleine Abschnitte angenähert löst. Damit besitzt die Lösung immer eine Abweichung zu einer analytischen Lösung, die von der Gesamtgeometrie ausgeht. Mit steigender Anzahl der Elemente im Modell wird zwar der theoretische Fehler der Methode geringer, es steigen aber die Fehler aufgrund von Rundungen im Rechner. Der Fehler einer FE-Analyse zu einer analytischen Lösung läßt sich daher nicht exakt angeben.

Die Fehlerenergie ist ein von ANSYS eingeführtes Maß für den Netzfehler. Um die Bedeutung dieses Wertes zu verdeutlichen, soll kurz auf das Berechnungsverfahren eingegangen werden. Die Berechnung der Spannungen und Dehnungen im Lösungsprozessor erfolgt für jedes Element in dessen Gausspunkten. Die Werte für die Knoten, die die äußere Begrenzung des Elementes darstellen, werden von den Gausspunkten aus extrapoliert. Bei einem zu weitmaschigen Netz werden den Knoten von den angrenzenden Elementen verschiedene Spannungen zugeordnet. Die Spannung macht über die Elementgrenze einen Sprung, (dargestellt durch PLNSTR,xx,1). Die Integration dieser Spannungsdifferenzen über die gesamte Geometrie ist daher ein Maß für die Feinheit des Netzes an Bereichen mit hohen Spannungsgradienten. In der Praxis wird dieser Wert durch die Verformungsenergie aller Elemente geteilt und als relativer Fehler angegeben. Werte unter 10% gelten dabei als ausreichend. Da die Fehlerenergie zu den Elementberechnungen zählt, muß sie über einen STRESS-Befehl eingelesen und als relativer Wert ausgerechnet werden (nur für ANSYS4.4):

```
/COM Platz für Variable bereitstellen
/COM Variable fuer Fehlerenergie und Volumen
STRESS, ENRM
/COM Variable fuer Dehnungsenergie
/COM In PREP7 muss KSE,1 gesetzt werden
STRESS,SENE

/COM Knotenspannungen einlesen
SET

/COM Fehlerenergie fuer jedes Element berechnen
/COM ueber Dummy Operation
PLNSTR,SIGE

/COM Fehlerenergien aufsummieren
SSUM

/COM Berechnete Werte einer Variablen zuweisen
/COM ENR fuer Fehlerenergie
*GET, ENR, SSUM, ENRM
/COM SEN fuer Dehnungsenergie
*GET, SEN, SSUM, SENE

/COM relativer Fehler berechnen
ERR = SQRT(ENR/(SEN+ENR))
```

Der errechnete Wert kann aus FILEOUT.DAT oder über den Befehl *STATUS angezeigt werden. Die Fehlerenergie pro Element kann über PLNSTR,ENRM dargestellt werden.

Seit der Version 4.4A von ANSYS kann der relative Fehler über die Variable **ERPC** angesprochen werden. Dieser Wert wird für die meisten Strukturelemente (ohne STIF46, 65, 72) während des Lösungslaufs mitberechnet. Der Aufruf erfolgt z.B. über eine Variablenzuweisung:

```
*GET,ERR,ERPC
```

Die Variable ERR kann dann mit PRNSTR,ERR angezeigt werden.

Weiterhin kann dieser Wert auch über den POST1-Befehl **PRERR** ausgegeben werden.

In jedem Fall muß im Preprozessor PREP7 muß der Befehl KSE mit der Option 1 eingegeben werden (**KSE,1**), da ansonsten die Berechnung der Dehnungsenergien nicht erfolgt.

25.2 Übungen zur Fehlerenergie

25.2.1 Aufgabe

Erzeugen Sie die Geometrie der Lochplatte von Kapitel 19.8.1. Bestimmen Sie die Fehlerenergie dieser Netzanordnung. In einem zweiten Schritt verfeinern Sie das Netz und bestimmen die veränderte Fehlerenergie. Ändern sich die Werte für die maximalen Vergleichsspannungen?

26 Überlagerte Lastfälle

26.1 Allgemeines

Viele Belastungen von Bauteilen lassen sich als Summe von Einzellasten darstellen. Ein klassisches Beispiel ist hierbei der beidseitig gelagerte Biegebalken unter Eigengewicht (Flächenlast) und Einzelkraft. Die Gesamtbiegelinie des Balkens ergibt sich aus der Addition der Biegelinien der Einzelbeanspruchungen (Superpositionsprinzip).

Eine Analyse unter ANSYS kann prinzipiell mit dem gleichen Verfahren erfolgen. Dazu müssen im Pre- und im Postprozessor bestimmte Bedingungen erfüllt, bzw. Befehle abgesetzt werden.

Das ganze Kapitel kann von Benutzern des ANSYS-ED-Version nicht nachvollzogen werden, da diese Befehlgruppe in der eingeschränkten Version nicht enthalten ist.

26.2 Mehrere Lastfälle im Preprozessor

26.2.1 Der Befehl **LWRITE**

Die Modellierung der Geometrie wird entweder über Solid Modeling oder über die direkte Eingabe von Knoten und Elementen vorgenommen. Alle unveränderlichen Last- und Lagerbedingungen werden an das Modell appliziert. Das Modell darf zu diesem Zeitpunkt nicht mit dem Befehl **AFWRITE** abgeschlossen werden, da dieser Befehl bereits ein aufbereitetes Eingabefile schreibt.

Zur Definition von mehreren Lastfällen wird der Befehl **LWRITE** benutzt. Ein Lastfall beinhaltet Lager- und Lastbedingungen wie bei einer herkömmlichen Berechnung. Die Besonderheit liegt darin, daß bei gleicher Geometrie die verschiedenen Beanspruchungen hintereinander definiert werden können. Ein neuer Lastschritt muß wieder mit **LWRITE** abgeschlossen werden. Mit **LWRITE** werden die verschiedenen Lasten des Modells für den Lösungsprozessor gekennzeichnet und abgeschlossen. Nach der Definition sämtlicher Lastschritte muß mit **AFWRITE** eine Aufarbeitung für den Lösungsprozessor erfolgen (Schreiben von FILE27.DAT). Der Befehl LWRITE wird mit folgender Syntax verwendet:

LWRITE

Im Lösungsprozessor wird die für das Modell benötigte Steifigkeitsmatrix nur einmal berechnet und dann mit den unterschiedlichen Lasten beaufschlagt. Die Ergebnisse für die verschiedenen Lastfälle werden hintereinander auf die Lösungsdatei geschrieben.

Am Beispiel des Biegebalkens unter Eigengewicht und Einzellast soll die Verwendung des Befehls verdeutlicht werden:

Vorausgegangen ist die vollständige Modellierung des Balkens, die Aufspaltung in Knoten und Elemente und die Eingabe der Lagerbedingungen. Auch die Material- und Realkennwerte wurden bereits eingegeben, insbesondere die Dichte.

Im ersten Schritt wird die Einzellast aufgebracht und der Lastschritt abgespeichert:

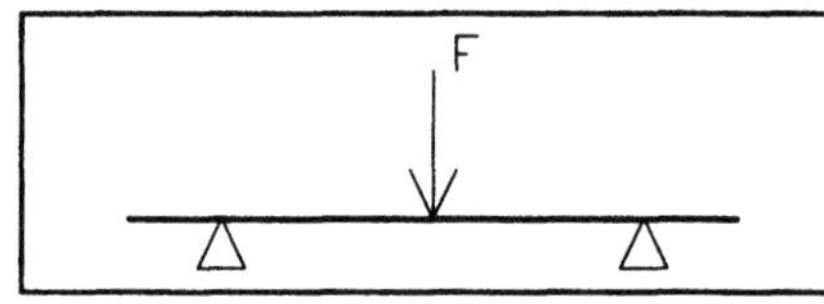


```
.
/COM Lastschritt I
F,5,FY,-10
LWRITE
```

Im nächsten Schritt wird die Einzellast gelöscht und das Eigengewicht definiert. Da dies den letzten Lastschritt darstellt, wird das Preprocessing mit **AFWRITE** abgeschlossen:

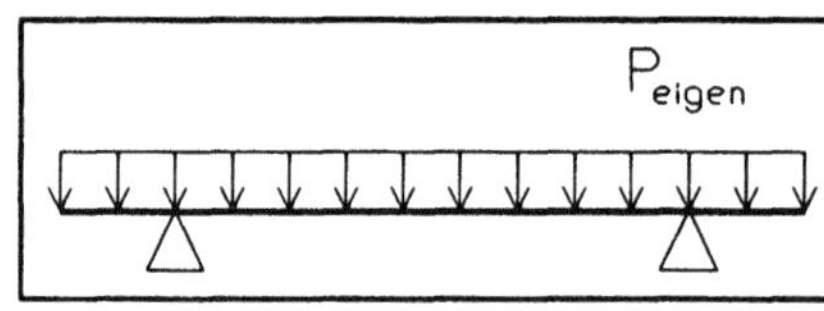


```
.
/COM Lastschritt II
FDELE,5,FY
ACEL,,9.81
LWRITE
AFWRITE
FINISH
```

Im anschließenden Lösungslauf wird die Geometrie mit den verschiedenen Lastfällen durchgerechnet und für den Postprozessor abgespeichert. Die einzelnen Lastfälle werden dabei in der Reihenfolge ihrer Definition hintereinander abgelegt.

26.3 Auswertung im Postprozessor

26.3.1 Der Befehl LCLIM

Da in der Voreinstellung im Postprozessor nur ein Lastfall bearbeitet werden kann, muß vor dem Einlesen der verschiedenen Daten eine Erweiterung des Speichers erfolgen:

LCLIM, MAX

Anzahl der einzulesenden Lastschritte

Die maximale Anzahl der gleichzeitig in den Speicher einlesbaren Lastschritte ist auf 10 begrenzt. Eine weitere Begrenzung der einles- und speicherbaren Lastschritte ist durch die Anzahl an freiem Hauptspeicher gegeben. Eventuell erscheint schon beim Versuch, den dritten Lastschritt einzugeben, eine Fehlermeldung.

26.4 Lastschritt zuordnen

26.4.1 Der Befehl LCASE

In einem weiteren Schritt werden die verschiedenen Lastschritte von der Lösungsdatei eingelesen und einer Kennzahl (Lastfall im Postprozessor) zugeordnet. Hierzu wird der Befehl **LCASE** benötigt:

LCASE, NUM

Kennziffer für den einzulesenden Lastfall

Es ist zu beachten, daß die Kennziffer nicht größer als der mit dem **LCLIM**-Befehl angeforderten Speicherplatz sein darf.

Im vorliegenden Biegebalkenbeispiel werden folgende Eingabeschritte ausgeführt:

```
.
/COM Platz für 3 Lastschritte schaffen
LCLIM,3
/COM Lastschritt II unter Kennung 1 speichern
LCASE,1
SET,2
/COM Lastschritt I unter Kennung 2 speichern
LCASE,2
SET,1
.
```

26.5 Lastfalladdition

26.5.1 Der Befehl LADD

Beide Lastschritte befinden sich nun im Speicher und können auf vielfältige Weise miteinander verknüpft werden (addiert, multiliziert, radiziert, Maximum- oder Minimumwertbestimmung). Für das Biegebalkenbeispiel werden die einzelnen Lastfälle miteinander addiert:

LCADD, LCRES, LCAS1, .. LCAS10

Zu verknüpfende Kennummern der Lastschritte

Kennummer, in die das Ergebnis abgespeichert wird

Mit dem Aufruf: **LCADD,3,2,1** wird dem Ergebnis der Addition die Kennziffer drei zugewiesen. Dies ist gleichzeitig die max. Anzahl von Lastfällen die gleichzeitig gespeichert wird (eingestellt über den **LCLIM**-Befehl). Mit dem weiteren Befehl: **SET,3** kann dann der neu errechnete Lastfall als Überlagerung mehrerer zuvor berechneter Lastfälle im Postprozessor weiter bearbeitet werden.

Dieses Verfahren der Superposition von Lastfällen bietet sich immer dann an, wenn sich die verschiedenen einzelnen Lastfälle **linearelastisch** überlagern. Durch diese Art der Überlagerung sind dann Auswirkungen auf das Bauteil eindeutig einer bestimmten Last zuweisbar. Der Anwender hat dafür Sorge zu tragen, daß bei der Interpretation der Ergebnisse der Superposition die einschränkende Voraussetzung linearelastischen Verhaltens berücksichtigt wird.

26.6 Übungen zu überlagerten Lastfällen

26.6.1 Aufgabe

Auf einen Taster aus Stahl wirken die nebenstehenden Kräfte. Die einzelnen Lastschritte sind mit eingekreisten Zahlen gekennzeichnet. Ermitteln sie die Vergleichsspannung nach von Mises durch eine Lastfalladdition.

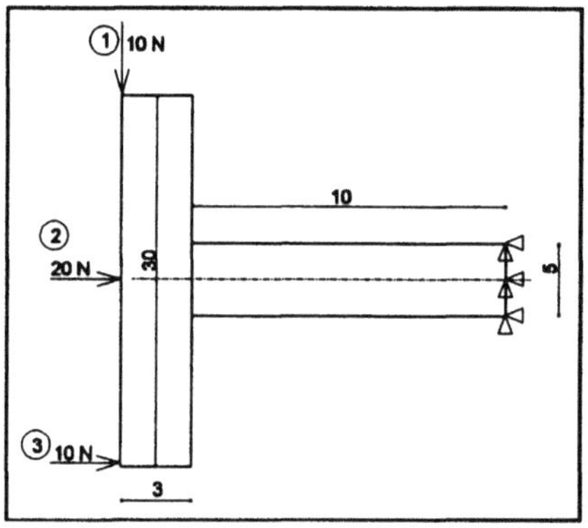

27 Modell mit mehreren Konstanten / Complex Models

Bei zusammengesetzten Modellen werden die einzelnen Teile oft mit unterschiedlichen Elementtypen modelliert. Durch das Eintragen der jeweiligen Kennwerte (Materialkonstanten, Realkonstanten) in Tabellen mit unterschiedlichen Kennziffern ist es möglich, den Elementen die dazugehörigen Konstanten zuzuordnen.

Zum Aktivieren einer Konstante werden die Befehle **TYPE**, **REAL** und **MAT** benutzt. **TYPE** aktiviert mit seiner Option den unter dieser Nummer eingetragenen Elementtyp. **REAL** setzt den neuen Realkonstantensatz und **MAT** schaltet die neuen Materialkennwerte aktiv.

27.1 Referenznummern umschalten

27.1.1 Die Befehle **MAT**, **TYPE** und **REAL**

Bei der Elementtypdefiniton wird neben der STIF-Nummer noch eine Referenznummer eingegeben. Bei Modellen mit mehreren Elementtypen wird diese Referenznummer hochgezählt:

```
ET,1,4          * STIF4  hat Referenznummer 1
ET,2,42         * STIF42 hat Referenznummer 2
```

Zu beachten ist, daß mit der Definition einer Referenznummer diese auch aktiv geschaltet wird. Sämtlichen Elemente, die im Anschluß daran generiert werden, wird der Elementtyp STIF42 zugeordnet. Die Aktivierung der ebenfalls definierten, aber inaktiven Elementtypen erfolgt mit den vordefinierten Refenznummern über den **TYPE**-Befehl:

TYPE, ITYPE

Referenznummer

Um im obigen Beispiel wieder STIF4 zu aktivieren, wird der **TYPE**-Befehl an die Definitionen angehängt:

```
ET,1,4          * STIF4  hat Referenznummer 1
ET,2,42         * STIF42 hat Referenznummer 2
TYPE,1          * Referenznummer 1 ist aktiv
```

Werden mehr als eine Gruppe von Konstanten definiert, so lassen sich diese mit dem **REAL**-Befehl einschalten:

REAL, NSET

Referenznummer

Im Beispiel sollen nach der Definition aller benötigter Konstanten wieder die der ersten Gruppe einschaltet (aktiv) werden:

```
R,1,10,56,3     * Referenznummer 1 definieren
R,2,15,100,4    * Referenznummer 2 definieren
REAL,1          * Nummer 1 aktivieren
```

Mehrere verschiedene Referenznummern für unterschiedliche Materialien lassen sich mit dem **MAT**-Befehl aktivieren:

MAT, MAT

Referenznummer

Die jeweiligen Referenznummern sind unabhängig voneinander. Mit dem Aktivieren des Elementtyps mit der Referenznummer 1 wird nicht automatisch auch der Materialkennwertsatz mit dessen Referenznummer 1 aktiviert.

Im Beispiel soll die Umschaltung der jeweiligen Material- und Realkonstanten gezeigt werden. Ein Objekt soll aus zwei unterschiedlichen Materialien mit drei verschiedenen Dicken aufgebaut sein, Bild 27-1. Zur Modellierung des Objektes wird STIF63, ein Schalenelement, verwendet.

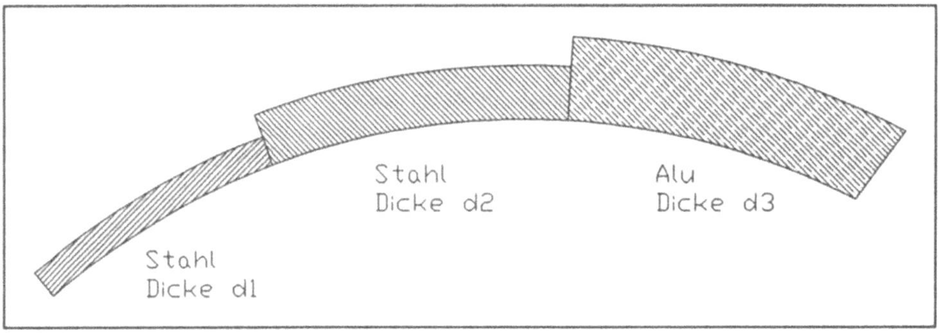

Bild 27-1 komplexes Modell

Als Wert für die Realkonstanten wird nur R1 benötigt, der bei STIF63 die Dicke der Schale angibt. Als Minimumangabe für die Materialkennwerte wird der E-Modul benötigt. Übrige Angaben sind zusätzlich. Die Querkontraktionzahl wird, wenn nicht anders angegeben, mit 0,3 angenommen.

Die Modellierung erfolgt durch die angegebene Dateneingabe:

```
/COM Definition des Elementtyps
ET,1,63          * Schalenelement

/COM Definition der Dicken
R,1,d1           * Realkennziffer 1 hat die Dicke d1
R,2,d2           * Realkennziffer 2 hat die Dicke d2
R,3,d3

/COM Definition der Materialkennwerte
MP,EX,1,E1       * Materialkennziffer 1 hat E-Modul E1
MP,EX,2,E2       * Materialkennziffer 2 hat E-Modul E2
/COM               Achtung!
/COM               Materialkennziffer 1 ist nicht gleich
/COM               Realkennziffer 1 da getrennte Listen
/COM               fuer die Konstanten.
/COM Selektion des ersten Teilbereiches
/COM Vernetzen des ersten Teilbereiches
TYPE,1           * Elementkennziffer 1 aktivieren
REAL,1           * Realkennziffer 1 aktivieren
MAT,1            * Materialkennziffer 1 aktivieren
AMESH,1          * Geometrie vernetzen

/COM Selektion des zweiten Teilbereiches
/COM Vernetzen des zweiten Teilbereiches
REAL,2           * Realkennziffer 2 aktivieren
/COM Der Elementtyp 1 und die Materialkonstante 1
/COM               sind noch aktiv
AMESH,2          * Flaeche Nr. 2 vernetzen

/COM Selektion des dritten Teilbereiches
/COM Vernetzen des dritten Teilbereiches
REAL,3           * Realkennziffer 3 aktivieren
MAT,2            * Materialkennziffer 2 aktivieren
/COM               Der Elementtyp 1 ist noch aktiv
AMESH,3          * Teilbereich 3 vernetzen.
```

Danach können, wie gewohnt, die Lager- und Lastbedingungen auf das Modell aufgebracht werden. Bei der Auswertung ist auf Spannungssprünge aufgrund unterschiedlicher Materialien oder Elemente zu achten. Es ist außerdem möglich, dem gleichen Elementtyp verschiedene Elementreferenznummern zuzuordnen. Dies erleichtert bei großen Modellen die Übersichtlichkeit, da einzelne Bereiche über die Elementreferenznummer selektiert werden können.

27.2 Übungen zu Complex Models

27.2.1 Aufgabe

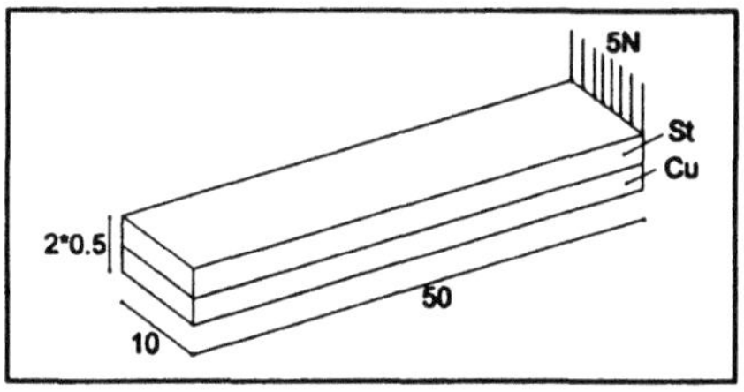

Untersuchen Sie die Spannungen, die bei der Biegung eines Bimetallbleches auftreten. Modellieren sie das Blech nach nebenstehender Grafik mit dem Elementtyp STIF42. Die Oberseite des Bleches besteht aus Stahl (EX=210 000 MPa) die Unterseite aus Kupfer (EX=100 000 MPa). Das Blech ist auf einer Seite fest eingespannt.

Anhang I: Lösungen

zu Aufgabe 3.7.1

Vorgabe:	Im m-kg-s System:	Im mm-t-s System:	Im cm-gr-s System:
5 m	5 m	5000 mm	500 cm
6530000 mm^3	6,53*10^{-3} m^3	6530000 mm^3	6350 cm^3
7,8 gr/cm^3	7800 kg/m^3	7,8*10^{-9} t/mm^3	7,8 gr/cm^3
210000 N/mm^2	2,1*10^{11} kg/m s^2	210000 N/mm^2	2,1*10^{12} gr/cm s^2
9,81 m/s^2	9,81 m/s^2	9810 mm/s^2	981 cm/s^2
1,5 bar	150000 pa	0,15 N/mm^2	1,5*10^6 μbar

zu Aufgabe 5.9.1

```
/PREP7          * Preprozessor einschalten

/COM            * Ueberschrift fuer die Berechnung eingeben
/TITLE,Konstantendefinitionen

KAN,0           * statische Berechnung einschalten
ET,1,3          * Elementtyp 1
KEYOPT,5,1      * zwischenausdrucke werden verlangt

R,1,10000       * 10000 mm**2 Querschnitt
MP,1,EX,        *
.
```

Zu Aufgabe 7.10.1:

```
/COM                  * Preprozessor einschalten
/PREP7

/COM                  * bilde linke Aussenreihe
N,1,
N,51,0,30             * beide Eckknoten definieren
FILL,1,51,4,11,10     * Knoten auffuellen

/COM                  * bilde rechte Aussenreihe
N,6,30,
N,56,30,30            * beide Eckknoten definieren
FILL,6,56,4,16,10     * Knoten auffuellen

/COM                  * Rest auffuellen
FILL,1,6,,,,6,10
```

oder nur mit NGEN-Befehlen:

```
/COM                    * Preprozessor einschalten
/PREP7

/COM                    * bilde Startknoten
N,1,

/COM                    * generiere untere Reihe
NGEN,6,1,1,,,6

/COM                    * ziehe untere Reihe hoch
NGEN,6,10,1,6,1,0,6
```

Zu Aufgabe 7.10.2:

Generierung eines vollständigen Knotenmusters wie bei 7.10.1 und dann:

```
/COM                     * gezieltes Loeschen von Knoten
NDELE,3,60,3
```

Zu Aufgabe 7.10.3:

Bei diesem Muster werden zuerst die beiden seitlichen Reihen generiert. Danach werden zwischen den Eckknoten der Reihen die restlichen Knoten aufgefüllt:

```
/COM                    * Preprozessor einschalten
/PREP7

/COM                    * bilde linke Aussenreihe
N,1,
NGEN,6,10,1,,,0,2

/COM                    * bilde rechte Aussenreihe
N,8,15,
NGEN,6,10,8,,,0,3

/COM                    * Rest auffuellen
FILL,1,8,,,,6,10
```

Zu Aufgabe 7.10.4:

Hier werden alle Eckknoten definiert und mit Knoten aufgefüllt. Knoten 1 und 111 liegen am gleichen Platz. Die Generierung wird dadurch vereinfacht. Am Schluß der Modellbildung wird Knoten 111 wieder gelöscht.

```
/COM                    * Preprozessor einschalten
/PREP7

/COM                    * Eckknoten eingeben
N,1,25
N,21,100
N,41,100,75
N,61,0,75
N,81,0,25
N,101,25,25
N,111,25,0

/COM                    * fuelle Seiten auf
FILL,1,21,3,6,5
FILL,21,41,3,26,5
FILL,41,61,3,46,5
FILL,61,81,3,66,5
FILL,81,101,3,86,5
FILL,101,111,3,106,5
```

Analog erfolgt das Auffüllen der Seiten mit 10 Knoten.

Zu Aufgabe 8.9.1

```
/PREP7                   * Preprozessor einschalten

/COM eingeben des Titels
/TITLE,Elementgenerierung

/COM Elementtyp und Steifigkeit vereinbaren
/COM ansonsten ist keine Elementgenerierung moeglich
ET,1,42
MP,EX,1,210000

/COM Aufbau des Knotenmusters
N,1                       * Startknoten
NGEN,11,1,1,,,5           * untere Reihe
NGEN,11,14,1,11,1,0,5     * nach oben ziehen

/COM Elemente generieren
E,1,2,16,15               * Ausgangselement
EGEN,10,1,1              * untere Reihe
EGEN,10,14,1,10,1        * nach oben ziehen

/COM Muster durch Löschen erzeugen
EDELE,1,100,3
```

Zu Aufgabe 8.9.2

Aus der Vielzahl der Möglichkeiten wird hier nur eine vorgestellt. Es werden die Eckknoten der Platte mit den Eckknoten des Lochs verbunden. Andere Modellierungen teilen die Platte in 4 Vierecke auf. Auf jeden Fall sollte die Knotennumerierung vorher überlegt werden, um eine einfache Generierung zu ermöglichen:

```
/PREP7                  * Preprozessor einschalten

/COM eingeben des Titels
/TITLE,Elementgenerierung einer Platte

/COM Elementtyp und Steifigkeit vereinbaren
/COM ansonsten ist keine Elementgenerierung moeglich
ET,1,42
MP,EX,1,210000

/COM Eingabe der Eckknoten
N,1                     * Platte
N,11,100
N,21,100,50
N,31,0,50
N,41                    * Knoten 1 und 41 sind gleich
/COM nach der Modellierung werden die Knoten verschmolzen
N,301,42.5,21.25        * Loch
N,311,57.5,21.25
N,321,57.5,28.75
N,331,42.5,28.75
N,341,42.5,21.25        * Knoten 301 und 341 sind auch gleich

/COM Knoten auffüllen
FILL,1,11
FILL,11,21
FILL,21,31
FILL,31,41              * Aussenkontur ist fertig
FILL,301,311
FILL,311,321
FILL,321,331
FILL,331,341            * Innenkontur ist fertig

/COM uebrige Knoten generieren
FILL,1,301,5,51,50,41,1

/COM Element generieren
E,1,2,52,51
/COM auessere Reihe generieren
EGEN,40,11,1
/COM und jetzt alles auffuellen
EGEN,6,50,1,40
/COM Vorarbeit macht sich bezahlt
```

Zu Aufgabe 9.12.1:

```
/COM Preprozessor aufrufen
/PREP7

/COM Titel vereinbaren
/TITLE,Teddybaer

/COM Koordinatensysteme definieren
/COM fuer die Nase
LOCAL,11,1,0,-10
/COM fuer das linke Ohr
LOCAL,12,1,-50,50
/COM fuer das rechte Ohr
LOCAL,13,1,50,50

/COM Nase generieren
CSYS,11
N,1,15,0
NGEN,20,1,1,1,1,0,18

/COM Schnittknoten grob positionieren
CSYS,1
N,60,50,30
N,110,50,60
N,130,50,120
N,180,50,150

/COM Schnittknoten berechnen lassen
MOVE,60,1,50,999,0,13,25,999,0
MOVE,110,1,50,999,0,13,25,999,0

MOVE,130,1,50,999,0,12,25,999,0
MOVE,180,1,50,999,0,12,25,999,0

/COM rechtes Ohr generieren
CSYS,13
/COM Stuetzknoten erzeugen
N,70,25,270
N,100,25,180
/COM auffuellen
FILL,60,70,1
FILL,100,110,1
/COM den Rest generieren lassen
NGEN,15,2,70,,,,18

/COM linkes Ohr generieren
CSYS,12
/COM Stuetzknoten erzeugen
N,140,25,0
N,170,25,270
/COM auffuellen
FILL,130,140,1
FILL,170,180,1
```

```
/COM den Rest generieren lassen
NGEN,15,2,140,,,,18

/COM Es fehlt noch die Umrandung
CSYS,1
/COM Stuetzknoten erzeugen
N,50,50,0
N,190,50,180
/COM zu den Schnittknoten auffuellen
FILL,50,60,5
FILL,110,130,10
FILL,180,190,5
/COM den Rest generieren lassen
NGEN,10,2,190,,,,18

/COM Knotennummern ein
/PNUM,NODE,1
/COM Knoten ausplotten
NPLOT
```

Werden Knoten beim **FILL**-Befehl an der falschen Lage definiert, hilft meistens das Vergrößern des entsprechenden Bereichs mit dem **ZOOM**-Befehl.

Zu Aufgabe 9.12.2:

```
/COM Preprozessor aufrufen
/PREP7

/COM Elementtyp vereinbaren
ET,1,42
/COM Materialkonstanten vereinbaren
MP,EX,1,210000

/COM Knotennumerierung einschalten
/PNUM,NODE,1

/COM Eckknoten generieren
N,1,25,0
N,10,100,0
N,100,100,50
N,190,0,50
NPLOT

/COM zylindrisches Koordinatensystem
CSYS,1
/COM Kreisbogen generieren
N,181,25,90
FILL,1,181,17,11,10

/COM restliche Umrandung generieren
CSYS,0
FILL,10,100,8,20,10
FILL,100,190,8,110,10
```

```
/COM Alle Innenknoten generieren
FILL,1,10,9,2,1,19,10
NPLOT

/COM erstes Element definieren
E,1,2,12,11
/COM und untere Reihe aufbauen
EGEN,9,1,1
/COM daraus alle uebrigen Elemente erzeugen
EGEN,18,10,1,9,
```

Zu Aufgabe 10.11.1:

```
/COM Preprozessor aufrufen
/PREP7

/COM Knotennumerierung einschalten
/PNUM,NODE,1

/COM alle Knoten generieren
N,1,10
NGEN,6,1,1,1,1,10
CSYS,1
NGEN,7,10,1,6,1,0,15
NPLOT

/COM alle Knoten zwischen R=25 und R=45 selektieren
NSEL,X,25,45
/COM davon gehen alle weg im Winkel zwischen 10-35 grd
NUSEL,Y,10,35
/COM ausserdem alle zwischen 70-95 grd
NUSEL,Y,70,95
/COM selektierte Knoten loeschen
NDELE,ALL

/COM Menge invertieren
NINV
/COM und restliche Knoten selektieren
NSEL,X,45,100
/COM 2te Reihe hinzufuegen
NASEL,X,0,25
/COM und benoetigte Knoten entfernen
NUSEL,Y,-5,5
NUSEL,Y,40,65
/COM selektierte Knoten löschen
NDELE,ALL

/COM alle Knoten aktivieren
NALL
```

Im zweiten Teil der Aufgabe werden die Elemente entweder durch Angabe der Elementnummer oder mit dem **ENODE**-Befehl gelöscht.

Zu Aufgabe 11.11.1:

```
/PREP7
/TITLE,Biegestab

/COM Konstantendefinitionen
/COM Elementtyp
ET,1,42
/COM dicke definieren
KEYOPT,1,3,3
R,1,10
/COM Materialkonstanten
MP,EX,1,210000
MP,DENS,1,7.8e-9    * in t/mm3

/COM Geometrieaufbau
/COM Knoten
N,1
N,100,1000
FILL,98,1,100,1
NGEN,6,100,1,100,1,0,5

/COM Elemente
E,1,2,12,11
EGEN,99,1,1
EGEN,5,100,1,99

/COM Lagerungsbedingungen
NSEL,X,0,5
D,ALL,ALL,0
NALL

/COM Einzelkraft am Ende
F,600,FY,-40

/COM Eigengewicht
ACEL,0,9810,        * in mm/s2

/COM Linienlast
PSF,0,2,25,1e-5     * in N/mm2

/COM Abschluss der Modellbildung
AFWRITE
```

Zu Aufgabe 12.2.1

```
/COM Platte mit Loch unter Druckbeanspruchung

/COM Einschalten Preprozessor
/PREP7

/COM Definieren einer Ueberschrift
/TITLE, Uebung: Platte mit Loch unter Druck
```

```
/COM Elementdefinition
/COM STIF42 4 Knoten Schalenelement
ET,1,42
KEYOPT,1,3,3
/COM Dicke als Real-Konstante
R,1,10
/COM E- Modul 210000 MPa
MP,EX,1,210000
/COM Darstellung sofort nach Befehl
IMMED,1

/COM Geometrieaufbau
/COM Knoten
/COM Zylindrisches Koordinatensystem
CSYS,2
/COM Knoten 1 definieren
N,1,50,0
/COM Knotennumerierung einschalten
/PNUM,NODE,1
/COM 10 Punkte auf Viertelkreis erzeugen
NGEN,11,10,1,,,0,9
/COM Katesisches Koordinatensystem
CSYS,0
/COM Knoten 10 erzeugen
N,10,150,0
/COM Rechte Kante definieren
NGEN,6,10,10,,,0,30
/COM Platte mit Knoten auffuellen
FILL,1,10
FILL,11,20
FILL,21,30
FILL,31,40
FILL,41,50
/COM Knoten auf oberer Kante erzeugen
NGEN,6,10,60,,,-30
/COM Rest der Platte mit Knoten fuellen
FILL,51,60
FILL,61,70
FILL,71,80
FILL,81,90
FILL,91,100
FILL,101,110
/COM Knoten ausdrucken
NPLOT
/COM die Generierung geht auch schneller mit nur einem
/COM FILL-Befehl

/COM Elemente
/COM 1. Element durch 4 Knoten definieren
/COM Elementtyp und Materialkonstanten sind eingeschaltet
E,1,2,12,11
/COM eine Reihe Elemente von innen nach außen erzeugen
EGEN,9,1,1
/COM der Rest des Körpers wird mit Elementen gefuellt
```

```
EGEN,10,10,1,9
/COM Elementnumerierung einschalten
/PNUM,ELEM,1
/COM Elemente darstellen
EPLOT

/COM Last- Lagerbedingungen
/COM Darstellung der Umgebungsbedingungen einschalten
/PBC,ALL,2
/COM Symmetriebedingungen setzen
/COM Auf der Unterseite des Modells
SYMBC,0,2,0
/COM Auf der rechten Seite des Modells
SYMBC,0,1,0
/COM Druck auf linke Seite des Modells aufbringen
PSF,0,0,150,140

/COM gesamte Geometrie für Lösungsprozessor abspeichern
AFWRITE

/COM Preprozessor verlassen
FINISH
```

Zu Aufgabe 14.15.1:

```
/COM Preprozessor einschalten
/PREP7

/COM Jedes Ding braucht einen Namen
/TITLE,Frontplatte

/COM Numerierungen einschalten
/PNUM,KPOI,1
/PNUM,LINE,1

/COM 1. Punkt generieren bei 0,0
K
/COM restliche Punkte der Umrandung generieren
K,,210
K,,210,70
K,,0,70
KPLOT

/COM Umrandung mit Linien vervollstaendigen
L,1,2
L,2,3
L,3,4
L,4,1
```

```
/COM grossen Durchbruch erstellen
K,,100,10
K,,200,10
K,,200,60
K,,100,60

/COM Durchbruch mit Linien begrenzen
L,5,6
L,6,7
L,7,8
L,8,5

/COM Eckunkte fuer Tastendurchbruch plazieren
K,,10,10
K,,20,10
K,,20,20
K,,10,20

/COM Durchbruch mit Linien begrenzen
L,9,10
L,10,11
L,11,12
L,12,9

/COM restliche Durchbrueche durch Kopieren erzeugen
LGEN,5,9,12,1,20
LGEN,2,9,28,1,0,20
LPLOT

/COM Punkte fuer erste Bohrung plazieren
K,,20,55
K,,15,60
K,,10,55
K,,15,50
KPLOT

/COM und Bohrung mit Boegen aufbauen
LARC,49,50,51,5
LARC,50,51,52,5
LARC,51,52,49,5
LARC,52,49,50,5

/COM restliche Bohrungen kopieren
LGEN,5,49,52,1,20
LPLOT
```

Zu Aufgabe 14.15.2:

Von den vielen verschiedenen Aufbaumöglichkeiten soll hier eine Möglichkeit demonstriert werden, die Gebrauch von Kopier- und Verschiebebefehlen macht. Eine andere Möglichkeit ist die Generierung eines geschlossenen Musters von dem dann einzelne Elemente gelöscht werden.

```
/COM Preprozessor einschalten
/PREP7
/COM Numerierung der Punkte einschalten
/PNUM,KPOI,1

/COM Aufbau des mittleren Vierecks aus Punkten
K,,5,-5
K,,5,5
K,,-5,5
K,,-5,-5

/COM und Linien
L,1,2
L,2,3
L,3,4
L,4,1

/COM die Haelfte eines Musters wird durch Kopieren erstellt
LGEN,4,1,4,1,20
LGEN,2,9,16,1,,20
LGEN,2,21,24,1,,20
LPLOT

/COM die andere Haelfte wird gespiegelt
LSYMM,2,17,28,1
/COM das Grundmuster ist erstellt

/COM andere seite durch Spiegeln erzeugen
LSYMM,1,5,40,1
LPLOT

/COM die beiden Muster werden gedreht
/COM um 90grd verdrehtes Koordinatensystem erzeugen
LOCAL,11,0,0,0,0,90
CSYS,0
/COM und die Muster transformieren
LTRAN,11,5,76,1
LPLOT

/COM zum Schluss der Kreis
CSYS,1
/COM vier Punkte werden fuer Kreisboegen benoetigt
K,,100,0
K,,100,90
K,,100,180
K,,100,270
KPLOT

/COM Kreis aus 4 Boegen einzeln generiert
LARC,157,158,1,100
LARC,158,159,1,100
LARC,159,160,1,100
LARC,160,157,1,100
```

Zu Aufgabe 14.15.3

```
/COM Preprozessor einschalten
/PREP7

/COM Namen vergeben
/TITLE,Uebung Hebel

/COM 2 lokale zylindrische Koordinatensysteme erzeugen
LOCAL,11,1,0,-100
CSYS,1
CLOCAL,12,1,120,45
CSYS,1

/COM innere Kreise aus Punkten und Linien generieren
K,,30,0
K,,30,90
K,,30,180
LARC,1,2,3,30
LGEN,4,1,,,,90
LGEN,2,1,4,1,10
/COM durch den LGEN-Befehl wurden Anfangs- und
/COM Endpunkte neu generiert.
/COM doppelte Punkte muessen verschmolzen werden
NUMMRG,ALL

/COM unteren Teil generieren
CSYS,11
K,,10,0
K,,10,90
/COM 2 Punkte reichen, die Orientierung wird aus den oberen
/COM Punkten uebernommen
L,4,5,15,-10
LGEN,4,9,,,,90
LGEN,2,9,12,1,10
NUMMRG,ALL

/COM Verbindungslinien generieren
/COM leider ist Tangente an Kreise unter Radius
/COM nicht moeglich
LARC,17,10,18,500
LARC,20,13,15,500

/COM Erstellen des oberen Arms
CSYS,12
K,,25,0
K,,25,90
K,,25,180
LARC,6,9,14,25
LGEN,4,19,,,,90
NUMMRG,ALL
```

```
/COM Erzeugen des Sechskants
K,,13.85,0
K,,13.85,60
CSYS,0
L,16,19
/COM bei eingeschaltetem System 12 wird ein Bogen erzeugt
/COM ein kartesisches System wird benoetigt

/COM zum Drehen mit Kopieren wird das lokale System
/COM wieder benoetigt
CSYS,12
LGEN,6,23,,,,60
NUMMRG,ALL

/COM Seitenlinien anfuegen
CSYS,0
L,10,23
L,11,9
```

Zu Aufgabe 15.9.1:

Für diese Aufgabe soll eine konventionelle Generierung Verwendung finden. Gleichzeitig wird der Unterschied zur Modellerzeugung mit Knoten deutlich, da beim Solid Modeling die Punktnummern automatisch generiert werden.

```
/COM Preprozessor einschalten
/PREP7
/TITLE,Platte aus Flaechen

/COM Eckpunkte der Kontur festlegen
/PNUM,KPOI,1
K,,25
K,,100
K,,100,50
K,,0,50
K,,0,25
KPLOT

/COM und Kontur mit Linien begrenzen
L,1,2
L,2,3
L,3,4
L,4,5
LARC,5,1,3,-25
/PNUM,LINE,1
LPLOT

/COM Linien fuer kleinere Flaechen unterteilen
LDIV,1
LDIV,2
LDIV,3
LDIV,4
/COM jede Linie einzeln aufrufen
```

```
LDIV,5
LDIV,5
LDIV,10

/COM Zwischenlinien erzeugen und teilen
L,10,3
LDIV,13
L,11,8
LDIV,15
L,12,7
LDIV,17
L,6,15
L,15,13
L,13,14
L,14,9

/COM alle Flaechenbegrenzungslinien sind nun erzeugt
/COM jede Flaeche wird nun einzeln definiert
A,1,6,15,12
A,6,2,7,15
A,12,15,13,10
A,15,7,3,13
A,10,13,14,11
A,13,3,8,14
A,5,11,14,9
A,14,8,4,9
/PNUM,AREA,1
APLOT

/COM die Unterteilung ist genuegend fein
/COM und die Generierung war konventionell und
/COM muehsam. Gibt es schnellere Verfahren?
```

Zu Aufgabe 18.10.1

Für diese Aufgabe wird auf das Modell von Beispiel 15.9.1 zurückgegriffen. Die Befehlsfolge wird ohne den /PREP7-Befehl am Anfang in einer Datei mit Namen PLATTE.DAT gespeichert. Ein Aufruf der Datei mit einem /INPUT-Befehl zwingt ANSYS, diese Befehlsfolge zu durchlaufen. Nach dem Abarbeiten des letzten Befehls geht die Kontrolle wieder auf die Maus oder die Tastatur zurück.

Im ersten Beispiel wird jede Linie für die Vernetzung unterteilt.:

```
/COM Konstanten definieren
ET,1,42
MP,EX,1,210000

/COM Geometrie einlesen
/INPUT,PLATTE,DAT
```

```
/COM auf dem Bildschirm sind die unvernetzen Linien
/COM und Flaechen zu sehen

/COM Linie mit 10 ungleichmaessigen Unterteilungen
LDVS,9,,10,3
/COM andere Seite der Flaeche muss fuer eine Viereck-
/COM vernetzung die gleiche Anzahl Unterteilungen
/COM aufweisen
LDVS,15,,10,3
/COM die Forderung zwingt die Unterteilung weiterer Linien
LDVS,13,,10,3
LDVS,17,,10,3
LDVS,1,,10,3

/COM die Linien am Lochrand werden fuer sieben
/COM Elemente vorbereitet
LDVS,5,,7
/COM die andere Seite der Flaeche erhaelt ebenfalls
/COM sieben Unterteilungen
LDVS,22,,7
/COM usw.
LDVS,11,,7
LDVS,10,,7
LDVS,12,,7
LDVS,19,,7
LDVS,2,,7
LDVS,20,,7
LDVS,7,,7
LDVS,8,,7
LDVS,3,,7
LDVS,21,,7

/COM alle unvernetzten Linien sollen 4 Elemente erhalten
LDVS,ALL,,4,,0

/COM alle Linien sind fuer die Vernetzung vorbereitet
/COM die Vernetzung kann gestartet werden:
AMESH,ALL
/COM Anzeige der Elemente
```

Im zweiten Beispiel wird die Unterteilung in Punktnähe vorgegeben. Danach wird eine allgemeine Elementgröße vorgegeben und die Vernetzung gestartet.

```
/COM zuerst die Konstanten definieren
ET,1,42
MP,EX,1,210000

/COM Geometrie einlesen
/INPUT,PLATTE,DAT
/COM Geometrie mit Linien und Flaechen ist auf dem Bild-
/COM schirm zu sehen
```

```
/COM Selektieren der Punkte am Lochrand
CSYS,1
KPSEL,X,25
KPLOT
/COM Elementgroesse 1 an den Punkten erzwingen
KDVS,ALL,1
/COM alle Punkte selektieren
KPALL
KPLOT

/COM an der nachfolgenden Reihe soll die Element-
/COM groesse 5 betragen
KDVS,6,5
KDVS,15,5
KDVS,13,5
KDVS,14,5
KDVS,9,5
/COM gewuenschte Unterteilungen anpassen
LDVA,1

/COM bei nicht fuer die Vernetzung vorbereiteten Linien
/COM soll die Elementgroesse 5 Einheiten betragen
ELSIZE,,5,0

/COM Flaechen vernetzen
AMESH,ALL
EPLOT
```

Zu Aufgabe 19.8.1

```
/COM Preprozessor einschalten
/PREP7

/TITLE,Platte mit Belastungen

/COM Konstanten definieren
ET,1,42
KEYOPT,1,3,3
/COM Dicke eingeben
R,1,10
MP,EX,1,210000

/COM Geometrie erzeugen
/COM Eckpunkte generieren
K,,50,0
K,,300
K,,300,150
K,,0,150
K,,0,50
```

```
/COM Punktnumerierung einschalten
/COM und Punkte anzeigen
/PNUM,KPOI,1
KPLOT

/COM Linien generieren
LARC,5,1,3,-50
L,1,2
L,2,3
L,3,4
L,5,4
/COM Linien unterteilen fuer kleinere Flaechen
LDIV,1,,,,0
LDIV,2
LDIV,3
LDIV,4
LDIV,5
LDIV,1
LDIV,6
/COM Zwischenlinien generieren
L,12,8
L,6,3
L,11,9
LDIV,13
LDIV,14
LDIV,15
L,7,13
L,13,14
L,14,15
L,15,10
/COM Liniennummern einschalten und anzeigen
/PNUM,LINE,1
LPLOT
/COM Flaechen erzeugen
A,1,7,13,12
A,7,2,8,13
A,12,13,14,6
A,13,8,3,14
A,6,14,15,11
A,14,3,9,15
A,5,11,15,10
A,15,9,4,10
/COM Flaechennummern einschalten und anzeigen
/PNUM,AREA,1
APLOT

/COM Darstellung der Lager/Lastsymbole einschalten
/PBC,ALL,2

/COM Symmetrielinien definieren
LSBC,2,1
LSBC,7,2
LSBC,10,8
LSBC,5,7
```

```
/COM Pressung negativ (als Zug) eingeben
LPSF,3,-140
LPSF,8,-140

/COM LInien fuer die Vernetzung vorbereiten
LPLOT
/COM 10 Element auf einer Linie, ungleichmaessig verteilt
LDVS,2,,10,3
LDVS,13,,10,3
LDVS,14,,10,3
LDVS,15,,10,3
LDVS,5,,10,3
/COM restliche Linien werden 6 mal unterteilt
LDVS,ALL,,6,,0

/COM Vernetzung starten
AMESH,ALL
EPLOT

/COM Last/Lagerbedingungen auf Knoten und
/COM Elemente uebertragen
SBCTRA
```

Zu Aufgabe 22.13.1

Das Loch verformt sich, wie erwartet zu einem Oval. Die maximale Verschiebung eines Knotens beträgt ca. 0,23 mm. Die maximale Vergleichsspannung (SIGE) von 482 N/mm^2 tritt am Lochrand, an den Symmetrieachsen der Platte auf. Die Spannungen sind gemittelt und ungemittelt gleich, ein Indiz für ein genügend feines Netz.

Ein normaler Stahl (St37) wäre bei dieser Belastung bereits plastisch verformt. Dieser Effekt kann nur mit einem nichtlinearen E-Modul nachgebildet werden.

Zu Aufgabe 23.6.1

Die Modellierung erfolgt mit folgenden Eingaben:

```
/COM Preprozessor einschalten
/PREP7

/TITLE,Kran mit Last

/COM Konstantendefinition
/COM STIF3 Biegebalken
ET,1,3
/COM E-Modul für Stahl
MP,EX,1,210000
/COM Geometriekonstanten fuer
/COM Flaeche,IZZ,Hoehe
R,1,2280,9350000,160
```

```
/COM Modellaufbau
/COM Knoten definieren
N,1,-2500,0
N,2,
N,3,2500,0
N,4,-1250,1000
N,5,1250,1000

/COM Elemente definieren
E,1,2
E,2,3
E,4,5
E,1,4
E,4,2
E,2,5
E,5,3

/COM gelagert wird an den Endpunkten
D,1,UY,0
D,3,UY,0
/COM ein Punkt muss gegen seitliches Verschieben
/COM gesichert werden
D,1,UX,0

/COM Kraftangriff
F,2,FY,-20000

/COM Symbole fuer Lager/Lasten ein
/PBC,ALL,2

EPLOT

/COM Datei fuer Gleichungsloeser schreiben
AFWRITE

/COM Preprozessor Ende
/COM Bei Bedarf /COM loeschen
/COM FINISH
```

Um die Verteilung der Biegespannungen anzeigen zu können, müssen die entsprechenden STRESS-Items eingelesen werden:

Item 7 für Biegespannung am Knoten I
Item 11 für Biegespannung am Knoten J

Eine Auswertung kann wie folgt durchgeführt werden:

```
/COM Postprozessor einschalten
/POST1
/COM benoetigte Items definieren
/COM Item 7 max. Spannung (Biege + Zug) Knoten I
STRESS,IMX,3,7
```

```
/COM Item 11 max.Spannung Knoten J
STRESS,JMX,3,11
/COM Item 9 reine Zug/Druckspannung Knoten I
STRESS,IZU,3,9
/COM Item 13 reine Zug/Druckspannung Knoten I
STRESS,JZU,3,13

/COM Berechnungsergebnisse einlesen
SET

/COM Durchbiegung anzeigen lassen
PLDISP,2

/COM Verteilung der Spannungen anzeigen
PLLS,IMX,JMX

PLLS,IGL,JGL
```

Folgende Werte werden den Bildern entnommen:

max. Knotenverschiebung: 0,4mm
max. Spannung: 10,4 N/mm^2
max. Zugspannung: 6,7 N/mm^2

Probieren sie auch die Befehle zur Ermittlung der Reaktionskräfte und der Kräfte in den Elementen aus.

Zu Aufgabe 24.2.1

Es wird nur ein Achtel des Rohres modelliert. Je nach Größe der Elemente kann der Verlauf der Kurve für die Radialspannungen eckiger werden. Die Größenordnung des Ergebnisses sollte jedoch gleich bleiben. Vergessen Sie nicht, für die Auswertung das Zylinderkoordinatensystem einzuschalten!

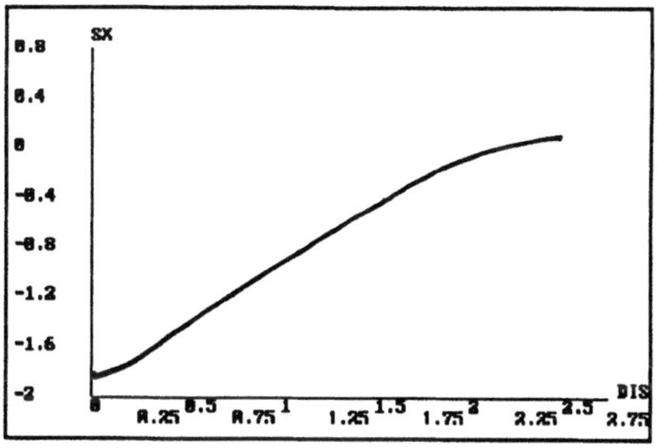

Zu Aufgabe 26.6.1

Die Geometrie wurde mit folgenden Befehlen aufgebaut:

```
/COM Preprozessor einschalten
/PREP7

/COM Konstanten definieren
ET,1,42
MP,EX,1,210000

/COM Aufbau der Geometrie
/COM mit Knoten
N,1,0,-15
N,4,3,-15
/PNUM,NODE,1
NPLOT
FILL,1,4
NGEN,13,5,1,4,1,0,2.5
N,100,3,-2.5
N,105,13,-2.5
FILL,100,105
NGEN,3,10,100,105,1,0,2.5
NPLOT

/COM mit Elementen
E,1,2,7,6
EGEN,3,1,1
EGEN,12,5,1,3
E,100,101,111,110
EGEN,5,1,37
EGEN,2,10,37,41
EPLOT

/COM einige Knoten sind doppelt
NUMMRG,ALL

/COM Lagerbedingungen anfuegen
NSEL,X,13
NPLOT
D,ALL,UX,0
D,ALL,UY,0
NALL

/COM Lagersymbole einschalten
/PBC,ALL,2
/COM und anzeigen
EPLOT

/COM 1. Lastfall definieren
F,61,FY,10
LWRITE
```

```
/COM im 2. Lastfall wird die Kraft nicht mehr benoetigt
FDELE,61,FY
F,31,FX,30
LWRITE

/COM ebenso wird der letzte Lastfall definiert
FDELE,31,FX
F,1,FX,10
LWRITE

/COM Datei fuer Gleichungsloeser generieren
AFWRITE
```

Für eine Lastfalladdition müssen folgende Befehl eingegeben werden:

```
/COM Postprozessor einschalten
/POST1

/COM Hier ist Schluss fuer die ANSYS-ED Benutzer
/COM Platz fuer 4 Lastfaelle beantragen
LCLIM,4

/COM Lastfaelle zuordnen
LCASE,1
SET,1

LCASE,2
SET,2

LCASE,3
SET,3

/COM der 4. Lastfall ist eine Addition aus den vorigen
LCADD,4,1,2,3

/COM jetzt kann die Auswertung erfolgen
PLNSTR,SIGE
```

Zu Aufgabe 27.2.1

```
/COM Preprozessor einschalten
/PREP7

/TITLE,BIMETALLSTREIFEN

/COM Stahlseite definieren
ET,1,42
KEYOPT,1,3,3
R,1,10
MP,EX,1,210000
```

```
/COM Cu-Seite definieren
ET,2,42
KEYOPT,2,3,3
R,2,10
MP,EX,2,100000

/COM Geometrieaufbau
/COM mit Knoten
N,1
N,50,50,0
FILL,1,5
FILL,1,50
/PNUM,NODE,1
NPLOT
NGEN,5,50,1,50,1,0,.25

/COM Elemente definieren
/COM Oberseite aus Stahl
MAT,1
TYPE,1
REAL,1
E,151,152,202,201
EGEN,49,1,1
EGEN,2,-50,1,49,1

/COM Unterseite aus Cu
TYPE,2
MAT,2
REAL,2
E,1,2,52,51
EGEN,49,1,99
EGEN,2,50,99,147,1
EPLOT

/COM Streifen an einer Seite einspannen
NSEL,X,0
D,ALL,ALL,0
NALL
NPLOT

/COM Kraft auf die andere Seite aufbringen
F,250,FY,-5

/COM Elemente intern umsortieren, da Wavefront fuer die
/COM ED-version zu hoch ist
WSORT,X
/COM beim seitwaerts Generieren der Elemente waere dies
/COM nicht passiert

/COM Datei abspeichern fuer Loesungsprozessor
AFWRITE
```

Die Auswertung erfolgt wie gewohnt, wobei durch die verschiedenen Materialien eine Spannungsausgabe immer ungemittelt erfolgen muß. Ansonsten erfolgt ein Verschleifen über Elemente mit unterschiedlichen Eigenschaften. Dies führt zu Auswertefehlern.

Anhang II: Zusätzliche Übungsaufgaben

Die nachfolgenden Beispiele sollen an ausgewählten, einfach nachzuvollziehenden Aufgabenstellungen aus den Bereichen Statik und Festigkeitslehre elementare Arbeitsmöglichkeiten mit dem FE-Programm ANSYS erläutern. Die Beispiele sind vollständig durchgerechnet und ausführlich kommentiert. Sie können direkt am Rechner bearbeitet werden. Sofern möglich, wird ein Vergleich zur analytischen Lösung hergestellt. Der Einsatz bestimmter Elementtypen wird jeweils beschrieben. Gegebenenfalls wird eine Aufgabenstellung auch mit unterschiedlichen FE-Modellierungen bearbeitet, um die Auswirkung der Modellierung zu zeigen.

Jede FE-Berechnung besteht aus vier Phasen:

1. Problemdefinition,
2. FE-Modellierung,
3. Berechnung,
4. Auswertung und Interpretation der FE-Berechnungsergebnisse.

Die Problemdefinition am Anfang ist entscheidend für die gesamte Berechung. Hier wird das reale Problem für die FE-Berechnung aufbereitet. Dies umfaßt besonders die Klärung der Belastungen und Randbedingungen und die Bestimmung der berechnungsrelevanten Geometrie, um unnötigen Berechnungsaufwand zu vermeiden. Der nächste Schritt, die FE-Modellierung zeigt, wie weit der Bearbeiter das Problem verstanden hat: Das FE-Modell muß das reale Modell sinnvoll wiedergeben. Das FE-Netz muß zu erwartende Beanspruchungsspitzen erfassen können. Ein schlechtes Modell führt zu einer falschen Lösung, die kein FE-Programmsystem verbessern kann. Die untersuchten Maschinenteile werden als netzwerkartige Struktur finiter Elemente abgebildet, die in den Knoten miteinander verbunden sind. Kräfte auf die Struktur und Reaktionskräfte aus den Lagern können nur an Knoten übertragen werden. Die kritischen Punkte bestehen hauptsächlich aus:

1. den eingesetzten Elementtypen und ihrer Größe, die zum Problem passen muß, sowie

2. sorgfältig definierten Randbedingungen.

Die Erfahrung zeigt, daß hier bei der FE-Modellierung die meisten Fehler gemacht werden.

Beispiel 1: Dachbinder (2D-Stabstatik)

Bild A-1 zeigt einen aus quadratischen Stahlstäben bestehenden Dachbinder mit statisch bestimmter Lagerung. Das Beispiel ist entnommen aus [1], S. 140 ff. Alle Stäbe haben eine Querschnitt von 10 x 10 mm. Als Elastizitätsmodul wird ein Wert von E = 210000 MPa verwendet.

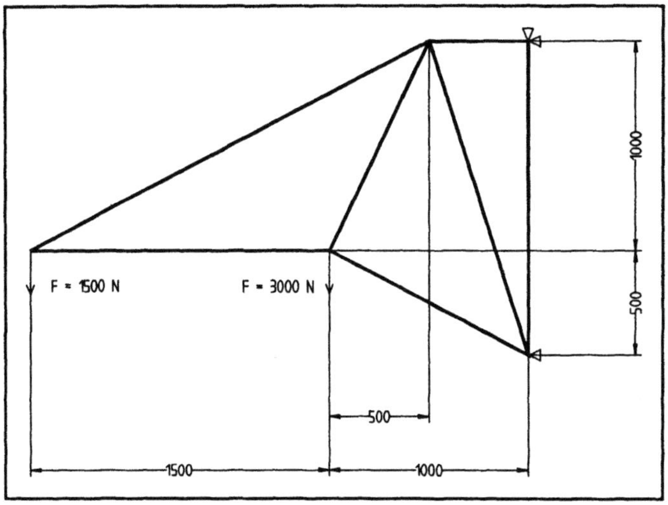

Bild A-1 Dachbinder mit Lagerung

Für die FE-Modellierung des Dachbinders bieten sich zwei Elemente aus der ANSYS-Elementebibliothek an:

STIF1: 2D-Stabelement oder
STIF3: 2D-Balkenelement.

Bei einer Modellierung mit dem 2D-Stabelement STIF1 wird der Dachbinder als ebenes Fachwerk mit gelenkigen Knotenpunkten behandelt, d.h. die Stäbe können nur Zug oder Druck aufnehmen. In den Stäben können daher auch nur Zug- und Druckkräfte bzw. Zug- und Druckspannungen berechnet werden. Das FE-Modell entspricht daher mit seiner Lösung der graphischen Bestimmung der Stabkräfte nach [1].

Das sehr einfache FE-Modell wird in direkter Modellierung erstellt, d.h. Knoten und Elemente werden direkt eingegeben. Zwischen den Knoten ist jeweils ein Stabelement angeordnet. Bei der Zuordnung der Elemente zu den Knoten sollte der Umlaufsinn beachtet werden. Dies erleichtert die spätere Zuordnung der Berechnungsergebnisse zu den Knotenpunkten der Elemente. Knoten und Elemente werden daher im Uhrzeigersinn fortschreitend eingegeben. Der Ursprung des Koordinatensystems wird sinngemäß zu [1] an den Kraftangriffspunkt der Kraft F = 3000 N gelegt.

Nach der üblichen Startprozedur von ANSYS wird der Preprozessor aufgerufen und die Befehlsfolge für die Modellgenerierung eingegeben. Bild A-2 zeigt das generierte FE-Modell. Der Preprozessor wird nach dem Schreiben des Analysefiles mit **FINI** verlassen und von der BEGIN-Ebene aus mit **/INP,27** der anschließende Lösungslauf gestartet.

```
/prep7                                                    * Einschalten des Preprozessors
/title,Beispiel 1: 2D-Dachbinder STIF1    *Titeleingabe
/COM
/COM EINGABE VON ELEMENTTYP, REAL CONSTANTS UND MATERIALDATEN
/COM
et,1,1                                                    * Elementtyp STIF1 wählen
r,1,100                                                   * Stabquerschnitt A = 100mm²
eingeben
mp,ex,1,210000                     * E-Modul Ex = 210000 MPa
/COM
/COM EINGABE DER KNOTEN UND IHRER KOORDINATEN
/COM
n,1                                                       * Knoten 1 im Ursprung
n,2,-1500
n,3,500,1000
n,4,1000,1000
n,5,1000,-500
/COM
/COM ZUORDNUNG DER ELEMENTE ZU DEN KNOTEN
/COM
e,1,2                                                     * Element 1 von Knoten 1 (i) nach
Knoten 2 (j)
e,2,3
e,3,4
e,4,5
e,5,1
e,1,3
e,5,3
/COM
/COM EINGABE DER LAGERUNGSBEDINGUNGEN UND BELASTUNGEN
/COM
D,4,UX,0                           * Festlagerung an Knoten 4
D,4,UY,0
D,5,UX,0                           * Loslagerung an Knoten 5
F,2,FY,-1500                       * Vertikallast an Knoten 2
F,1,FY,-3000                       * Vertikallast an Knoten 1
afwr                                                      * Schreiben des Analysefiles
```

Beispiel 1 PREP7-Input

Mit **FINI** wird der Gleichungslöser verlassen und der Postprozessor mit **/POST1** zur anschließenden Auswertung gestartet. Da die Knotenkräfte und Stabspannungen jedoch nicht als Konturplot visualisiert werden können, müssen im Postprozessor vor dem Einlesen des

Ergebnisfiles zunächst die entsprechenden STRESS-ITEMS für STIF1 angefordert werden, vgl. Tabelle 1.

	Knoten i	Knoten j
FX	1	2
SIGMA-X	3	3

Tabelle 1 STRESS-ITEMS für STIF1

Folgende Befehlssequenz ist hierfür erforderlich:

```
STRESS,FXI,1,1
STRESS,FXJ,1,2
STRESS,SIGX,1,3
```

Nun wird das Ergebnisfile FILE12.DAT mit dem Befehl **SET** in den Postprozessor eingelesen und die vorher definierten STRESS-ITEMS mit **PRSTR,FXI,FXJ,SIGX** auf dem Bildschirm angezeigt. Es ergeben sich die in Tabelle 2 zusammengefassten Ergebnisse, die allerdings nur ohne Nachkommastellen verwertet werden sollten (Kräfte, Spannungen).

Element	FXI [N]	FXJ [N]	SIGX [MPa]
1	3000.0	-3000.0	-30.0
2	-3354.1	3354.1	33.541
3	-4500.0	4500.0	45.000
4	-4500.0	4500.0	45.000
5	4024.9	-4024.9	-40.249
6	-1341.6	1341.6	13.416
7	2846.0	-2846.0	-28.460

Tabelle 2 Berechnungsergebnisse mit STIF1

Tabelle 3 zeigt die in [1] graphisch bestimmten Ergebnisse zum Vergleich.

Stab	FX [N]
1	-3000
2	3350
3	4500
4	4500
5	-4000
6	1350
7	-2850

Tabelle 3 Graphische Lösung nach [1]

Eine ähnliche Modellierung des Dachbinders mit dem ANSYS-Element STIF3 wird nun als Alternative ausgeführt. Im PREP7-Input muß dazu nur die Elementdefinition im Befehl `et,1,1` gegen `et,1,3` ausgetauscht werden und die Angabe der Real Constants in der nächsten Zeile des PREP7-Inputs um das Flächenträgheitsmoment um die z-Achse Izz und die Balkenhöhe h ergänzt werden. Aus `r,1,100` wird deshalb `r,1,100,833,10`. Bild A-2 2 zeigt das FE-Modell. Die Lösung mit STIF3 liefert in den Knotenpunkten die Knotenkräfte F_x, F_y und das Moment M_z um die z-Achse. Die entsprechenden STRESS-ITEMS sind in Tabelle 4 zusammengestellt.

	Knoten i	Knoten j
FX	1	4
FY	2	5
MZ	3	6

Tabelle 4 STRESS-ITEMS für STIF3

Tabelle 5 zeigt die Berechnungsergebnisse. Neben den Knotenkräften und -momenten können über andere STRESS-ITEMS ebenfalls Normal- und Biegespannungsanteile usw. aus dem Ergebnisfile ausgelesen werden. Man vergleiche hierzu die Post-Data-Items von STIF3, indem man bei eingeschaltetem Bildschirmmenü den Befehl **PSTIF,3** absetzt.

Element	FXI [N]	FXJ [N]	MZI [Nmm]	MZJ [Nmm]
1	2999.7	-2999.7	-227.67	-96.095
2	-3353.8	3353.8	96.095	59.910
3	-4499.6	4499.6	-695.46	-467.04
4	4497.7	-4497.7	467.04	198.28
5	-4025.4	4025.4	-236.78	-82.495
6	-1341.7	1341.7	310.16	414.31
7	2843.1	2843.1	38.501	221.24

Tabelle 5 Berechnungsergebnisse mit STIF3

Die Verformungsplots, die im Postprozessor mit dem Befehl **PLDI,2** auf dem Bildschirm dargestellt werden, Bild A-2, zeigen aber auch bei Verwendung des Elements STIF3 noch keine Balkenbiegung, obwohl in den Knotenpunkten rotatorische Verformungen zugelassen sind. Dies liegt an der Modellierung des Dachbinders mit nur einem Element zwischen den Knoten. Eine erneute Modellierung, die ebenfalls mit dem Element STIF3 vorgenommen wird, soll dieses Problem lösen. Diese Modellierung wird als Solid Modeling über Keypoints und Lines mit anschließender Vernetzung vorgenommen. Auch die Lagerungsbedingungen und die Kräfte werden als Solid Loads aufgebracht und erst zum Schluß auf die Knoten des FE-Modells übertragen. Der entsprechende PREP7-INPUT ist nachfolgend wiedergegeben:

```
/prep7                          * Einschalten des Preprozessors
/title,Beispiel 1: 2D-Dachbinder STIF3   * Titeleingabe
/COM
/COM EINGABE VON ELEMENTTYP, REAL CONSTANTS UND MATERIALDATEN
/COM
et,1,3                          * Elementtyp STIF3 wählen
/COM Stabquerschnitt A=100 mm², Flächenträgheitsmoment um z-Achse IZZ=833 mm³
/COM Balkenhöhe h=10 mm
r,1,100,833,10              * Real Constants
mp,ex,1,210000              * E-Modul Ex = 210000 MPa
/COM
/COM SOLID MODELING - KEYPOINTS UND LINES
/COM
k,1                             * Keypoint 1 im Ursprung
k,2,-1500
k,3,500,1000
k,4,1000,1000
k,5,1000,-500
l,1,2,9                         * Line 1 zwischen Keypoint 1 und 2 in 9 Linienelemente unterteilt
l,2,3,9
l,3,4,4
l,4,5,9
l,5,1,9
l,1,3,10
l,5,3,9
/COM
/COM SOLID MODELING - LAGERUNGSBEDINGUNGEN UND BELASTUNGEN
/COM
kd,4,ux,0                   * Festlagerung an Knoten 4
KD,4,UY,0
KD,5,UX,0                   * Loslagerung an Knoten 5
KF,2,FY,-1500               * Vertikallast an Knoten 2
KF,1,FY,-3000               * Vertikallast an Konten 1
/COM
/COM VERNETZUNG, ÜBERTRAGUNG AUF FE-MODELL, ANALYSEFILE
/COM
lmesh,all                   * Vernetzung der Linien
sbctra                          * Übertragung derLagerungsbedgen und Belastgen auf die Knoten
afwr                            * Schreiben des Analysefiles
```

Beispiel 1 PREP7-INPUT für Solid Modeling mit STIF3

Das FE-Modell ist in Bild A-2 wiedergegeben. Im Postprozessor zeigt nun auch der Verformungsplot die Biegeverformung. Dies ist besonders deutlich am Stab zwischen den Lagerungen des Dachbinders zu erkennen.

Bezüglich der Kraftrichtungen auf den POST1-Plots ist zu beachten, daß von ANSYS Reaktionskräfte angegeben werden. Gezeigt werden also die Kräfte des Modells auf die Lager bzw. die Reaktionskräfte in den Kraftangriffspunkten.

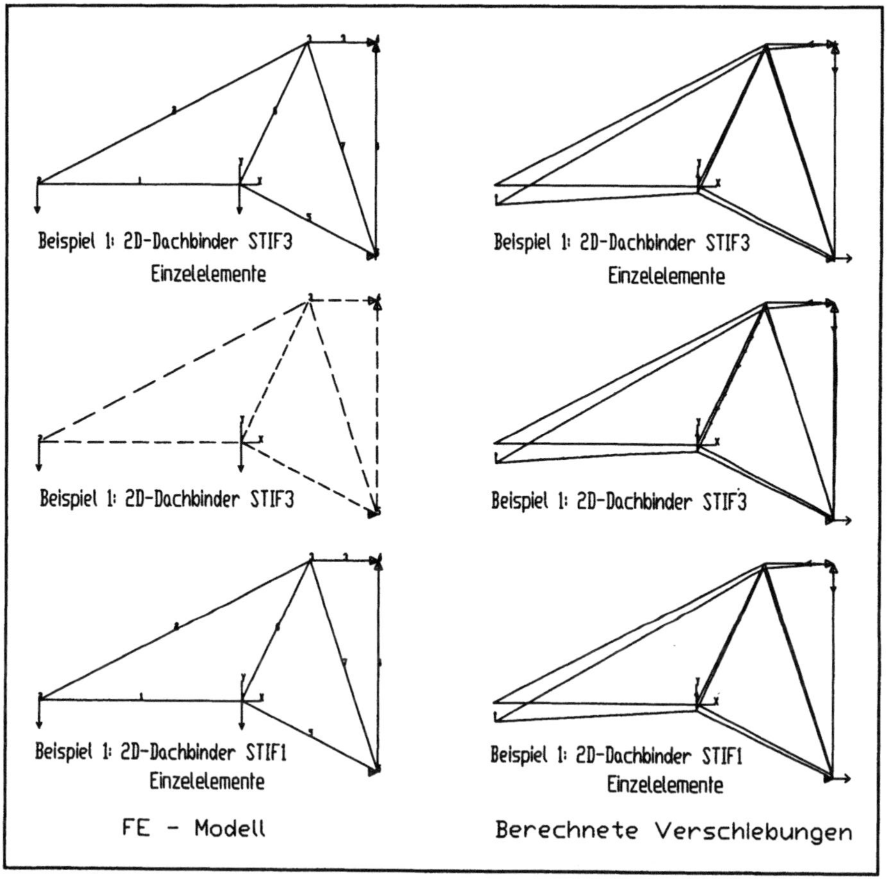

Bild A-2 FE-Modelle und Verformungsplots für STIF1 und STIF3

Beispiel 2: Kragbalken (2D-Flächenmodell)

Das Beispiel eines einseitig eingespannten Balkens soll an verschiedenen FE-Modellen den Einfluß der FE-Modellierung zeigen. Bild A-3 zeigt die Aufgabenstellung mit den Abmessungen und der Belastung des Balkens.

Im Querschnitt des Balkens wirken Biege- und Schubspannungen, die sich entsprechend Bild A-4 über den Querschitt verteilen.

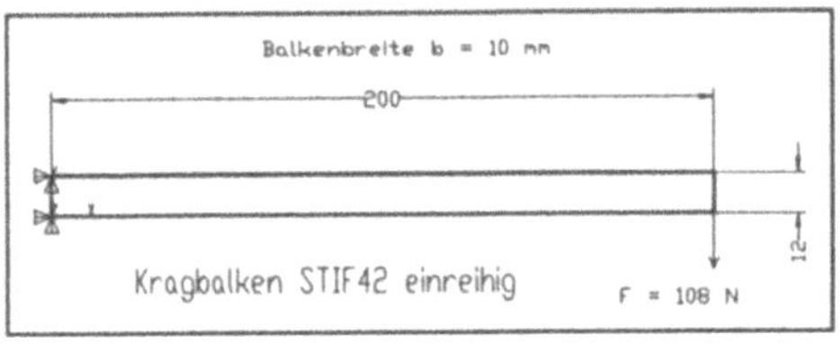

Bild A-3 Einseitig eingespannter Balken

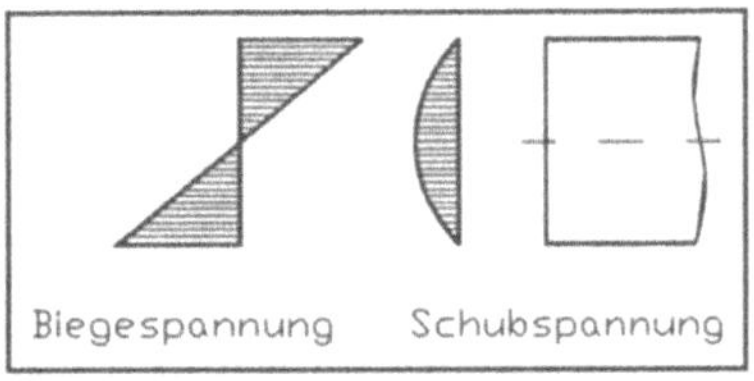

Bild A-4 Biege- und Schubspannungsverteilung im Balkenquerschnitt

Als analytische Lösung für die Verteilung der Spannungen σ_b und τ_{xy} im Querschnitt und die Durchbiegung f des Balkens an der Krafteinleitungsstelle gilt

$$\sigma_b = \frac{M_b}{W_{ax}} \quad \text{mit} \quad W_{ax} = \frac{b \cdot h^2}{6} \quad \text{und} \quad \tau_{xy} = 1.5 \cdot \frac{F}{A} \cdot \left[1 - \left(\frac{2 \cdot y}{h}\right)^2\right]$$

$$f = \frac{F \cdot l^3}{3 \cdot I_{ax} \cdot E} \quad \text{mit} \quad I_{ax} = W_{ax} \cdot \frac{h}{2} \; .$$

Im Einspannquerschnitt folgt hieraus σ_{bmax} = 90 MPa , τ_{xy} = -1.35 MPa und an der Krafteinleitungsstelle wird f = 0.952 mm.

Der Kragbalken wird zunächst mit einer Reihe 2D-Fächenelementen STIF42 in direkter Eingabe modelliert. STIF42 erlaubt die Eingabe einer Dicke als Keyoption bei der Definition des Elementtyps über den Befehl **ET**. Wird diese Möglichkeit nicht gewählt, muß die Belastung breitenbezogen eingegeben werden, da dem Element intern die Dicke "1" zugeordnet ist. Die Einspannung des Kragbalkens wird durch das Festhalten aller Knotenpunkte am eingespannten Balkenende nachgebildet.

Für jede FE-Modellierung ist es sinnvoll, von einer Skizze auszugehen, in der vor Beginn der Arbeit am Rechner die Modellierung festgelegt wird, um nicht mitten in der Arbeit feststellen zu müssen, daß man eigentlich anders hätte beginnen sollen. In dieser Skizze werden z.B. bei direkter Eingabe des FE-Modells Knotennummern, Umlaufsinn bei der Definition der Elemente, Elementnummern usw. festgelegt.

Nach dem Einschalten des Preprozessors PREP7 und der Definition von Elementtyp, Real Constants und Materialdaten werden zuerst die linken und rechten Endpunkte des Balkens eingegeben (Knoten 1 und Knoten 10). Zwischen diesen Knoten werden dann in gleichem Abstand mit den Befehl **FILL** fortlaufend weitere Knoten eigefügt (Knoten 2 bis Knoten 8). Das so erzeugte Knotenmuster wird über den Befehl **NGEN** in der Höhe um DY = 12 mm versetzt noch einmal generiert. In ähnlicher Weise wird mit der Elementdefinition verfahren: Ausgehend von Knoten 1 wird das erste Element im Gegenuhrzeigersinn über die Punkte 1, 2, 11, 12 definiert. Die restlichen Elemente entstehen dann mit dem Befehl **EGEN** aus diesem Element. Hieran schließt sich die Eingabe der Lagerungsbedingungen und der Belastung an. Man beachte, das die Vertikalkraft F_y als breitenbezogene Kraft einzugeben ist, da die Möglichkeit der Breiteneingabe für das Element STIF42 nicht verwendet wurde.

Als PREP7-INPUT wird die nachstehende Befehlsfolge verwendet.

```
/prep7                              * Einschalten des Preprozessors
/title,Kragbalken STIF42 einreihig  * Titeleingabe
/COM
/COM EINGABE VON ELEMENTTYP, REAL CONSTANTS UND MATERIALDATEN
/COM
et,1,42                             * Elementtyp STI1 wählen
mp,ex,1,210000                      * E-Modul Ex = 210000 MPa
/COM
/COM EINGABE DER KNOTEN UND IHRER KOORDINATEN
/COM
n,1                                 * Knoten 1 im Ursprung
n,10,200
fill,1,10                           * Zwischen Knoten 1 und Knoten 10 in gleichem
/COM                                  Abstand 8 weitere Knoten einfügen (Knoten 2 bis Knoten 8)
/COM
/COM Knotenmuster nach oben duplizieren
/COM Generiere einschließlich des Ausgangsmusters 2 mal mit um 10 erhöhter Knotennummer
/COM beginnend von Knoten 1 bis Knoten 10 Knoten im Abstand von DY = 12
/COM
ngen,2,10,1,10,,,12
e,1,2,12,11                         * Element 1 definieren mit Knoten 1,2,12,11
/COM
/COM Generiere einschließlich des Ausgangselements 1 9 mal Elemente durch Erhöhung der
/COM Knotennummer um jeweils 1
/COM
egen,9,1,1
/COM
/COM EINGABE DER LAGERUNGSBEDINGUNGEN UND BELASTUNGEN
/COM
d,1,all                             * Knoten 1 festhalten in jeder Richtung
d,11,all                            * Knoten 11 festhalten in jeder Richtung
f,10,fy,-108/10                     * Vertikallast an Knoten 10 bezogen auf Balkenbreite
afwr                                * Schreiben des Analysefiles
```

Beispiel 2 PREP7-INPUT für einseitig eingespannten Kragbalken modelliert mit STIF42

Nach Abschluß des Preprozessings und anschließender Rechnung wird der Postprozessor POST1 gestartet und das Ergebnisfile eingelesen. Mit dem Befehl **PLNSTR,SX** wird die Verteilung der Biegespannungen angezeigt, Bild A-5

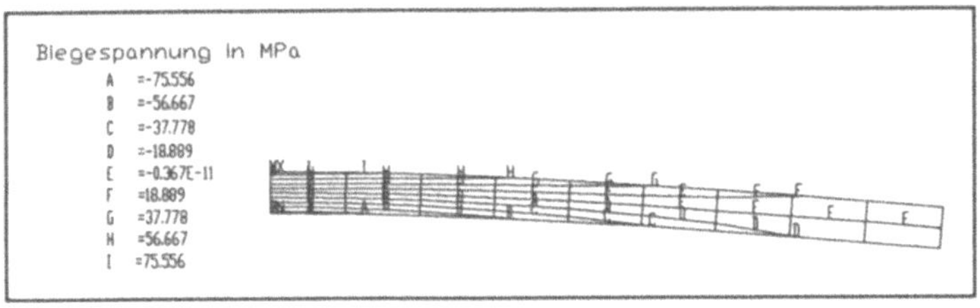

Bild A-5 Verteilung der Biegespannungen im Kragbalken

Es ergibt sich ein Maximalwert von σ_{bmax} = 85 MPa bei einer Durchbiegung von ca. 0.95 mm. Dies sind für eine derart einfache Modellierung im Vergleich zur exakten Lösung akzeptable Werte. Die Biegespannungs- und Schubspannungsverteilung im Einspannquerschnitt werden durch Pfadbefehle zwischen den Knoten 1 und 11 als Graphik angezeigt. Die Befehle **PLPATH,1,11,SX** und **PLPATH,1,11,SXY** erzeugen die in Bild A-6 zusammen mit dem FE-Modell dargestellten Graphiken. Man sieht, daß das FE-Modell zwar die Biegespannungsverteilung korrekt wiedergibt, zur Darstellung der Schubspannungsverteilung ist es jedoch nicht zu gebrauchen. Um die Schubspannungsverteilung richtig wiederzugeben, hätten mehrere Elementreihen übereinander verwendet werden müssen. Vier Elementreihen sind bei STIF42-Elementen aber noch zu wenig, wie ein modifiziertes Modell in Bild A-6 zeigt. Auch verändert eine leichte Verringerung der Elementgröße auf die Einspannstelle hin den Maximalwert der Biegespannung nur unwesentlich. Eine weitere Annäherung an die exakte analytische Lösung benötigt mehr Elemente in der Länge und Höhe des Balkens.

Erst die Verwendung von 8 Elementreihen läßt die erwartete parabolische Schubspannungsverteilung erkennen. Der Maximalwert in Balkenmitte unterscheidet sich jedoch beträchtlich vom exakten analytischen Ergebnis, vgl. Bild A-7. Eine Solid-Modeling-Generierung des Kragbalkens mit dem Elementtyp STIF82 (2D-Flächenelement mit Mittenknoten) über 4 Elementreihen verbessert zwar den Maximalwert der Biegespannung noch ein wenig, ergibt aber in der Einspannung eine unbrauchbare Lösung für die Verteilung der Schubspannung.

Hier gilt wie in den anderen bisher beschriebenen FE-Modellen des Kragbalkens, daß durch die Einspannung die Schubspannungswerte beeinträchtigt werden. Man vergleiche die angegebenen Zahlenwerte mit Spannungspfaden aus der Mitte des Balkens!

Wären nur Durchbiegung und Biegespannung an der Einspannstelle von Interesse gewesen, hätte eine Modellierung mit Balkenelementen STIF3 vollkommen ausgereicht. Aus Gründen der Vollständigkeit sind auch noch die PREP7-INPUTS der restlichen FE-Modelle für den Kragbalken angegeben.

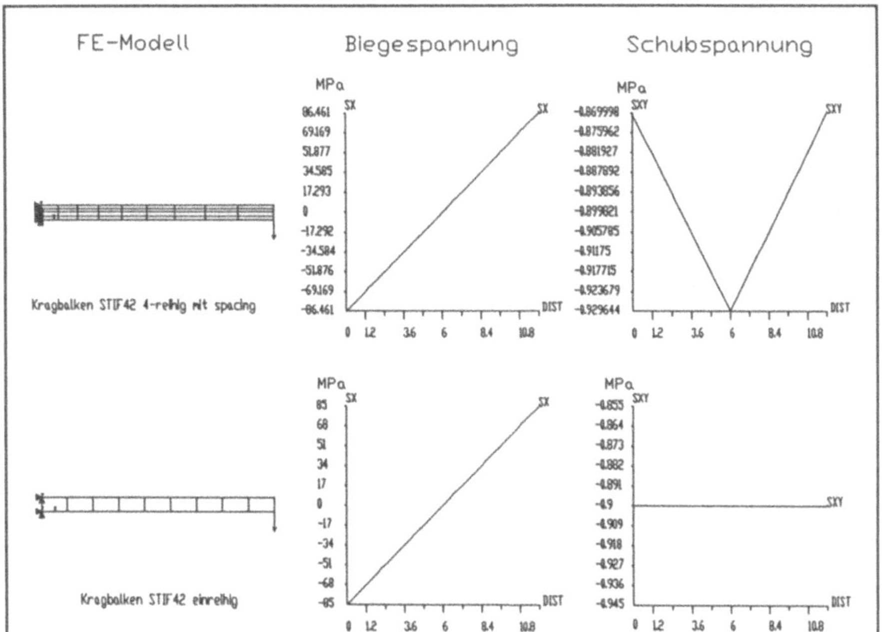

Bild A-6 Spannungsverteilung in der Einspannung des FE-Modells

```
/prep7
/title,Kragbalken STIF42 4-reihig mit spacing
et,1,42
mp,ex,1,210000
n,1
n,10,200
fill,1,10,,,,,2          * Verhältnis erster/letztes Element = 2
ngen,5,10,1,10,,,3       * Knotenreihe um DY = 3 mm nach oben versetzt generieren
e,1,2,12,11
egen,9,1,1               * Elemente in x-Richtung generieren
egen,4,10,1,9            * Elemente in y-Richtung generieren
nsel,x,0                   * Knoten mit x = 0 selektieren
d,all,all,0              * Einspannung: alle Knoten festhalten
nall                       * Wieder alle Knoten selektieren
f,10,fy,-108/10          * Vertikallast an Knoten 10 bezogen auf Balkenbreite
afwr
```

Beispiel 2 PREP7-INPUT für einseitig eingespannten Kragbalken modelliert mit STIF42 4-reihig und spacing

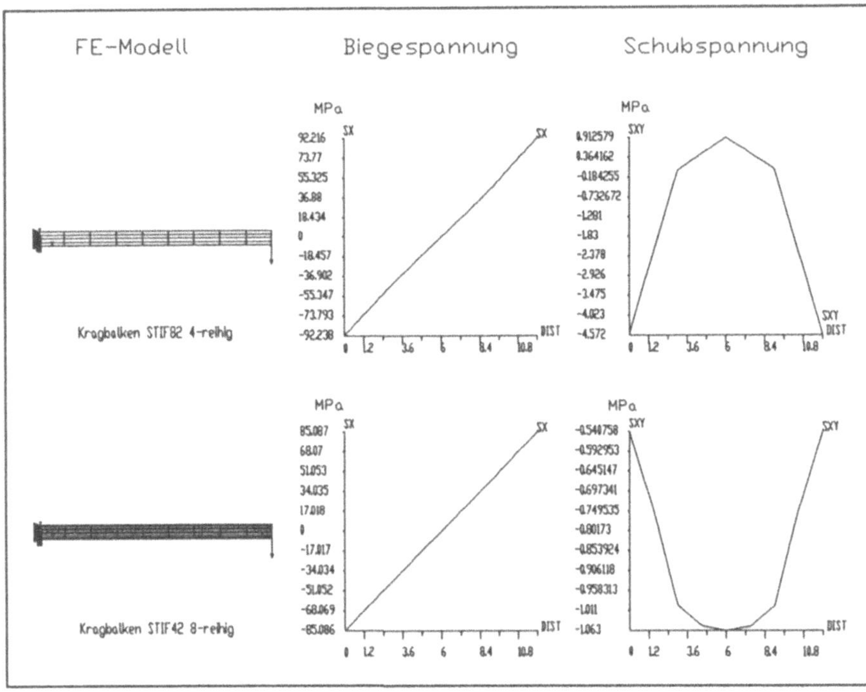

Bild A-7 Spannungsverteilung in der Einspannung des FE-Modells

```
/prep7
/title,Kragbalken STIF42 8-reihig
et,1,42
mp,ex,1,210000
n,1
n,10,200
fill,1,10
ngen,9,10,1,10,,,1.5     * Knotenreihe um DY = 1.5 mm nach oben versetzt generieren
e,1,2,12,11
egen,9,1,1               * Elemente in x-Richtung generieren
egen,8,10,1,9            * Elemente in y-Richtung generieren
nsel,x,0                     * Alle Elemente mit x = 0 selektieren
d,all,all,0              * Einspannung: alle Knoten festhalten
nall                         * Alle Knoten wieder selektieren
f,10,fy,-108/10          * Vertikallast an Knoten 10 bezogen auf Balkenbreite
afwr
```

Beispiel 2 PREP7-INPUT für einseitig eingespannten Kragbalken modelliert mit STIF42 8-reihig

```
/prep7
/title,Kragbalken STIF82 4-reihig
et,1,82
mp,ex,1,210000
k,1                     * Keypoint 1 im Koordinatenursprung
k,2,200                 * Keypoint 2
k,3,200,12              * Keypoint 3
k,4,,12                 * Keypoint 4
a,1,2,3,4               * Fläche aus Keypoint 1 bis 4 erzeugen
ldvs,1,,9               * Linie 1 in 9 Teile unterteilen (Balkenlänge)
ldvs,2,,4               * Linie 2 in 4 Teile unterteilen (Balkenhöhe)
ldvs,3,,9               * Linie 3 in 9 Teile unterteilen (Balkenlänge)
ldvs,4,,4               * Linie 4 in 4 Teile unterteilen (Balkenhöhe)
amesh,all               * Fläche vernetzen
kf,2,fy,-108/10         * Vertikallast als solid load auf Keypoint 2 breitenbezogen eingeben
nsel,x,0                * Alle Knoten mit x = 0 selektieren
d,all,all,0             * Einspannung: alle Knoten festhalten
nall                    * Wieder alle Knoten selektieren
sbctra                  * Solid loads auf Knoten überführen
afwr
```

Beispiel 2 PREP7-INPUT für einseitig eingespannten Kragbalken modelliert mit STIF82 4-reihig

Beispiel 3: Seegerring (2D-Flächenmodell)

Gegeben ist ein Seegerring entsprechend Bild A-8 in Anlehnung an [3]. Der Ring wird mit einer Öffnungskraft von 200 N bei der Montage belastet. Über eine FE-Analyse sollen die Verformung und die Beanspruchungen des Rings bei der Montage abgeschätzt werden. Tabelle 6 enthält die zu verwendenden Werkstoffdaten des Werkstoffs Nr. 1.4122 (X35Cr-Mo17).

Kennwert	Wert	Einheit
E-Modul	210000	MPa
Querkontaktionszahl	0.3	MPa
Zugfestigkeit R_m	1800	MPa
Streckgrenze $Rp_{0,2}$	1400	MPa

Tabelle 6 Werkstoffdaten für Beispiel 3

Als erster Schritt wird die Gestalt des Seegerrings auf seine berechnungsrelevante Geometrie reduziert, da z.B. die aufwendig zu modellierenden Ösen des Rings für die Aufgabenstellung nicht erforderlich sind. Ferner ist der Ring zur y-Achse symmetrisch. Durch Ausnutzen dieser Symmetrie kann das FE-Modell als Halbring modelliert werden, der an der Schnittstelle in x-Richtung festgehalten wird. Um die Querkontraktion nicht einzuschränken, muß die Schnittfläche in y-Richtung verschieblich bleiben. Ein Punkt der Schnittfläche muß jedoch auch in y-Richtung festgehalten werden, damit keine Starrkörperverschiebungen auftreten. Ist z.B. aufgrund von Rundungsfehlern die Summe aller Kräfte in y-Richtung nicht exakt null, wird die Struktur in y-Richtung durch die verbleibende Differenzkraft verschoben und der Gleichungslöser kommt zu keinem Ergebnis. Um solche unsinnigen Berechnungen zu vermeiden, wird in solchen Fällen wenigstens ein Punkt in allen Freiheitsgraden eingeschränkt und $u_x = u_y = 0$ gesetzt.

Die Öffnungskraft von F = 200 N wird breitenbezogen als Einzellast auf einen mittleren Randknoten am Schlitz des Rings eingegeben. Durch die Vorgabe einer Einzellast werden die Beanspruchungen zwar um die Krafteinleitungsstelle verfälscht, im maximal beanspruchten Querschnitt wirkt sich dies jedoch nicht mehr aus. Als Elementtyp wird für die FE-Modellierung das Element STIF42 verwendet. Für das direkt generierte FE-Modell wird der Koordinatenursprung in den Mittelpunkt des äußeren Kreises gelegt ($\varnothing D_a = 86$ mm).

Bei der direkten FE-Modellierung werden zunächst die Begrenzungspunkte am Schlitz des Rings und an der Symmetrielinie eingegeben und über den Befehl **FILL** mit jeweils 3 Zwischenpunkten aufgefüllt. Hierauf aufbauend werden dann die Punkte auf dem Umfang mit einem weiteren **FILL**-Befehl erzeugt. Da diese Punkte jedoch auf einem Kreisbogen liegen sollen, muß vorher das Koordinatensystem von kartesisch (Default-Wert) auf zylindrisch mit dem Befehl **CSYS,1** umgeschaltet werden.

Beim Auffüllen von 11 weiteren Knoten zwischen Knoten 1 und Knoten 61 bekommt der erste eingefüllte Knoten die Knotenummer 6 zugeordnet. Die Nummer des nächsten eingefüllten Knotens wird um jeweils 5 erhöht. Das Einfüllen von Knoten wird insgesamt 5-mal durchgeführt. Zur Symmetrielinie hin soll sich das Knotenmuster in Umfangsrichtung verdichten, so daß sich der Abstand zwischen den letzten beiden Knoten auf die Hälfte des Abstands zwischen den ersten beiden Knoten verringert.

Das erste Element wird aus den Knoten mit der Nummer 2, 7, 6, 1 im Gegenuhrzeigersinn definiert. Hieraus werden dann mit einem ersten **EGEN**-Befehl in vertikaler Richtung vier weitere Elemente generiert. Mit einem zweiten **EGEN**-Befehl werden dann aus diesen fünf Elementen die restlichen Elemente in Umfangsrichtung erzeugt. Einschließlich der ersten Elementreihe ist das Elementmuster 12-mal zu erzeugen, wobei mit jeder neuen Elementgenerierung die Knotennummern um 5 zu erhöhen sind. Das Muster, aus dem neue Elemente zu erstellen sind, beginnt mit Elementnr. 1 und endet mit Elementnr. 4. Bild A-9 zeigt das FE-Modell mit den Last- und Lagerungsbedingungen.

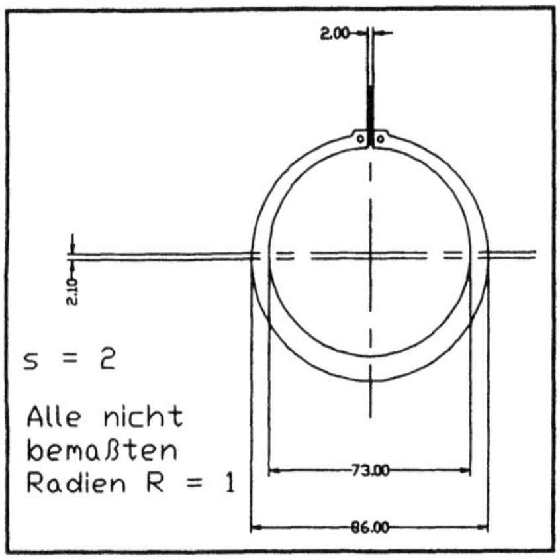

Bild A-8 Seegerring

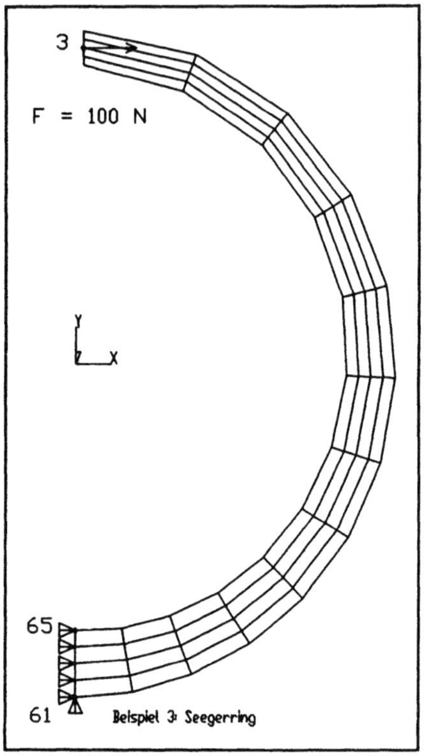

Bild A-9 Seegerring FE-Modell

Nach Abschluß der Preprocessings und Erstellen des Lösungsfiles durch den Gleichungslöser wird die Auswertung im Postprozessor POST1 vorgenommen.

Bild A-10 zeigt die Verformung des Balkens unter der Öffnungskraft F = 200 N. Anhand dieser Darstellung kann beurteilt werden, über welchen Wellendurchmesser der Ring gezogen werden kann. Bild A-11 zeigt die Vergleichsspannungen im Ring nach der Gestaltänderungshypothese. Bei der Darstellung der Biegespannungen im Balken, Bild A-12, ist zu beachten, daß die Biegespannungen Umfangsspannungen sind und deshalb zuvor auf Zylinderkoordinaten umgeschaltet werden muß. Die Biegespannungsverteilung im Symmetriequerschnitt wird als Spannungspfad zwischen den Knoten 61 und Knoten 65 dargestellt, Bild A-13. Man beachte, daß bei dem gekrümmten Balken die neutrale Faser nicht durch die Balkenmitte geht. Für die Auswertung wird folgende Befehlsfolge im Postprozessor POST1 verwendet:

```
/post1            * Postprocessor POST1 einschalten
set               * Ergebnisse von file12.dat lesen
pldisp,2          * Verformungen anzeigen
plnstr,sige       * Vergleichsspannungen nach Gestaltänderungshypothese (von Mises) anzeigen
csys,1            * Zylinderkoordinaten einschalten
plnstr,sy         * Umfangsspannungen SY (Biegung) anzeigen
plpath,61,65,sy   * Umfangsspannungen SY (Biegespannung) zwischen Knoten 61 und
/COM              * Knoten 65 anzeigen
```

Beispiel 3 POST1-INPUT

Die komplette Befehlseingabe für das Preprocessing lautet:

```
/prep7
/title,Beispiel 3:  Seegerring
/COM
/COM EINGABE VON ELEMENTTYP UND MATERIALDATEN
et,1,42
mp,ex,1,210000
mp,nuxy,1,.3
/COM
/COM EINGABE DER KNOTEN UND IHRER KOORDINATEN
/COM
n,1,1,43                    * oberer äußerer Ringpunkt
n,5,1,38.6                  * oberer innerer Ringpunkt
n,61,,-43                   * unterer äußerer Ringpunkt
n,65,,-34.4                 * unterer innerer Ringpunkt
fill,1,5                      * Erzeugen von Punkten über Breite
fill,61,65                  * Erzeugen von Punkten über Breite
csys,1                        * Umschalten auf Zylinderkoordinaten
fill,1,61,11,6,5,5,,.5      * Erzeugen Punktfeld über Umfang
csys,0                        * Zurückschalten auf kartesische Koordinaten
/COM
/COM ERZEUGUNG DER ELEMENTE AUS DEN KNOTEN
/COM
e,2,7,6,1                   * Definition des ersten Elements
egen,4,1,1                  * Elementgenerierung über Breite
egen,12,5,1,4               * Elementgenerierung über Umfang
/COM
/COM EINGABE DER LAGERUNGSBEDINGUNGEN UND BELASTUNGEN
/COM
d,61,all                      * Festlagerung an Knoten 61
d,62,ux                       * Symmetrie um y-Achse läßt an Knoten 62 bis Knoten 65
d,63,ux                       * keine Verschiebungen in x-Richtung zu, Knoten müssen
d,64,ux                       * deshalb festgelegt werden
d,65,ux
f,3,fx,200/2                * Öffnungskraft breitenbezogen eingeben
afwr                          * Schreiben des Analysefiles
```

Beispiel 3 PREP7-INPUT für FE-Modell Seegering, modelliert mit STIF42

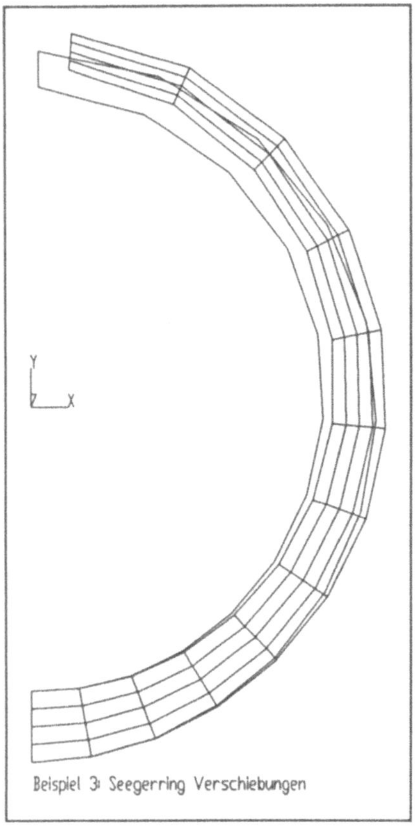

Bild A-10 Verschiebungen durch die Öffnungskraft von F=200N

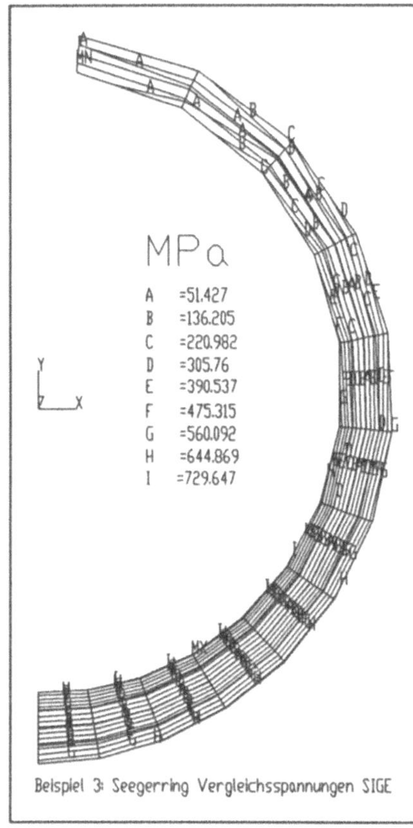

Bild A-11 Vergleichsspannungen nach der GE-Hypothese (von Mises)

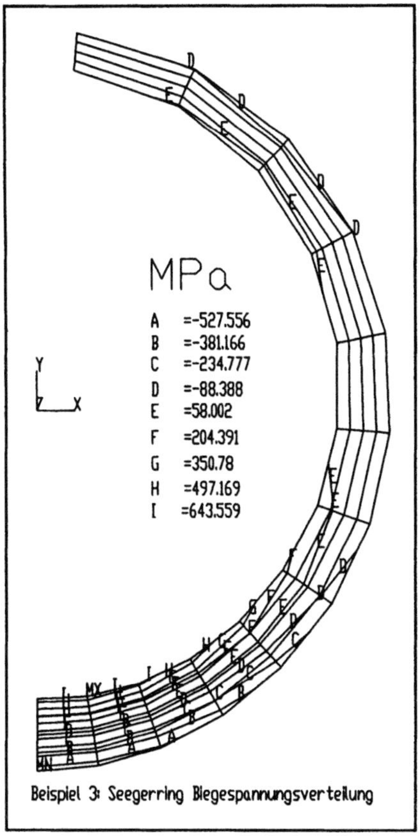

Bild A-12 Biegespannungsverteilung im Ring

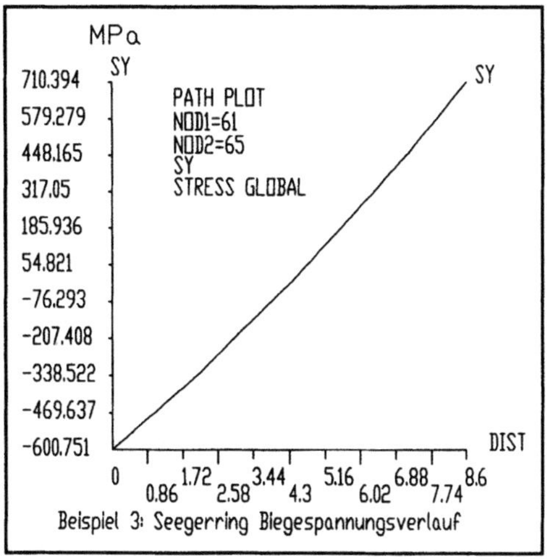

Bild A-13 Biegespannung zwischen Knoten 61 und 65

Beispiel 4: Rohrstutzen (3D-Schalenmodell)

Bild A-14 zeigt einen Rohrstutzen, der unter einem Innendruck von 50 bar steht und zusätzlich außen am Rohrstück ∅100 eine nach unten gerichtete Einzelkraft von F = 1.600 N erfährt. Der Rohrstutzen soll als Solid Model mit dem Schalenelement STIF63 modelliert werden, bei dem der Koordinatenursprung in den Schnittpunkt der beiden Mittellinien gelegt wird. Die y-Achse zeigt nach oben im Rohr ∅200, die z-Achse nach links im Rohr ∅100. Aufgrund der angreifenden Einzellast kann das Modell wie in Bild A-14 dargestellt als Halbschnitt generiert werden. Dabei wird die Symmetrie zur yz-Ebene ausgenutzt. Wäre als Belastung nur der Innendruck wirksam, hätte ebenfalls die Symmetrie zur xz-Ebene verwendet werden können und das Modell als Viertelschnitt aufgebaut. Der Rohrstutzen wird mit der Unterseite des Rohres ∅200 fest eingespannt. Die Belastungen werden als Einheitslasten aufgebracht. Lastfall 1 ist die Einzellast am kleineren Rohr, Lastfall 2 der Innendruck. Die Verwendung von Einheitslasten hat den Vorteil, daß für Variationsrechnungen mit anderen Zahlenwerten dieser Belastungen keine weiteren Lösungsläufe des Gleichungslösers erforderlich sind. Es genügt, im Postprozessor POST1 eine entsprechende Skalierung der Einheitslast vorzunehmen. Der Einheitsdruck (Lastfall 2) wird deshalb mit 1 MPa eingegeben. Da das Modell als Halbschnitt vorliegt, wird die Einheitskraft für die Einzellast zu 0.5 N gesetzt, im Postprozessor POST1 kann dann als Skalierungsfaktor die auf das komplette Rohr einwirkende Kraft angegeben werden. Durch Verwendung von verschiedenen Lastfällen ist es möglich, die Auswirkungen der Belastungen getrennt voneinander zu untersuchen und erst nachher (im Postprozessor) zu einem resultierenden dritten Lastfall zu überlagern.

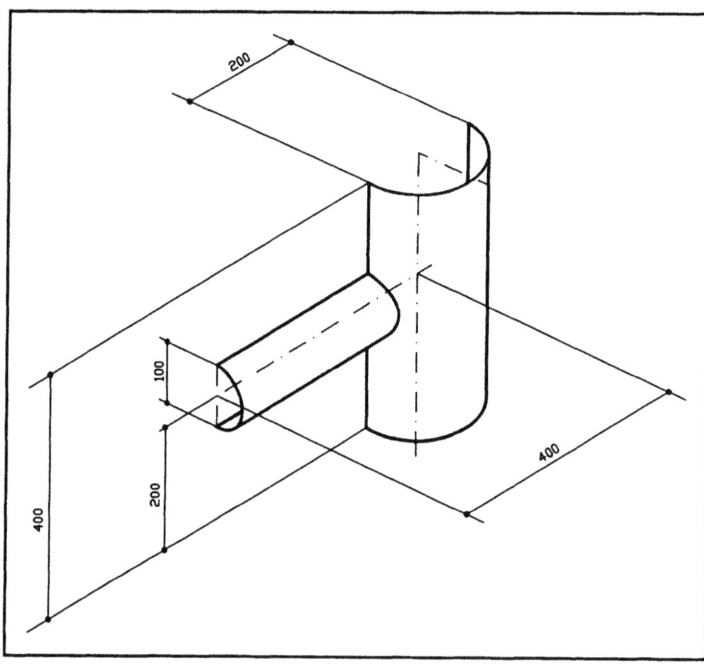

Bild A-14 Rohrstutzen ∅100, ∅200

Bild A-15 bis Bild A-21 zeigen die verschiedenen Generierungsstufen des FE-Modells.

Schritt 1: Im 1. Schritt werden die Geometriestützpunkte (Keypoints) gesetzt.

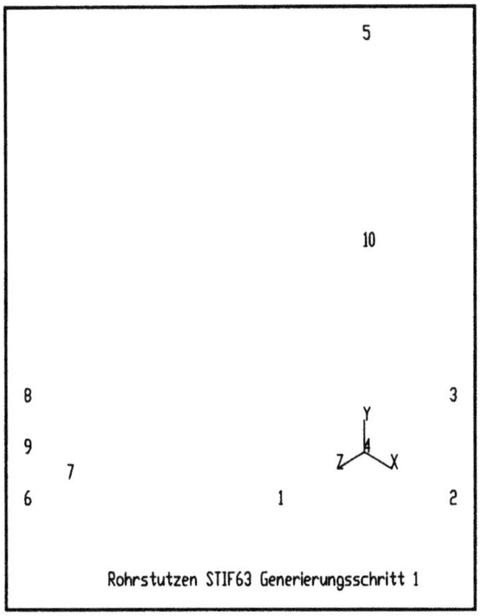

Bild A-15 Rohrstutzen: Keypoints

Schritt 2: Aus diesen Keypoints werden in Schritt 2 die Rohrhälften generiert, indem die erzeugenden Halbkreise (Bogenstück Linie 3 und 4 bzw. 5 und 6) jeweils entlang einer Führungslinie (Linie 1 bzw. Linie 2) verschoben werden. Durch diese translatorische Verschiebung entstehen Flächen (Fläche 1 bis 4). Das Verschneiden der Flächen 3 und 4 (Rohrstück ⌀100) mit der Fläche 1 von Rohrstück ⌀200 liefert die gesuchte Durchdringungslinie. Die Flächen 1 bis 4 werden nach Erzeugen dieser Durchdringungslinien nicht mehr benötigt und können gelöscht werden. Die Löschung ist auch erforderlich, um anschließend im

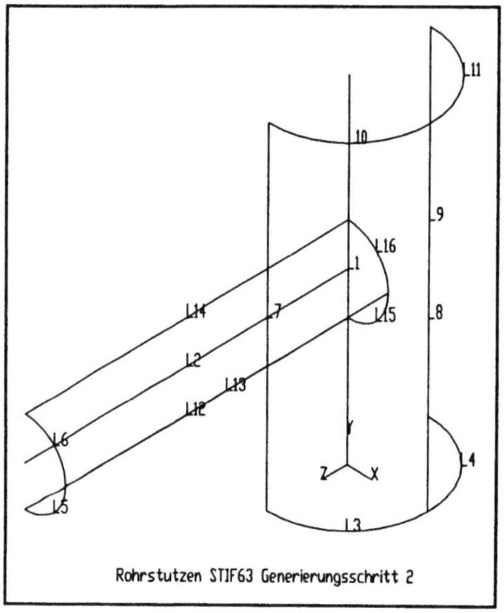

Bild A-16 Rohrstutzen: Linien für Zylinderflächen

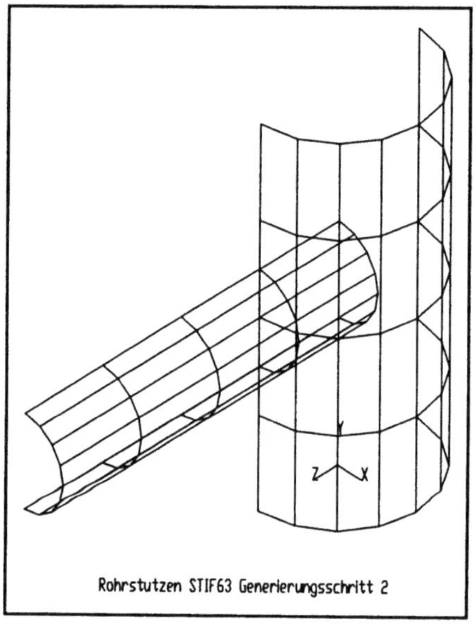

Bild A-17 Rohrstutzen: Flächen für Durchdringungskurve

Schritt 3: überflüssige Linien zu entfernen, die mit diesen Flächen verbunden waren. Es können nur freie Linien, d.h. nicht an Flächen oder Volumen gebundene Linien gelöscht werden!

Schritt 4: Im 4. Schritt werden noch einige Linien des Drahtmodells unterteilt, um anschließend die gewünschte Aufteilung der Flächen im Modell zu erhalten. Es handelt sich dabei um die Linien 8 und 9 des Rohrstücks ⌀200 und die Linien 5,6 sowie 17, 22 des Rohrstücks ⌀100.

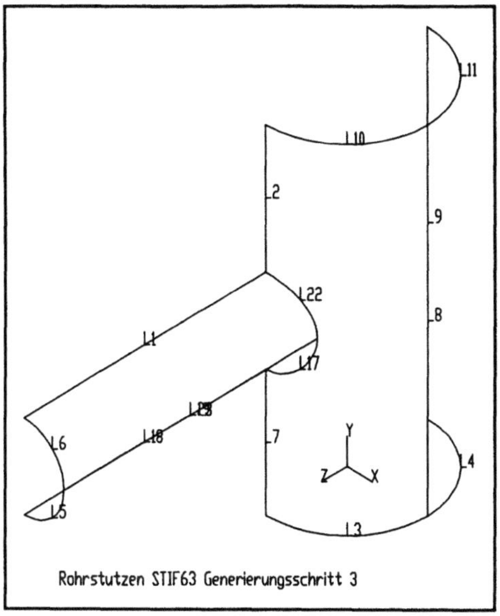

Bild A-18 Rohrstutzen: Entfernen überflüssiger Linien

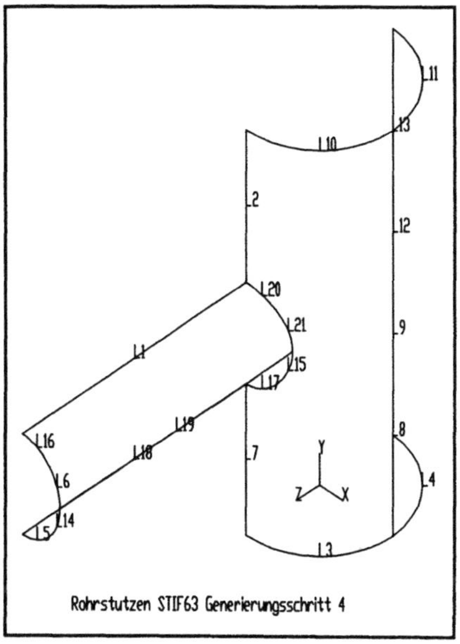

Bild A-19 Rohrstutzen: Aufteilen weiterer Linien

Schritt 5: Im 5. Schritt werden dann aus den Keypoints Flächen generiert. Da es sich hierbei um Zylinderflächen handelt, ist darauf zu achten, daß die z-Achse immer in Richtung der Zylinderachse verläuft. Es werden zunächst die Flächen am Rohrstück ⌀100 generiert, da hier bereits die Richtungen der z-Achse und der Zylinderachse übereinstimmen. Für die Erzeugung der Flächen am Rohrstück ⌀200 muß vor der ersten Flächendefinition ein lokales Koordinatensystem eingeführt werden. Man beachte, daß alle Flächen im gleichen Umlaufsinn aus den Keypoints definiert werden müssen, da sonst die Elementkoordinatensysteme gedreht werden, vgl. Schritt 7. Die Elementgröße wird vor der Vernetzung über den **ELSIZE**-Befehl eingestellt. Spätere Netzwerkverfeinerungen oder -vergröberungen sind dann einfach durch Überschreiben der Parameter im PREP7-INPUT-file vorzunehmen.

Schritt 6: Im 6. Schritt wird das Koordinatensystem auf kartesische Koordinaten zurückgeschaltet und dann die Lagerungen und Symmetriebedingungen eingeführt. Für die Einspannung des Rohrstücks ⌀200 an seinem unteren Ende werden alle Punkte, deren x-Koordinate null sind, selektiert und ihre Bewegungsmöglichkeiten über den **D**-Befehl zu null gesetzt. Danach können wieder alle Punkte zurückselektiert und die yz-Ebene als Symmetrieebene definiert werden. Ebenfalls wird mit dem Befehl **WAVES** eine automatische Elementesortierung zur Optimierung der Wavefront angefordert.

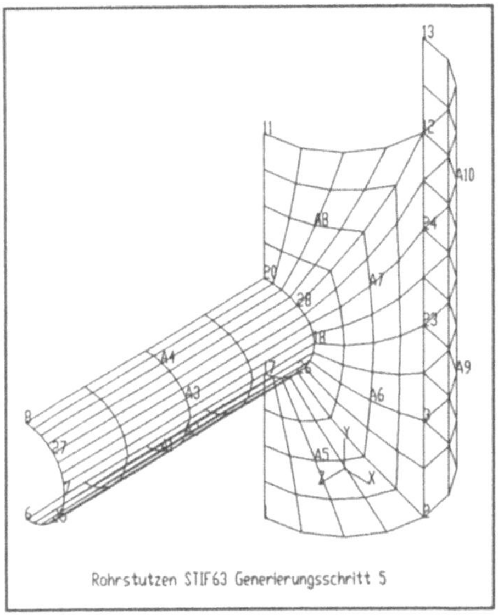

Bild A-20 Rohrstutzen: Flächenerzeugung

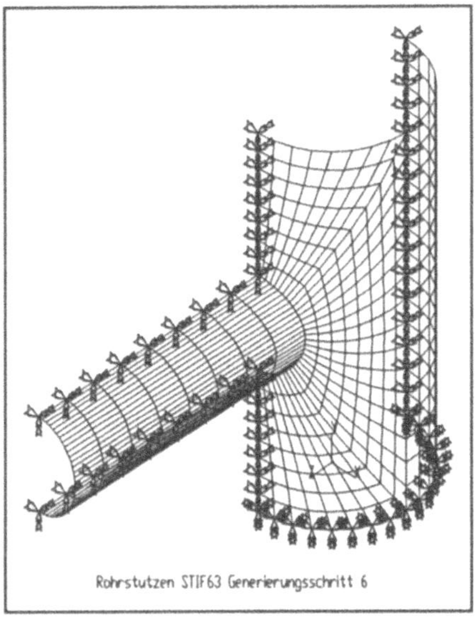

Bild A-21 Rohrstutzen: Lagerungsbedingungen

Schritt 7: Schritt 7 beendet das Preprozessing mit der Eingabe der Lastfälle als solid loads, dem Übertragen dieser solid loads auf das FE-Modell und dem Schreiben des Analysefiles. Um sicherzustellen, daß z.B. alle Drücke tatsächlich auf die Innenseiten der Schalenelemente wirken, sollte man sich vor Eingabe der Druckbelastung mit den Befehlen **/PSYMB,ESYS,1** und **EPLO** alle Elementkoordinatensysteme anzeigen lassen und kontrollieren, ob alle y-Achsen in die gleiche Richtung zeigen. Andernfalls entstehen bei der Auswertung der Ergebnisse Fehlinterpretationen.

Zur FE-Modellierung des Rohrstutzens gehört der nachfolgende PREP7-INPUT.

Für die Auswertung der Berechnungsergebnisse muß vor Aufruf des Postprozessors POST1 von der ANSYS-BEGIN-Ebene aus der virtuelle Speicher mit dem Befehl

/CORE,,,1200000

erhöht werden, da bei dieser Auswertung verschiedene Lastfälle gleichzeitig vom Postprozessor verarbeitet werden müssen.

```
/prep7
/title,Rohrstutzen STIF63
/COM
/COM EINGABE VON ELEMENTTYP UND MATERIALDATEN
/COM
et,1,63                    * Element STIF63
r,1,5                      * Elementdicke s = 5 mm
mp,ex,1,210000             * E-Modul Ex = 210000 MPa
/COM
/COM SCHRITT 1: EINGABE DER KEYPOINTS
/COM
k,1,,,100
k,2,100
k,3,,,-100
k,4
k,5,,400
k,7,50,200,400
k,6,,150,400
k,8,,250,400
k,9,,200,400
k,10,,200
/COM
/COM SCHRITT 2: LINIEN FÜR ZYLINDERFLÄCHEN UND ZYLINDERFLÄCHEN EINGEBEN
/COM
l,4,5
l,9,10
LARC,1,2,4,100             * großer Zylinder
LARC,2,3,4,100             * großer Zylinder
LARC,6,7,9,50              * kleiner Zylinder
LARC,7,8,9,50              * kleiner Zylinder
ADRAG,3,4,,,,,1            * Linien 3 und 4 verschieben längs Linie 1
ADRAG,5,6,,,,,2            * Linien 5 und 6 verschieben längs Linie 2
LAINT,3,1,,,1              * Fläche 3 mit Fläche 1 verschneiden
LAINT,4,1,,,1              * Fläche 4 mit Fläche 1 verschneiden
adel,all                   * alle Flächen löschen
/COM
/COM SCHRITT 3: ALLE ÜBERFLÜSSIGEN LINIEN LÖSCHEN
/COM
LDEL,25     $     LDEL,16
LDEL,15     $     LDEL,26
LDEL, 1     $     LDEL,14
LDEL,20     $     LDEL,13
LDEL,21     $     LDEL,12
LDEL,2
linter,24,7                * Linie 24 und Linie 7 am Schnittpunkt auftrennen
ldel,24
linter,7,18                * Linie 7 und Linie 18 am Schnittpunkt auftrennen
ldel,12
ldel,13
```

Beispiel 4 Rohrstutzen: PREP7-INPUT, Teil 1

```
/COM
/COM SCHRITT 4: RESTLICHE LINIEN UNTERTEILEN, NUMERIERUNG ETC. AUFRÄUMEN
/COM
ldiv,8          $      ldiv,9
ldiv,5          $      ldiv,17
ldiv,6          $      ldiv,22
numcmp,all             * überflüssige Nummern komprimieren
nummrg,all             * aufeinanderliegende Knoten zusammenfassen
/COM
/COM SCHRITT 5: FLÄCHEN FÜR VERNETZUNGVERZEUGEN
/COM
csys,1                 * Zylinderkoordinaten einschalten
a,17,6,25,26           * Flächen am kleinen Zylinder aus Keypoints generieren
a,26,25,7,18
a,18,7,27,28
a,28,27,8,20
LOCAL,11,1,,,,,,-90    * lokales Zylinderkoordinatensystem einführen wegen z-Achse
a,2,1,17,26            * Flächen am großen Zylinder aus Keypoints generieren
a,23,2,26,18
a,12,23,18,28
a,12,28,20,11
a,3,2,23,24
a,24,23,12,13
elsize,,8,2            * Elementgröße einstellen, nur Vierecke zulassen
amesh,all              * alle Flächen vernetzen
/COM
/COM SCHRITT 6: LAGERUNGEN EINFÜHREN
/COM
csys,0                 * kartesisches Koordinatensystem einschalten
nsel,y,0               * alle Punkte mit y = 0 selektieren
d,all,all              * alle Bewegungsmöglichkeiten festlegen
nall                   * wieder alle Punkte selektieren
symbc,,1               * yz-Ebene als Symmetrieebene definieren
waves                  * automatische Elementesortierung für minimale Wavefront
/COM
/COM SCHRITT 7: EINHEITSLASTFÄLLE DEFINIEREN
/COM
/title,Rohrstutzen STIF63 Biegebeanspruchung
kf,8,fy,-.5            * Vertikallast auf Keypoint 8 (halbe Last, da Halbmodell)
sbctra                 * Belastungen auf FE-Modell überführen
lwrite                 * 1. Lastfall auf file23.dat schreiben
sbcdele,kf,8,all       * alle als solid loads eingegebenen Lasten löschen
/title,Rohrstutzen STIF63 Druckbelastung
psf,all,,,-1           * Einheits-Innendruck auf alle Innenflächen definieren
sbctra                 * Belastungen auf FE-Modell überführen
lwrite                 * 2. Lastfall auf file23.dat schreiben
afwr                   * Schreiben des Analysefiles
```

Beispiel 4 Rohrstutzen: PREP7-INPUT, Teil 2

Nach dem Aufruf des Postprozessors POST1 werden die Ansichtsparameter gesetzt und die Verarbeitung der berechneten Einheitslastfälle durch Vorgabe der maximalen Anzahl von Lastfällen und der Eingabe der Lastfallfaktoren vorbereitet. Für die am äußeren Ende des kleinen Rohrs angreifende Einzellast wird der Lastfallfaktor auf 1600 (F = 1600 N) gesetzt. Der Innendruck vom 50 bar im Lastfall 2 wird durch den zweiten Lastfallfaktor von 5 vorgegeben (50 bar ≙ 5 MPa). Da Lastfall 1 für die Biegebelastung und Lastfall 2 für die Druckbelastung vorgesehen sind, werden die Ergebnisse in einen Lastfall 3 geschrieben. Den Lastfällen 1 und 2 werden die Berechnungsergebnisse dann jeweils zugeordnet. Als Berechnungsergebnisse werden jeweils die Verformung und die Vergleichsspannungen nach der Gestaltänderungsenergiehypothese auf der Oberseite, in der Mitte und auf der Unterseite der Schalenelemente STIF63 für reine Biegebeanspruchung (Lastfall 1), reine Druckbelastung (Lastfall 2) und für die Überlagerung beider Lastfälle ausgegeben. Für den Ablauf der gesamten Auswertung ist folgender POST1-Input erforderlich:

```
/core,,,1200000          * virtuellen Speicher auf BEGIN-EBENE erhöhen
/COM
/COM POSTPROZESSOR AUFRUFEN UND ANSICHTSPARAMETER EINSTELLEN
/COM
/post1
/view,1,1,1,1            * Ansichtspunkt für 3D-Einstellung
/type,1,4                * verdeckte Kanten ausblenden
global,0                 * Spannungen in Elementkoordinaten angeben
/COM
/COM VORBEREITUNGEN FÜR VERARBEITUNG DER EINHEITSLASTFÄLLE
/COM
lclim,3                  * max. 3 Lastfälle für Bearbeitung im POST1 verwenden
lcfact,1600,5            * Lastfaktoren für Lastfall 1 und Lastfall 2 (Reihenfoge der Eingabe
beachten)
/COM
/COM LASTFALL 1 VERARBEITEN: REINE BIEGEBELASTUNG
/COM
lcase,1                  * Lastfallnummer vorgeben
set,1                    * Berechnungsergebnisse des berechneten Lastfalls zuweisen
lcadd,3,1                * Ergebnislastfall 3 Berechnungsergebnisse zuweisen (Skalierung der
Einheitslast)
lcase,3                  * Lastfall für Visualisierung zuweisen
/COM
/COM AUSWERTUNG DURCHFÜHREN
/COM
pldi,2                   * Verformungen anzeigen
top                      * Schalenoberseite wählen
plns,sige                * Vergleichsspannungen nach GE-Hypothese (von Mises) ausplotten
mid                      * Schalenmitte wählen
/rep                     * letzen Plotbefehl wiederholen
bot                      * Schalenunterseite wählen
/rep                     * letzten Plotbefehl wiederholen
```

Beispiel 4 Rohrstutzen: POST1-INPUT, Teil 1

```
/COM
/COM LASTFALL 2 VERARBEITEN: REINE DRUCKBELASTUNG
/COM
lcase,2                 * Lastfallnummer vorgeben
set,2                   * Berechnungsergebnisse des berechneten Lastfalls zuweisen
lcadd,3,2         * Ergebnislastfall 3 Berechnungsergebnisse zuweisen (Skalierung der Einheitslast)
lcase,3                 * Lastfall für Visualisierung zuweisen
/COM
/COM AUSWERTUNG DURCHFÜHREN
/COM
pldi,2                  * Verformungen anzeigen
top                     * Schalenoberseite wählen
plns,sige         * Vergleichsspannungen nach GE-Hypothese (von Mises) ausplotten
mid                     * Schalenmitte wählen
/rep                    * letzten Plotbefehl wiederholen
bot                     * Schalenunterseite wählen
/rep                    * letzten Plotbefehl wiederholen
/COM
/COM KOMBINATION AUS BEIDEN LASTFÄLLEN VERARBEITEN: BIEGE- UND DRUCK-
BELASTUNG
/COM
lcadd,3,1,2       * Ergebnislastfall 3 Berechnungsergebnisse zuweisen (Lastfälle 1 und 2 addieren)
lcase,3                 * Lastfall für Visualisierung zuweisen
/COM
/COM AUSWERTUNG DURCHFÜHREN
/COM
pldi,2                  * Verformungen anzeigen
top                     * Schalenoberseite wählen
plns,sige         * Vergleichsspannungen nach GE-Hypothese (von Mises) ausplotten
mid                     * Schalenmitte wählen
/rep                    * letzten Plotbefehl wiederholen
bot                     * Schalenunterseite wählen
/rep                    * letzten Plotbefehl wiederholen
```

Beispiel 4 Rohrstutzen: POST1-INPUT, Teil 2

Die Ergebnisse der einzelnen Auswertungen sind in Bild A-22 bis Bild A-25 wiedergegeben.

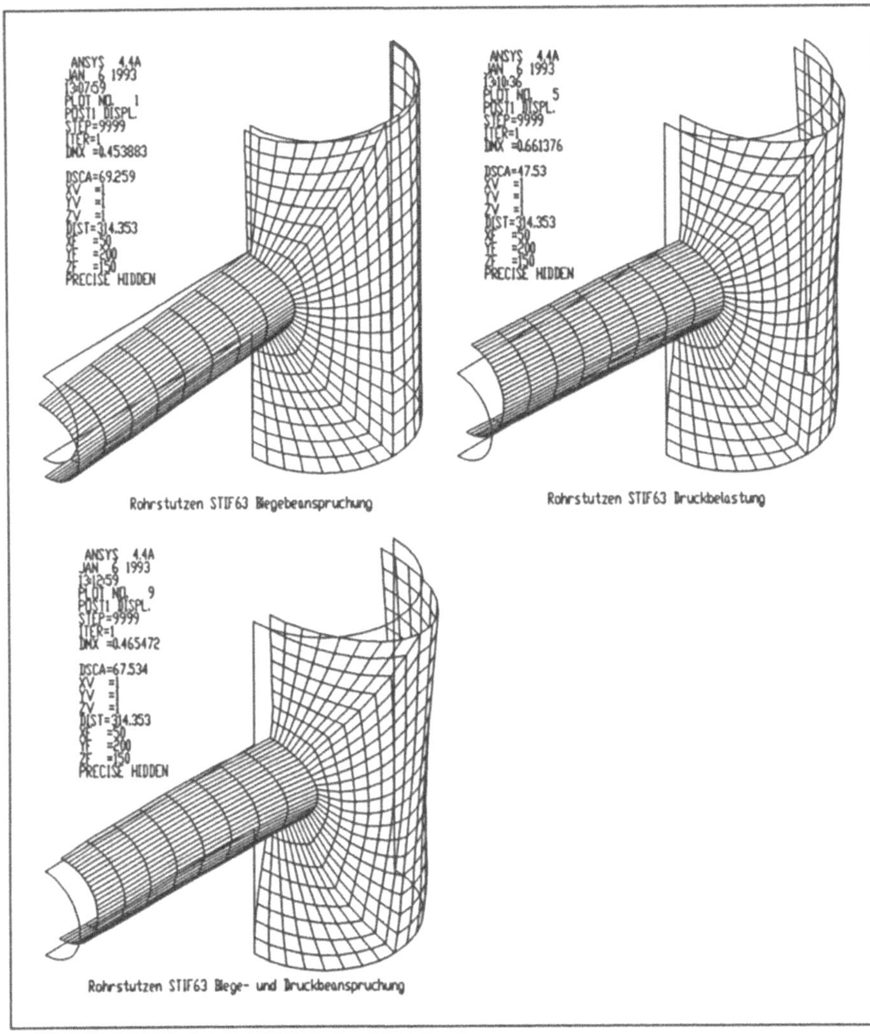

Bild A-22 Rohrstutzen: Verformungen

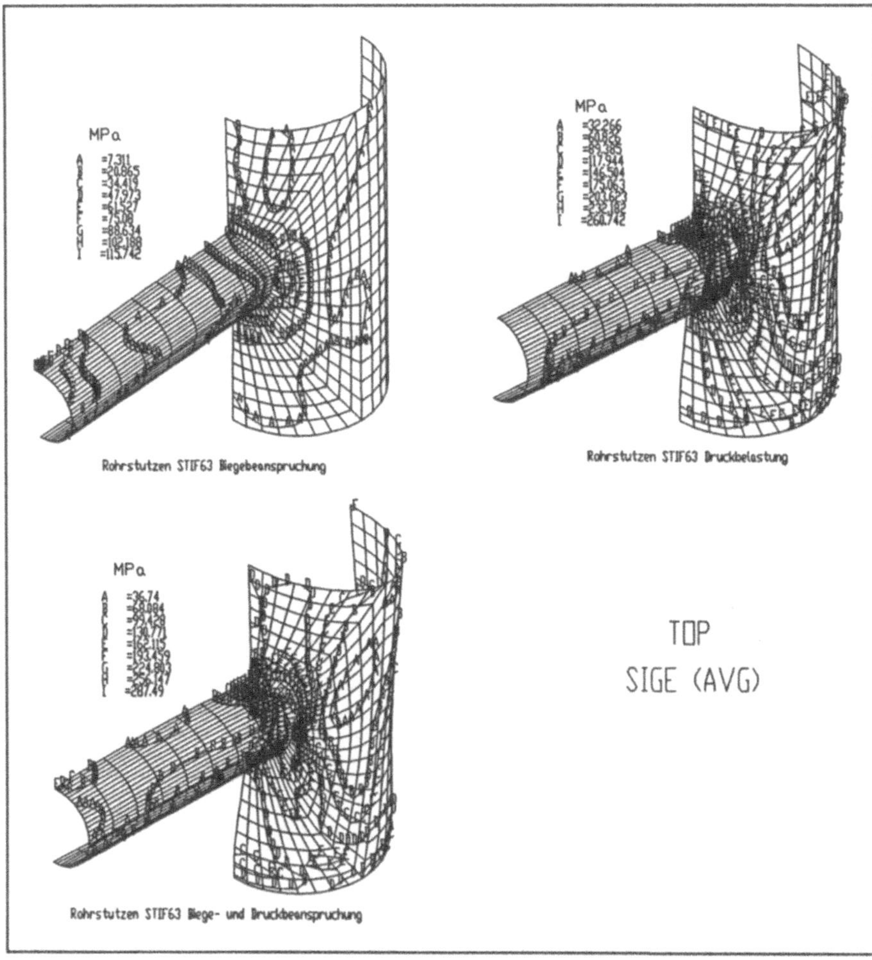

Bild A-23 Vergleichsspannungen nach von Mises auf der Schalenoberseite

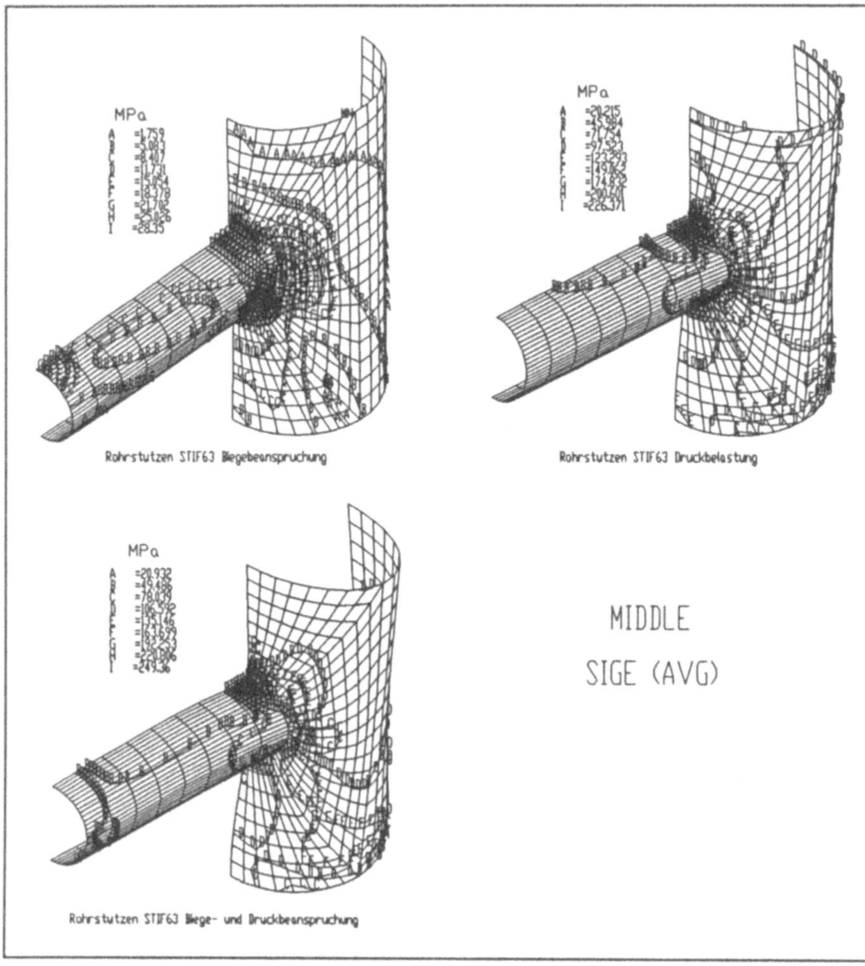

Bild A-24 Vergleichsspannungen nach von Mises in der Schalenmitte

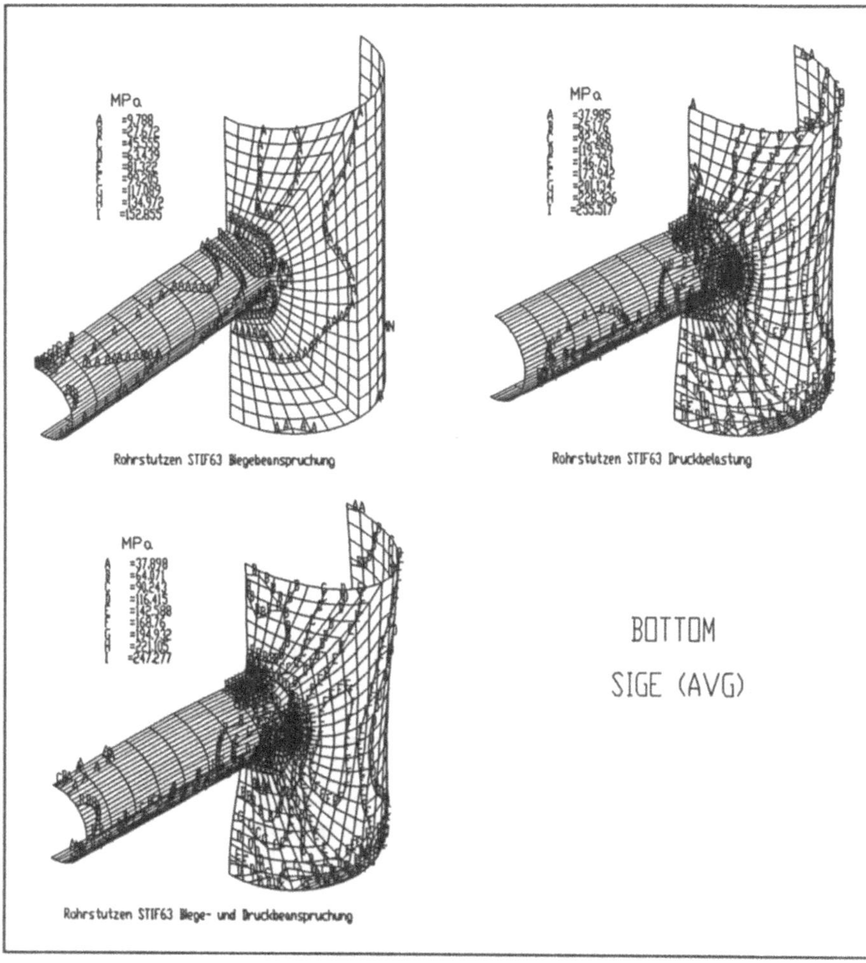

Bild A-25 **Vergleichsspannungen nach von Mises auf der Schalenunterseite**

Anhang III: Referenzliste

Befehl	Optionen	Wirkung	Seite
/EOF		beendet in der BEGIN-Ebene ANSYS springt ohne zu speichern auf die BEGIN-Ebene	18,22,232
/INPUT	NIN	liest die Datei mit der Nummer NIN ein	15,22,143
/INTER		schaltet ANSYS interaktiv	15,22,23,34,46,232
/PBC		schaltet die Darstellung für Last- und Lagerbedingungen ein oder aus	75
	LABEL,	FORC für Kräfte MOME für Momente TDIS für lineare Lagerungen RDIS für rotative Lagerungen ALL für all Symbole	
	KEY	0 für ausschalten 1 für einschalten	
/PLOFF		1 für zusätzliche Darstellungen ausschalten	25
	NOTRI, NOFRM, NODOC, NOTLE	Koordinatendreibein Rahmen um Plot Ansysstatistik und farbige Spannungswerte Titel	
/PNUM		Schaltet Numerierung ein oder aus	48,100
	LABEL,	NODE, ELEM, MAT, TYPE, REAL, KPOI, LINE, AREA, VOLU	
	KEY	0 für ausschalten 1 für einschalten	
/POST1		wählt allgemeinen Postprozessor	22,145,149,192,195,200, 214,226,232
/PREP7		wählt allgemeinen Preprozessor	22,23,33,34,46,79,173-180, 182,184-187,189,191,194,195,200,204
/PSYMB		schaltet Koordinatendreibeindarstellung ein oder aus	59
	LABEL,	CS für Koordinatendreibein ESYS für Elementkoordinatensystem LDIR für Linienrichtungen	
	KEY	0 für ausschalten 1 für einschalten	
A	P1, P2, P3, P4	definiert eine Fläche über 4 Eckpunkte	117

Befehl	Optionen	Wirkung	Seite
ACEL		definiert Beschleunigungen in Achsrichtungen	80
	ACELX,	Beschleunigung in X-Richtung	
	ACELY,	Beschleunigung in Y-Richtung	
	ACELZ	Beschleunigung in Z-Richtung	
ACLEAR		löscht Vernetzung in Flächen	133, 136,233
	NA1,	von Fläche NA1	
	NA2,	bis Fläche NA2	
	NINC	im Abstand von NINC	
ADELE		löscht Flächen	123
	NA1,	von Fläche NA1	
	NA2,	bis Fläche NA2	
	NINC,	im Abstand von NINC	
	KSWP		
ADRAG		erzeugt Volumen durch Flächenverschiebung	120
	NL1, NL2, ..NL6,	Fläche wird umrandet mit NL1 bis NL6	
	NP1, NP2, ..NP6	der Verschiebepfade wird aus NP1 bis NP6 gebildet	
AFILLT		bildet Übergang zwischen Flächen	118
	NA1,	zwischen Fläche NA1	
	NA2,	und Fläche NA2	
	RAD	mit Radius RAD	
AFWRITE		schreibt Datei für Gleichungslöser	22,70,83,140,141,143,147, 165,166,180,182,192,195
AGEN		generiert Flächen aus Ausgangsmuster	118
	ITIME,	Gesamtanzahl des Flächenmusters	
	NA1,	von Fläche NA1	
	NA2,	bis Fläche NA2	
	NINC,	im Abstand von NINC	
	D X , - DY,DZ,	Verschiebung der Muster in den Achsrichtungen	
	KINC		
AL		definiert Flächen über Begrenzungslinien	117
		L1 bis L10 bilden Flächenbegrenzung	
	L1, L2, ..L10	L1=ALL alle selektierten Linien bilden Begrenzung	

Befehl	Optionen	Wirkung	Seite
ALIST		listet erzeugte Flächen auf	123
	NA1,	von Fläche NA1	
	NA2,	bis Fläche NA2	
	NINC	im Abstand von NINC	
AMESH		vernetzt vorbereitete Flächen	132
	NA1,	von Fläche NA1	
	NA2,	bis Fläche NA2	
	NINC	im Abstand von NINC	
AOFFST		erzeugt Flächenparallele	122
	NAREA,	Nummer der Ausgangsfläche	
	DIST,	Abstand der Flächen	
	KINC	Inkrement für die neuen Punkte	
APLOT		plottet Flächen auf Bildschirm oder in Datei	123
	NA1,	von Fläche NA1	
	NA2,		
	NINC	bis Fläche NA2	
		im Abstand von NINC	
APSF			
	NA1,	appliziert Drücke auf Flächen	139
	PRESS,,	Nummer der Fläche	
	SLKCN,..	Wert des Druckes	
		Nummer des Koordinatensystems	
AROTAT			
	NL1, NL2,	erzeugt Volumen durch Linienrotation	119
	..NL6,	bis zu 6 Linien, die rotiert werden	
	PAX1,		
	PAX2,	bildet zusammen mit PAX2 die Drehachse	
	ARC,		
	NSEG	Drehwinkel	
		bildet NSEG Flächen über den Drehwinkel	
ARSYM			
	NCOMP,	spiegelt Flächen um Achsen	118
	NA1,	0,1 X-Symmetrie, 2 Y-Symmetrie, 3 Z-Symmetrie	
	NA2,	von Fläche NA1	
	NINC,	bis Fläche NA2	
	KINC	im Abstand von NINC	
		Nummerninrement für neu erzeugte Nummern	
ASBC	NA1		
		definiert Fläche als Symmetriefläche	140

Befehl	Optionen	Wirkung	Seite
ASUB		unterteilt Fläche	121
	NA1	Nummer der Ausgangsfläche	
	P1, P2,	Nummern der neuen Fläche auf NA1	
	P3, P4		
ATRAN		transformiert Flächenmuster in anderes KO-system	118
	KCNTO,	Nummer des Zielkoordinatensystems	
	NA1,	von Fläche NA1	
	NA2,	bis Fläche NA2	
	NINC,	im Abstand von NINC	
	KINC	Inkrement der neu erzeugten Punkte	
CDWRITE	NOUT	schreibt Datei	83
CHECK		überprüft Datensatz für Gleichungslöser auf Fehler	83,84,235
CLOCAL		definiert lokales Koordinatensystem	56
	KCN,	Nummer des neuen Systems (11-40)	
	KCS,	Systemtyp (0=kartesisch, 1=zylindrisch..)	
	XL,YL,	Koordinaten des Ursprungs im aktiven System	
	ZL,		
	THXY,	Verdrehungen gegenüber aktiven System	
	THYZ,		
	THXZ		
CS		definiert Koordinatensystem aus 3 Punkten	57
	KCN,	Nummer des neuen Systems (11-40)	
	KCS,	Systemtyp (0=kartesisch, 1=zylindrisch..)	
	NORIG,	Knotennummer des Ursprungs	
	NXAX,	Knotennummer für X-Achsenrichtung	
	NXYPL	Knotennummer in XY-Fläche	
CSDELE		löscht lokale Koordinatensysteme	58
	KCN1,	von Koordinatensystem KCN1	
	KCN2,	bis Koordinatensystem KCN2	
	KCINC	im Abstand von KCINC	
CSLIST		listet Koordinatensysteme auf	58
	KCN1,	von Koordinatensystem KCN1	
	KCN2,	bis Koordinatensystem KCN2	
	KCINC	im Abstand von KCINC	

Befehl	Optionen	Wirkung	Seite
CSYS	KCN	schaltet auf ein anderes Koordinatensystem um	57
D		appliziert Verschiebung an Knoten	74
	NODE,	Knotennummer	
	LAB,	Verschiebungsrichtung ALL,UX,UY,UZ,ROTX,ROTY,ROTZ	
	DISP,,	Wert der Verschiebung	
	NEND,	bis Knoten NEND	
	NINC	im Abstand von NINC	
DDELE		löscht Verschiebungen an Knoten	76
	NODE,	Knotennummer	
	LAB,	Verschiebungsrichtung ALL,UX,UY,UZ,ROTX,ROTY,ROTZ	
	NEND,	bis Knoten NEND	
	NINC	im Abstand von NINC	
DLIST		listet Verschiebungen an Knoten auf	75,236
	NODE1,	von Knoten NODE1	
	NODE2,	bis Knoten NODE2	
	NINC	im Abstand von NINC	
E		definiert Element mit angegebenen Knotennummern	46
	I, J, K, L,	(Anzahl je nach Elementtyp)	
	M, N, O,P		
EALL		setzt alle Elemente aktiv	70,72,236
EDELE		löscht Elemente	51
	IEL1,	von Element IEL1	
	IEL2,	bis Element IEL2	
	INC	im Abstand von IEINC	
EGEN		generiert Elementmuster	49
	ITIME,	Gesamtzahl des Musters (mit Ausgangsmuster)	
	NINC,	Inkrement für die neuen Eckknoten	
	IEL1,	von Element IEL1	
	IEL2,	bis Element IEL2	
	IEINC	im Abstand von IEINC	
EINV		tauscht selektierte Menge mit unselektierter	70,236
ELIST		listet Elemente auf	51,236
	IEL1,	von Element IEL1	
	IEL2,	bis Element IEL2	
	IEINC	im Abstand von IEINC	

Befehl	Optionen	Wirkung	Seite
ELSIZE		gibt die Elementgröße bei der Vernetzung vor	128
	SIZE,	Seitenlänge eines Elements oder	
	NDIV,	Anzahl der Elemente auf einer Linie (Size=0)	
	KSHAPE,	0=Elementgestalt, 1=Dreieckselemente, 2=Viereckselemente	
	KSTR	0=Mittelknoten folgen Kontur, 1=Eckknoten folgen Kontur	
EN		definiert Element über Nummer und Knoten	52
	IEL,	vorgegebene Elementnummer	
	I, J, K, L, M, N, O,P	Nummern der Eckknoten	
ENGEN		generiert Elementmuster	52
	IINC,	Inkrement der Elementnummern	
	ITIME,	Gesamtzahl des Musters (mit Ausgangsmuster)	
	NINC,	Inkrement für die neuen Eckknoten	
	IEL1,	von Element IEL1	
	IEL2,	bis Element IEL2	
	IEINC	im Abstand von IEINC	
ENODE		selektiert Elemente durch Knoten	71
	KEY	0=mind. 1 Knoten am Element, 1=alle Knoten	
ENSYM		Elementmuster duplizieren mit Elementnummer	50
	IINC	Inkrement der Elementnummer	
	INODE,	Lage des Elementkoordinatensystems (2=Ausgangslage)	
	NINC,	Inkrement für die neuen Eckknoten	
	IEL1,	von Element IEL1	
	IEL2,	bis Element IEL2	
	IEINC	im Abstand von IEINC	
EP		appliziert Drücke auf Elementseiten	78
	IEL,	Elementnummer	
	IFACE,	Nummer der Elementseite	
	PRESS,,	Wert des Drucks	
	IEND,	bis Element IEND	
	INC	im Abstand von INC	
EPLOT		plottet Elemente auf Bildschirm oder Datei	48-51,75,79,182,189,191, 192,194,196,237
ESEL		selektiert Elemente	71
	LAB,	Selektionskriterium X,Y,Z,D,F,PICK	
	VMIN,	zwischen Grenze VMIN	
	VMAX,	und Grenze VMAX	
	VINC,	im Abstand VINC	

Befehl	Optionen	Wirkung	Seite
ESYM		Elementmuster duplizieren	50
	INODE,	Lage des Elementkoordinatensystems (2=Ausgangslage)	
	NINC,	Inkrement für die neuen Eckknoten	
	IEL1,	von Element IEL1	
	IEL2,	bis Element IEL2	
	IEINC	im Abstand von IEINC	
ET		definiert Elementtyp	28
	ITYPE,	Kennummer	
	JSTIF,	Stifnummer	
	KOP1,	Option Nr. 1	
	KOP2,	bis	
	...,KOP10	Option Nr. 10	
F		appliziert Kräfte auf Knoten	76
	NODE,	Knotennummer	
	LAB,	Kraftrichtung FX,FY,FZ,MX,MY,MZ	
	FORC,,	Wert der Kraft	
	NEND,	bis Knoten NEND	
	NINC	im Abstand von NINC	
FILL		Knoten zwischen Knoten einfügen	37
	NODE1,	Startknoten	
	NODE2,	Endknoten	
	NFILL,	Anzahl der einzufügenden Knoten	
	NSTRT,	Nummer des ersten erzeugten Knotens	
	NINC,	Abstand der generierten Knotennummern	
	ITIME,	Anzhal der Einfügevorgänge	
	INC,	Inkrement der Sart- und Endknoten	
	SPACE	Verteilung der eingefügten Knoten	
FINISH		beendet Prozessor	22,127,143,156,166,182,192,238
GOTO	BEFEHL	springt im Menü zum Befehl	18
HELP	NAME	zeigt Hilfe zum Befehl an	17
ITER		Schreiben des Lösungsprotokolls	144
	NITER,	Anzahl der Iterationen pro Lastschritt	
	NPRINT,	Ausdrucken jeder wievielter Iteration	
	NPOST	Abspeichern jeder wievielten Iteration	

Befehl	Optionen	Wirkung	Seite
K		Definition eines Knotens	90
	NPT,	Knotennummer	
	X, Y, Z	Koordinaten im aktiven System	
KAN	KEY	einstellen von Berechnungsoptionen	24
KCLEAR		löscht Punktvernetzung	
KD		appliziert Lagerungen an Punkten	133,239
	NPT,	Punktnummer	
	LAB,	Richtung der Lagerung	
	DISP,	Wert der Verschiebung (0=Lagerung)	
	CDISP,	Imaginärwert	
	KYFLD		
KDELE		löscht Punkten	99
	NP1,	von Punkt NP1	
	NP2,	bis Punkt NP2	
	NINC	im Abstand NINC	
KDVS		stellt Netzgröße in Punktumgebung ein	131
	NPT,	Punktnummer	
	SIZE,	Größe des nächsten Elements	
	FACT	Verhältnis der Elementgröße zur Vorgängerreihe	
KEYOPT		Stellt Elementtypoptionen ein	
	ITYPE,	Elementkennziffer	
	KNUM,	Nummer der Option	
	VALUE	Wert der Option	
KF		appliziert eine Kraft an Punkt	138
	NPT,	Punktnummer	
	LAB,	Kraftrichtung FX,FY,FZ,MX,MY,MZ	
	FORCE,	Wert der Kraft	
	CFORCE	Imaginäranteil der Kraft	
KFILL		Punkte zwischen Punkte einfügen	91
	NP1,	Startpunkt	
	NP2,	Endpunkt	
	NFILL,	Anzahl der einzufügenden Punkte	
	NSTRT,	Nummer des ersten erzeugten Punkts	
	NINC,	Inkrement der Start- und Endpunkte	
	SPACE	Verteilung der eingefügten Punkte	

Befehl	Optionen	Wirkung	Seite
KGEN		generiert Punktmuster	93
	ITIME,	Gesamtzahl des Musters (mit Ausgangsmuster)	
	NP1,	von Punkt NP1	
	NP2,	bis Punkt NP2	
	NINC,	im Abstand von NINC	
	DX, DY,	Abstand der Muster im jeweiligen	
	DZ,	Koordinatensystem	
	KINC	Inkrement der erzeugen Punktnummern	
KLIST		listet Punkte auf	99
	NP1,	von Punkt NP1	
	NP2,	bis Punkt NP2	
	NINC	im Abstand von NINC	
KMESH		vernetzt Punkte	132
	NP1,	von Punkt NP1	
	NP2,	bis Punkt NP2	
	NINC	im Abstand von NINC	
KMODIF		versetzt Punkte mit angeschlossenen Linien	98
	NPT,	Punktnummer	
	X, Y, Z	neue Koordinaten	
KPLOT		plottet Punkte	99
	NP1,	von Punkt NP1	
	NP2,	bis Punkt NP2	
	NINC	im Abstand von NINC	
KSCALE		verändert Punktmuster in der Größe	97
	KINC,	Inkrement der neuen Punktnummern	
	NP1,	von Punkt NP1	
	NP2,	bis Punkt NP2	
	NINC,	im Abstand von NINC	
	RX,RY,	Maßstab der Vergrößerungen in	
	RZ	den jeweiligen Achsrichtungen	
KSCON		Konzentrationspunkt in einer Fläche	130
	NPT,	Nummer des Punktes	
	DELR,	Radius der Elementreihe	
	KCTIP,	für Rißspitzenelemente	
	NTHET,	Anzahl der Elemente im Winkel	
	RRAT	Größenverhältnis der Elementreihen	

Befehl	Optionen	Wirkung	Seite
KSYMM		Punktmuster spiegeln	94
	NCOMP,	1=X-Symmetrie, 2=Y-Symmetrie, 3=Z-Symmetrie	
	NP1,	von Punkt NP1	
	NP2,	bis Punkt NP2	
	NINC,	im Abstand von NINC	
	KINC	Nummerninkrement der neu erzeugten Punkte	
		transformieren eines Punktmusters	96
KTRAN	KCNTO,	Nummer des Zielkoordinatensystems	
	NP1,	von Punkt NP1	
	NP2,	bis Punkt NP2	
	NINC,	im Abstand von NINC	
	KINC	Nummerninkrement der neu erzeugten Punkte	
		Linie erzeugen	101
L	P1,	zwischen Punkt P1	
	P2,	und Punkt P2	
	NDIV,	Anzahl der Unterteilungen	
	SPACE,	Verteilung der Unterteilung	
	XV1,YV1,	Anfangsvektor	
	ZV1,	im jeweiligen Koordinatensystem	
	XV2,YV2,	Endvektor	
	ZV2	im jeweiligen Koordinatensystem	
		Linie an Linien unter Winkel	
L2ANG	NL1,	Nummer der ersten Linie	
	NL2,	Nummer der zweiten Linie	
	ANG1,	Abgangswinkel	
	ANG2,	Zugangswinkel	
	PHIT1,	erster Abzweigungspunkt	
	PHIT2	zweiter Abzweigungspunkt	
		Linie an Linien anfügen	108
L2TAN	NL1,	Nummer der ersten Linie	
	NL2	Nummer der zweiten Linie	
		Schnittlinie zwischen Flächen erzeugen	113
LAINT	NA1,	Nummer der ersten Fläche	
LANG	NA2,	Nummer der zweiten Fläche	
	PINT1,	Nummer Anfangspunkt oder 0	
	PINT2,	Nummer Endpunkt oder 0	
	KASUB	0=Flächen belassen, 1=Flächen aufspalten	

Befehl	Optionen	Wirkung	Seite
LANG		Linie an Linie unter Winkel anfügen	105
	NL1,	Nummer der Ausgangslinie	
	P3,	Nummer des Endpunkts	
	ANG,	Abzweigungswinkel	
	PHIT	Nummer Abzweigungspunkt oder 0	
LARC		Kreisbogen erzeugen	109
	P1,	Startpunkt	
	P2,	Endpunkt	
	PC,	Krümmungspunkt	
	RAD,	Radius des Kreisbogens	
	NDIV,	Anzahl der Unterteilungen	
	SPACE	Verteilung der Unterteilungen	
LAREA		Flächenparallele erzeugen	114
	P1,	Startpunkt	
	P2,	Endpunkt	
	NAREA	Flächennummer	
LCADD		Lastschrittaddition	167
	LCRES,	Lastschrittnummer des Ergebnisses	
	LCAS1, ..	zu addierende Lastschritte	
	LCAS10		
LCASE	NUM	Lastschrittnummer aktivieren	167
LCLEAR		Linienvernetzung löschen	133,242
	NL1	von Linie NL1	
	NL2	bis Linie NL2	
	NINC	im Abstand von NINC	
LCLIM	MAX	maximal speicherbare Lastschritte	166
LDELE		löscht Linien	115
	NL1,	von Linie NL1	
	NL2,	bis Linie NL2	
	NINC,	im Abstand von NINC	
	KSWP		

Befehl	Optionen	Wirkung	Seite
LDIV		Linie teilen	102
	NL1,	Nummer der Linie	
	RATIO,	Teilungsverhältnis (eingestellt 0.5)	
	PDIV,	Punktnummer des Teilungspunktes	
	NDIV,	Anzhal der neuen Linie	
	KEEP	0=alte Linie löschen, 1=alte Linie behalten	
LDVA		mit KDVS Elementgröße von Linien setzen	131
	KUNSL,	0=selektierte 1=alle Linien bestimmen Elementgröße	
	REXT,	Verhältnis gewünscht zur errechneten Größe	
	RINT	Verhältnis der Größen entlang Linie	
LDVS		Linien für die Vernetzung vorbereiten	129
	NL1,	zu vernetzende Linie	
	SIZE,	zukünftige Elementgröße oder Teilungswinkel	
	NDIV,	Anzahl der Teilungen	
	SPACE,	Teilungsverhältnis der Unterteilungen	
	KFORC	modifiziere Linien mit 0=unvernetzt, 1=alle selektierten 2=weniger Teilungen 3=mehrTeilungen als angegeben	
LFILLT		bildet Übergang zwischen Linien	112
	NL1,	Ausgangslinie NL1	
	NL2,	Ausgangslinie NL2	
	RAD,	Radius des Übergangs	
	PCENT	Punkt für die Krümmungsrichtung	
LGEN		generiert Linienmuster	102
	ITIME,	Gesamtzahl des Musters (mit Ausgangsmuster)	
	NL1,	von Linie NL1	
	NL2,	bis Linie NL2	
	NINC,	im Abstand von NINC	
	DX, DY,	Abstand der Muster im jeweiligen	
	DZ,	Koordinatensystem	
	KINC	Inkrement der erzeugen Liniennummern	
LINTER		kreuzende Linien aufspalten	104
	NL1,	Linie Nummer NL1	
	NL2,	Linie Nummer NL2	
	PINT	Nummer des Kreuzungspunkts	
LLIST		Linien auflisten	115
	NL1, NL2,	von Linie NL1, bis Linie NL2	
	NINC	im Abstand von NINC	

Befehl	Optionen	Wirkung	Seite
LMESH		Linien vernetzen	132
	NL1,	von Linie NL1	
	NL2,	bis Linie NL2	
	NINC	im Abstand von NINC	
LOCAL		lokales Koordinatensystem definieren	55
	KCN,	Kennnummer (11-40)	
	KCS,	Systemtyp (1=kartesisch, 2=zylindrisch,.)	
	XC, YC,	Koordinaten des Ursprung	
	ZC,	im globalen kartesichen System	
	THXY,	Verdrehung gegenüber dem	
	THYZ,	globalen kartesischen System	
	THXZ		
LPLOT		plottet Linien auf Bildschirm oder in Datei	115
	NL1,	von Linie NL1	
	NL2,	bis Linie NL2	
	NINC	im Abstand von NINC	
LPSF		appliziert Drücke auf Linie	138
	NL1,	Nummer der Linie	
	PRESS,,	Wert des Drucks	
LSBC		Symmetrie an Linien	140
	NL1,	Symmetrielinie	
	NA1	Normale zur Symmetrieebene mit NL1	
LSYMM		Linienmuster spiegeln	102
	NCOMP,	1=X-Symmetrie, 2=Y-Symmetrie, 3=Z-Symmetrie	
	NL1,	von Linie NL1	
	NL2,	bis Linie NL2	
	NINC,	im Abstand von NINC	
	KINC	Nummerninkrement der neu erzeugten Linien	
LTAN		Linie verlängern bis Punkt	107
	NL1,	Nummer der Linie	
	P3,	Endpunkt	
	XV3,YV3,	Krümmungsvektor im	
	ZV3	Punkt P3	

Befehl	Optionen	Wirkung	Seite
LTRAN		transformieren eines Linienmusters	102
	KCNTO,	Nummer des Zielkoordinatensystems	
	NL1,	von Linie NL1	
	NL2,	bis Linie NL2	
	NINC,	im Abstand von NINC	
	KINC	Nummerninkrement der neu erzeugten Linien	
LWRITE		Abschluß Lastschritt-definition	70,140,147,165,166,194,195,225,245
MODMSH			
	LAB	löst Netz und Solid Model voneinander	136
		STATUS=gibt Status, DETACH=löst Verbindung	
MOVE			
	NODE,	berechnet Knotenposition	60
	KCN1,	Knotennummer	
	X1, Y1,	Koordinatensystem KCN1	
	Z1,	Koordinaten oder 999	
	KCN2,	für Berechnen	
	X2, Y2,	Koordinatensystem KCN2	
	Z2	Koordinaten oder 999	
		für Berechnen	
MP			
	LABEL,	definiert Materialeigenschaften	30
	MAT,	EX,EY,EZ E-Modul, ALPX,.. Dehnungskoeffizient	
	CO	Materialkennziffer	
		Materialkonstante	
N			
	NODE,	definiert Knoten	33
	X, Y, Z,	Knotennummer	
	THXY,	Koordinaten im aktiven System	
	THYZ,	Verdrehung des Knotenkoordinatensystem	
	THXZ	gegenüber dem globalen kartesischen	
		Koordinatensystem	
NALL			
		wählt alle Knoten	67,70,179,180,194,196,209-211,225,245
NASEL			
	LAB,	fügt Knoten zu selektierten Menge	69
	VMIN,	Selektionskriterium X,Y,Z,D,F,PICK	
	VMAX,	zwischen Grenze VMIN	
	VINC,	und Grenze VMAX	
	KABS	im Abstand VINC	

Befehl	Optionen	Wirkung	Seite
NDELE		löscht Knoten	43
	NODE1,	von Knoten NODE1	
	NODE2,	bis Knoten NODE2	
	NINC	im Abstand von NINC	
NFORCE		berechnet Schnittkräfte nach SPOINT	159,246
NGEN		generiert Knotenmuster	39
	ITIME,	Gesamtzahl des Musters (mit Ausgangsmuster)	
	INC,	Inkrement der neuen Nummern	
	NODE1,	von Knoten NODE1	
	NODE2,	bis Knoten NODE2	
	NINC,	im Abstand von NINC	
	DX, DY,	Abstand der Muster im jeweiligen	
	DZ	Koordinatensystem	
NINV		vertauscht selektierte und unselektierte Knoten	67,70,179,246
NLIST		listet Knoten auf	35,36,64,75,246
	NODE1,	von Knoten NODE1	
	NODE2,	bis Knoten NODE2	
	NINC	im Abstand von NINC	
NMODIF		verschiebt Knoten und Elemente	65
	NODE,	Knotennummer	
	X, Y, Z,	neue Koordinaten des Knotens	
	THXY,	Verdrehung des Knotenkoordinatensystem	
	THYZ,	gegenüber dem globalen kartesischen	
	THXZ	Koordinatensystem	
NPLOT		plottet Knoten auf Bildschirm oder in Datei	34,35,59,62,75,178,179,181,194,196,246
	NODE1,	von Knoten NODE1	
	NODE2,	bis Knoten NODE2	
	NINC	im Abstand von NINC	
NROTAT		rotiert Knotenkoordinatensystem ins derzeit aktive System	64
	NODE1,	von Knoten NODE1	
	NODE2,	bis Knoten NODE2	
	NINC	im Abstand von NINC	

Befehl	Optionen	Wirkung	Seite
NRSEL		selektiert aus selektierter Menge	69
	LAB,	Selektionskriterium X,Y,Z,D,F,PICK	
	VMIN,	zwischen Grenze VMIN	
	VMAX,	und Grenze VMAX	
	VINC,	im Abstand VINC	
	KABS		
NSCALE		verändert Knotenmuster in der Größe	42
	INC,	Inkrement der neu erzeugten Knoten	
	NODE1,	von Knoten NODE1	
	NODE2,	bis Knoten NODE2	
	NINC,	im Abstand von NINC	
	RX, RY,	Maßstab der Vergrößerungen in	
	RZ	den jeweiligen Achsrichtungen	
NSEL		selektiert Knoten	68
	LAB,	Selektionskriterium X,Y,Z,D,F,PICK	
	VMIN,	zwischen Grenze VMIN	
	VMAX,	und Grenze VMAX	
	VINC,	im Abstand VINC	
	KABS		
NUMMRG		vereinigt dicht stehende Geometrien	142
	LABEL,	NODE, ELEM, KPOI, MAT, TYPE, REAL,..ALL	
	TOLER	Toleranzband ($1*10^{-5}$)	
NUSEL		löscht aus selektierter Menge	70
	LAB,	Selektionskriterium X,Y,Z,D,F,PICK	
	VMIN,	zwischen Grenze VMIN	
	VMAX,	und Grenze VMAX	
	VINC,	im Abstand VINC	
	KABS		
PLDISP		stellt verschobene Geometrie dar	149
	KUND	hinterlegte 2=Ausgangskontur, 1=Ausgangselemente	
PLLS		plottet Linienbelastungen	160
	LABI,	Stress-Item an Knoten I	
	LABJ	Stress-Item an Knoten J	
PLNSTR		plottet Knotenspannungen	151
	LAB,	Spannungsart SX,SY,SZ,SI,SIGE,SXY..	
	KAVG	0=gemittelt über Elemente, 1=ungemittelt	

Befehl	Optionen	Wirkung	Seite
PLPATH		plottet Spannungen über einen PfAD	161
	NODE1,	von Knoten NODE1	
	NODE2,	bis Knoten NODE2	
	LAB	Spannungsart SX,SY,SZ,SI,SIGE,SXY..	
PLVECT		plottet Spannungsvektoren	154
	LAB1,	Spannungsarten DISP,PDIR oder STRESS-Item= X-Vektor	
	LAB2,	bei PDIR SIG1,SIG2,SIG3, oder STRESS-Item= Y-Vektor	
	LAB3,	STRESS-Item= Z-Vektor	
	LABP	Itemname für neu erzeugten Vektor	
PONF		Kontrolle der abgespeicherten Knotenkräfte	147
	FREQ,	schreibt jede wievielte Iteration	
	ITYP1,	erste Elementtypkennziffer	
	ITYP2, ..	bis	
	ITYP10	10 Elementtypkennziffer	
PORF		Kontrolle der abgespeicherten Reaktionskräfte	148
	FREQ	schreibt jede wievielte Iteration	
POSTR		Kontrolle der abgespeicherten Elementspannungen	147
	FREQ,	schreibt jede wievielte Iteration	
	ITYP1,	erste Elementtypkennziffer	
	KED1,	Schreibtiefe (Gruppe 3)	
	ITYP2,	zweite Elementkennziffer	
	KED2,...		
	KED5	Schreibtiefe (Gruppe 3)	
PRDISP		schreibt Verschiebungen auf Bildschirm oder Datei	22,150,248
PREFOR		schreibt elementbezogene Knotenkräfte	158,248
PRNSTR		schreibt Knotenspannungen	
	LAB	ALL,PRIN=Hauptspannungen,COM=Vergleichsspannungen	
PRRFOR		schreibt Reaktionskräfte	153
PSF		definiert Druck auf Element	77
	KCN,	Nummer Koordinatensystem	
	NORML,	1=normal X-Achse, 2=normal Y-Achse, 3=normal Z-Achse	
	LOCAT,	Abstand vom Ursprung	
	PRESS	Wert des Drucks	

Befehl	Optionen	Wirkung	Seite
R		definiert REAL-Konstanten	29
	NSET,	Realkennziffer	
	R1, R2,	REAL-Konstante 1	
	R3, R4,	bis	
	R5, R6	REAL-Konstante 6	
REAL	NSET	aktiviert Realkennziffer	169
RMORE		definiert nach R weitere Konstanten	29
	R7 , R8,	weitere REAL-Konstanten werden	
	R9 , R10,	als Sechsergruppe definiert.	
	R11, R12	das nächste Set startet mit R13	
SAVE		speichert Geometrie in File16.DAT ab	83,249
SBCDELE		löscht auf Solid Model Last- und Lagerbedingungen	141
	CNAME,	Name der Bedingung KD,KF,LSBC,LSPF,..	
	N1,	Nummer von Punkt, Linie, Fläche, Volumen	
	LAB	Richtung die gelöscht werden soll	
SBCLIST		listet Last-, Lagerbedingung am Solid Model auf	141
	CNAME,	Name der Bedingung KD,KF,LSBC,LSPF..	
	N1,	von Nummer Punkt, Linie, Fläche,..	
	N2,	bis Nummer Punkt, Linie, Fläche..	
	NINC	im Abstand von NINC	
SBCTRA		überträgt Last-, Lagerbedingungen vom Solid Model auf die erzeugten Knoten & Elemente	140,191,204,211,225,249
SET		liest Berechnungsergebnisse ein	146
	LSTEP,	von Loadstep Nr. LSTEP	
	ITER,	von Iteration Nr.	
SHELL		definiert Lage bei Schalenelementen	154
	LAB	TOP, MID, BOT	
SPOINT		definiert Summationspunkt	159
	NODE,	Koordinaten des Summationspunkts	
	X, Y, Z		
STRESS	LAB,	liest zusätzliche Berechnungsergebnisse ein	148
	JSTIF,	neu definierter Name mit 4 Buchstaben	
	ITEM	STIFnummer	
		Nummer des Berechnungsergebnisses	

Befehl	Optionen	Wirkung	Seite
SYMBC		definiert Symmetrieebene	80
	KCN,	Nummer Koordinatensystem der metrieebene	
	NORML,	1=normal X-Achse, 2=normal Y-Achse, 3=normal Z-Achse	
	LOCAT,	Abstand vom Koordinatenursprung	
	TOLER	Toleranzband (0,0001)	
SYMM		Knotenmuster spiegeln	41
	NCOMP,	1=X-metrie, 2=Y-metrie, 3=Z-metrie	
	INC,	Nummerninkrement der neu erzeugten Knoten	
	NODE1,	von Knoten NODE1	
	NODE2,	bis Knoten NODE2	
	NINC	im Abstand von NINC	
TYPE	ITYPE	Elementkennziffer aktivieren	169
V		definiert Volumen über 8 Eckpunkte	124
	P1, P2,	die 8 Eckpunkte müssen	
	P3, P4,	im gleichen Umlaufsinn	
	P5, P6,	eingegeben werden	
	P7, P8		
VA		definiert Volumen über angegebene Flächen	124
	A1, A2,	bis zu 10 Flächennummern oder	
VCLEAR	..A10	A1=All über selektierte Flächen (max 50)	
VDELE		löscht Volumen	133,250
	NV1,	von Volumen NV1	
	NV2,	bis Volumen NV2	
	NINC,	im Abstand NINC	
	KSWP		
VDRAG		erzeugt Volumen durch Flächenverschiebung	125
	NA1,	bis zu 6 zusammenhängende Flächen	
	NA2,		
	..NA6,		
	NLP1,	bis zu 6 zusammenhängende Linien,	
	NLP2,	die den Verschiebepfad bilden	
	..NLP6		

Befehl	Optionen	Wirkung	Seite
VGEN		generiert Volumenmuster	125
	ITIME,	Gesamtzahl des Musters (mit Ausgangsmuster)	
	NV1,	von Volumen NV1	
	NV2,	bis Volumen NV2	
	NINC,	im Abstand von NINC	
	DX, DY,	Abstand der Muster im jeweiligen	
	DZ,	Koordinatensystem	
	KINC	Inkrement der neuen Nummern	
VLIST		listet Volumen	125
	NV1,	von Volumen NV1	
	NV2,	bis Volumen NV2	
	NINC	im Abstand von NINC	
VMESH		vernetzt Volumen	125
	NV1,	von Volumen NV1	
	NV2,	bis Volumen NV2	
	NINC	im Abstand von NINC	
VPLOT		plottet Volumen auf Bildschirm oder in Datei	132
	NV1,	von Volumen NV1	
	NV2,	bis Volumen NV2	
	NINC	im Abstand von NINC	
VROTAT		erzeugt Volumen durch Flächenrotation	125
	NA1,	bis zu 6 zusammenhängende Flächen	
	NA2,	werden rotiert	
	..NA6,		
	PAX1,	Anfangspunkt der Drehachse	
	PAX2,	Endpunkte der Drehachse	
	ARC,	Drehwinkel in Grad	
	NSEG	Anzahl der erzeugten Segmente	
VSYMM		Volumenmuster spiegeln	125
	NCOMP,	1=X-Symmetrie, 2=Y-Symmetrie, 3=Z-Symmetrie	
	NV1,	von Volumen NV1	
	NV2,	bis Volumen NV2	
	NINC,	im Abstand von NINC	
	KINC	Nummerninkrement der neu erzeugten Volumen	
VTRAN		transformieren eines Volumenmusters	125
	KCNTO,	Nummer des Zielkoordinatensystems	
	NV1,	von Volumen NV1	
	NV2,	bis Volumen NV2	
	NINC,	im Abstand von NINC	
	KINC	Nummerninkrement der neu erzeugten Volumen	

/EOF 18, 22, 232
/INPUT,27 . . . . 22, 143
/INTER 15, 22, 23, 34, 46, 232
/PBC, LABEL, KEY 75
/PLOFF, NOTRI, NOFRM, NODOC, NOTLE 25
/PNUM, LABEL, KEY 48, 100
/POST1 . . . . 22, 145, 149, 192, 195, 200, 214, 226, 232
/PREP7 . 22, 23, 33, 34, 46, 79, 173-180, 182, 184-187, 189, 191, 194, 195, 200, 204, 207, 209, 210, 211, 215, 224, 232
/PSYMB, LABEL, KEY 59
A, P1, P2, P3, P4 117
ACEL, ACELX, ACELY, ACELZ 80
ACLEAR 133, 136, 233
ADELE, NA1, NA2, NINC, KSWP 123
ADRAG, NL1, NL2, ..NL6, NP1, NP2, ..NP6 120
AFILLT, NA1, NA2, RAD 118
AFWRITE . . 22, 70, 83, 140, 141, 143, 147, 165, 166, 180, 182, 192, 195, 196, 233
AGEN, ITIME, NA1, NA2, NINC, DX, DY, DZ, KINC 118
AL, L1, L2, ..L10 117
ALIST, NA1, NA2, NINC 123
AMESH, NA1, NA2, NINC 132
AOFFST, NAREA, DIST, KINC 122
APLOT, NA1, NA2, NINC 123
APSF, NA1, PRESS,, KCN, SLDIR,.. 139
AROTAT, NL1, NL2, ..NL6, PAX1, PAX2, ARC, NSEG 119
ARSYM, NCOMP, NA1, NA2, NINC, KINC 118
ASBC, NA1 140
ASUB, NA1, P1, P2, P3, P4 121
ATRAN, KCNTO, NA1, NA2, NINC, KINC 118
CDWRITE, NOUT 83
CHECK 83, 84, 235
CLOCAL, KCN, KCS, XL, YL, ZL, THXY, THYZ, THXZ 56
CS, KCN, KCS, NORIG, NXAX, NXYPL 57
CSDELE, KCN1, KCN2, KCINC 58
CSLIST, KCN1, KCN2, KCINC 58
CSYS, KCN 57
D, NODE, LAB, DISP,, NEND, NINC 74
DDELE, NODE, LAB, NEND, NINC 76
DLIST 75, 236
E, I, J, K ,L, M, N, O, P 46
EALL 70, 72, 236
EDELE, IEL1, IEL2, INC 51
EGEN, ITIME, NINC, IEL1, IEL2, IEINC 49
EINV 70, 236
ELIST 51, 236
ELSIZE, SIZE, NDIV, KSHAPE, KSTR 128

EN, IINC, I, J, K, L, M, N . . . 52
ENGEN, IINC, ITIME, NINC, IEL1, IEL2, IEINC . . . 52
ENODE, KEY . . . 71
EP, IEL, IFACE, PRESS,, IEND, INC . . . 78
EPLOT . . . 48-51, 75, 79, 182, 189, 191, 192, 194, 196, 237
ESEL, LAB, VMIN, VMAX, VINC, KABS . . . 71
ESYM, INODE, NINC, IEL1, IEL2, IEINC . . . 50
ET, ITYPE, JSTIF, KOP1, KOP2, ...,KOP10 . . . 28
F, NODE, LAB, FORC,, NEND, NINC . . . 76
FILL, NODE1, NODE2, NFILL, NSTRT, NINC, ITIME, INC, SPACE . . . 37
FINISH . . . 22, 127, 143, 156, 166, 182, 192, 238
GOTO, BEFEHL . . . 18
HELP, BEFEHLSNAME . . . 17
ITER, NITER, NPRINT, NPOST . . . 144
K, NPT, X, Y, Z . . . 90
KAN, KEY . . . 24
KCLEAR . . . 133, 239
KD, NPT, LAB, DISP, CDISP, KYFLD . . . 139
KDELE, NP1, NP2, NINC . . . 99
KDVS, NPT, SIZE, FACT . . . 131
KEYOPT, ITYPE, KNUM, VALUE . . . 28
KF, NPT, LAB, FORCE, CFORCE . . . 138
KFILL, NP1, NP2, NFILL, NSTRT, NINC, SPACE . . . 91
KGEN, ITIME, NP1, NP2, NINC, DX, DY, DZ, KINC . . . 93
KLIST, NP1, NP2, NINC . . . 99
KMESH, NP1, NP2, NINC . . . 132
KMODIF, NPT, X, Y, Z . . . 98
KPLOT, NP1, NP2, NINC . . . 99
KSCALE, KINC, NP1, NP2, NINC, RX, RY, RZ . . . 97
KSCON, NPT, DELR, KCTIP, NTHET, RRAT . . . 130
KSYMM, NCOMP, NP1, NP2, NINC, KINC . . . 94
KTRAN, KCNTO, NP1, NP2, NINC, KINC . . . 96
L, P1, P2, NDIV, SPACE, XV1, YV1, ZV1, XV2, YV2, ZV2 . . . 101
L2TAN, NL1, NL2 . . . 108
LAINT, NA1, NA2, PINT1, PINT2, KASUB . . . 113
LANG, NL1, P3, ANG, PHIT . . . 105
LARC, P1, P2, PC, RAD, NDIV, SPACE . . . 109
LAREA, P1, P2, NAREA . . . 114
LCADD, LCRES, LCAS1, .. LCAS10 . . . 167
LCASE, NUM . . . 167
LCLEAR . . . 133, 242
LCLIM, MAX . . . 166
LDELE, NL1, NL2, NINC, KSWP . . . 115
LDIV, NL1, RATIO, PDIV, NDIV, KEEP . . . 102
LDVA, KUNSL, REXT, RINT . . . 131
LDVS, NL1, SIZE, NDIV, SPACE, KFORC . . . 129
LFILLT, NL1, NL2, RAD, PCENT . . . 112

LGEN, ITIME, NL1, NL2, NINC, DX, DY, DZ, KINC 102
LINTER, NL1, NL2, PINT 104
LLIST, NL1, NL2, NINC 115
LMESH, NL1, NL2, NINC 132
LOCAL, KCN, KCS, XC, YC, ZC, THXY, THYZ, THXZ 55
LPLOT, NL1, NL2, NINC 115
LPSF, NL1, PRESS,, KCN, SLDIR, ... 138
LSBC, NL1, NA1 140
LSYMM, NCOMP, NL1, NL2, NINC, KINC 102
LTAN, NL1, P3, XV3, YV3, ZV3 107
LTRAN, KCNTO, NL1, NL2, NINC, KINC 102
LWRITE 70, 140, 147, 165, 166, 194, 195, 225, 245
MODMSH, LAB 136
MOVE, NODE, KCN1, X1, Y1, Z1, KCN2, X2, Y2, Z2 60
MP, LABEL, MAT, CO 30
N, NODE, X, Y, Z, THXY, THYZ, THXZ 33
NALL 67, 70, 179, 180, 194, 196, 209-211, 225, 245
NASEL, LAB, VMIN, VMAX, VINC, KABS 69
NDELE, NODE1, NODE2, NINC 43
NFORCE 159, 246
NGEN, ITIME, INC, NODE1, NODE2, NINC, DX, DY, DZ 39
NINV 67, 70, 179, 246
NLIST 35, 36, 64, 75, 246
NMODIF, NODE, X, Y, Z, THXY, THYZ, THXZ 65
NPLOT 34, 35, 59, 62, 75, 178, 179, 181, 194, 196, 246
NROTAT, NODE1, NODE2, NINC 64
NRSEL, LAB, VMIN, VMAX, VINC, KABS 69
NSCALE, INC, NODE1, NODE2, NINC, RX, RY, RZ 42
NSEL, LAB, VMIN, VMAX, VINC, KABS 68
NUMMRG, LABEL, TOLER 142
NUSEL, LAB, VMIN, VMAX, VINC, KABS 70
PLDISP, KUND 149
PLLS, LABI, LABJ 160
PLNSTR, LAB, KAVG 151
PLPATH, NODE1, NODE2, LAB 161
PLVECT, LAB1, LAB2, LAB3, LABP 154
PONF, FREQ, ITYP1, ITYP2, .. ITYP10 147
PORF, FREQ 148
POSTR, FREQ, ITYP1, KED1, ITYP2, KED2,...KED5 147
PRDISP 22, 150, 248
PREFOR 158, 248
PRNSTR, LAB 153
PRRFOR 157, 248
PSF, KCN, NORML, LOCAT, PRESS 77
R, NSET, R1, R2, R3, R4, R5, R6 29
REAL, NSET 169

RMORE, R7 , R8 , R9 , R10, R11, R12 29
SAVE 83, 249
SBCDELE, CNAME, N1, LAB 141
SBCLIST, CNAME, N1, N2, NINC 141
SBCTRA 140, 191, 204, 211, 225, 249
SET, LSTEP, ITER, NSECT, KIMG, TIME 146
SHELL, LAB 154
SPOINT, NODE, X, Y, Z 159
STRESS, LAB, JSTIF, ITEM 148
SYMBC, KCN, NORML, LOCAT, TOLER 80
SYMM, NCOMP, INC, NODE1, NODE2, NINC 41
TYPE, ITYPE 169
V, P1, P2, P3, P4, P5, P6, P7, P8 124
VA, A1, A2, ..A10 124
VCLEAR 133, 250
VDELE, NV1, NV2, NINC 125
VDRAG, NA1, NA2, ..NA6, NP1, NP2, ..NP6 125
VGEN, ITIME, NV1, NV2, NINC, DX, DY, DZ, KINC 125
VLIST, NV1, NV2, NINC 125
VMESH, NV1, NV2, NINC 132
VPLOT, NV1, NV2, NINC 125
VROTAT, NA1, NA2, ..NA6, PAX1, PAX2, ARC, NSEG 125
VSYMM, NCOMP, NV1, NV2, NINC, KINC 125
VTRAN, KCNTO, NV1, NV2, NINC, KINC 125

GPSR Compliance

The European Union's (EU) General Product Safety Regulation (GPSR) is a set of rules that requires consumer products to be safe and our obligations to ensure this.

If you have any concerns about our products, you can contact us on ProductSafety@springernature.com

In case Publisher is established outside the EU, the EU authorized representative is:

Springer Nature Customer Service Center GmbH
Europaplatz 3
69115 Heidelberg, Germany

Batch number: 10584556

Printed by Printforce, the Netherlands